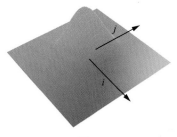

图 1

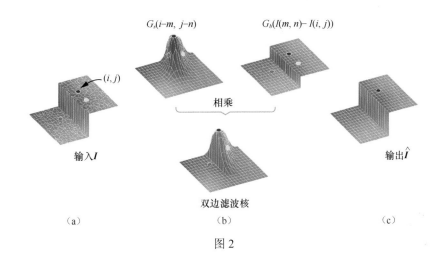

图 2

图 3

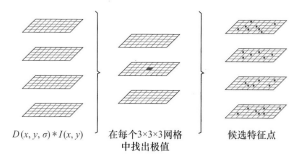

图 4

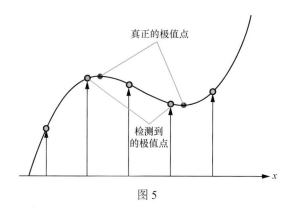

图 5

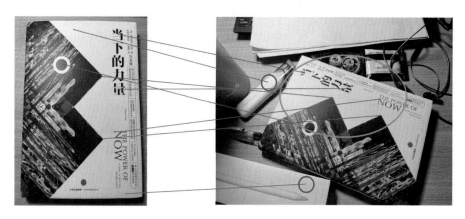

图 6

（a）

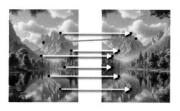
（b）

图 7

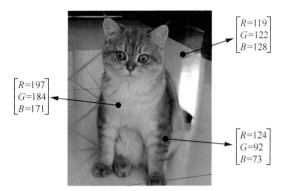

图 8

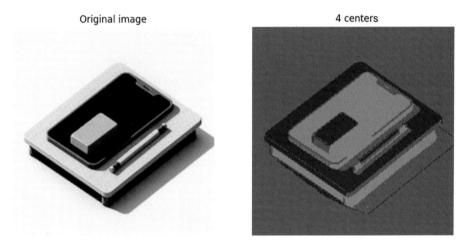

图 9

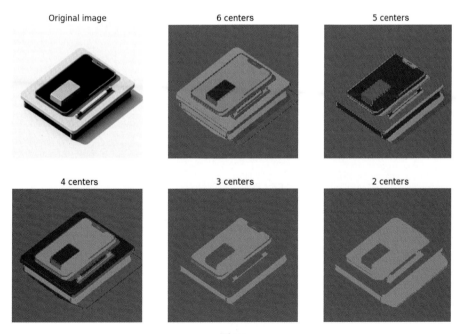

图 10

输入图像　　　　　　　　　　　　　　语义分割

图 11

图 12

图 13

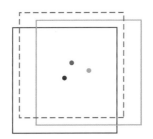

编码
$v_x = (b_x - a_x)/a_w$
$v_y = (b_y - a_y)/a_h$
$v_h = \log(b_h/a_h)$
$v_w = \log(b_w/a_w)$

锚框的坐标： (a_x, a_y, a_h, a_w)
真实包围盒的坐标： (b_x, b_y, b_h, b_w)
预测包围盒的坐标： (r_x, r_y, r_h, r_w)
预测包围盒的坐标偏移量： (t_x, t_y, t_h, t_w)

解码
$r_x = t_x a_w + a_x$
$r_y = t_y a_h + a_y$
$r_h = e^{t_h} a_h$
$r_w = e^{t_w} a_w$

图 14

真实掩模　　　　　　　　预测掩模

掩模交集　　　　　　　　掩模并集

图 15

图 16

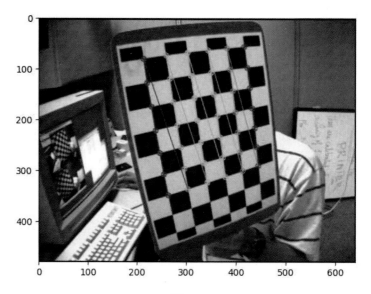

图 17

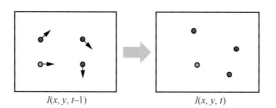

图 18

图 19

图 20

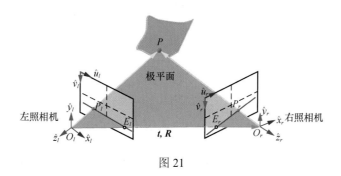

图 21

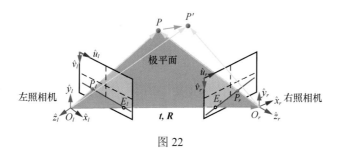

图 22

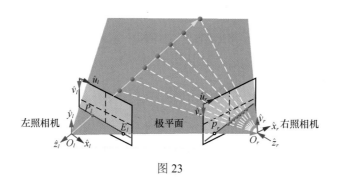

图 23

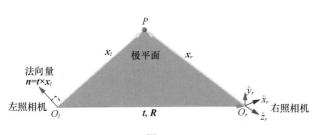

图 24

图 25

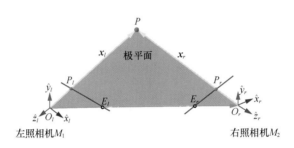

图 26

新一代人工智能实战型人才培养系列教程

动手学
计算机视觉
HANDS-ON
COMPUTER VISION

沈为 司翀杰 杨辰 俞勇 著

人民邮电出版社
北京

图书在版编目（CIP）数据

动手学计算机视觉 / 沈为等著. -- 北京：人民邮电出版社, 2025. -- （新一代人工智能实战型人才培养系列教程）. -- ISBN 978-7-115-63575-4

Ⅰ. TP302.7

中国国家版本馆 CIP 数据核字第 20244TW997 号

内 容 提 要

本书着眼于计算机视觉教学实践，系统地介绍了计算机视觉的基本内容及其代码实现。

本书包含 4 个部分：第一部分为计算机视觉导论，带领读者初步了解计算机视觉。第二部分为计算机视觉中的图像处理基础，介绍了图像滤波、特征检测、图像拼接、图像分割等经典的图像处理算法；第三部分为计算机视觉中的视觉识别方法，主要讲解基于深度学习的视觉识别方法，包括基于深度学习的图像分类、语义分割、目标检测、动作识别等；第四部分为计算机视觉中的场景重建，主要讨论照相机标定、运动场和光流、平行双目视觉以及三维重建。本书将计算机视觉算法原理与实践相结合，以大量示例和代码带领读者走进计算机视觉的世界，让读者对计算机视觉的研究内容、基本原理有基本认识。

本书适合对计算机视觉感兴趣的专业技术人员和研究人员阅读，同时适合作为人工智能相关专业计算机视觉课程的教材。

◆ 著　　沈 为　司翀杰　杨 辰　俞 勇
责任编辑　刘雅思
责任印制　王 郁　胡 南

◆ 人民邮电出版社出版发行　北京市丰台区成寿寺路 11 号
邮编 100164　电子邮件 315@ptpress.com.cn
网址 https://www.ptpress.com.cn
三河市中晟雅豪印务有限公司印刷

◆ 开本：787×1092　1/16
印张：19.25　　彩插：4
字数：466 千字　　2025 年 2 月第 1 版
2025 年 2 月河北第 1 次印刷

定价：89.80 元

读者服务热线：(010)81055410　印装质量热线：(010)81055316
反盗版热线：(010)81055315

前　言

在如今这个数字化时代，很难说计算机视觉还是一种神秘的无人知晓的高科技，因为自拍美颜、人脸识别、辅助驾驶等计算机视觉应用早已进入人类的日常生活。计算机视觉正在引领着人类走向智能化未来的大门。

2019年至2020年，本书的作者之一沈为教授曾在美国约翰斯·霍普金斯大学计算机系讲授计算机视觉课程。从2021年起，沈为继续为上海交通大学人工智能（卓越人才试点班）讲授计算机视觉课程。在授课过程中，他发现学习者学习计算机视觉课程主要面临两方面的挑战。一方面，计算机视觉涵盖了多个领域的知识，包括图像处理、模式识别、几何重建和深度学习等，知识体系庞大，这对学习者掌握计算机视觉的整个知识体系提出了挑战。很多学习者甚至是年轻的计算机视觉研究者往往只对计算机视觉的某一个子方向比较精通，而对其他子方向了解甚少。另一方面，计算机视觉是一个对工程实现要求较高的领域，计算机视觉算法的原理学会了，并不代表能够将其编程实现并获得期望的结果。为帮助学习者应对计算机视觉学习过程中的这些挑战，笔者编写了这本《动手学计算机视觉》。针对第一个挑战，笔者参考了计算机视觉大师 Richard Szeliski 教授的著作 *Computer Vision: Algorithms and Applications* 中的知识体系架构，并结合笔者的授课经验，将本书的内容分为4个部分：计算机视觉导论、图像处理、视觉识别和场景重建。前两部分是后两部分的基础，后两部分代表了两类计算机视觉的任务，其中第三部分是对图像内容的语义理解，第四部分是对图像中场景的几何结构进行重建。笔者期望通过4个部分的划分与联系，尽量涵盖计算机视觉的所有内容。针对第二个挑战，笔者以 Python Notebook 的形式直接编写本书，将算法原理和可运行的代码融合在一起呈现出来。这样，学习者可以快速地上手实现所学的计算机视觉算法，形成算法原理和实验结果的闭环。

中国并不缺少好的计算机视觉教材，艾海舟老师翻译的《计算机视觉——算法与应用》和叶韵老师编著的《深度学习与计算机视觉：算法原理、框架应用与代码实现》都是极好的入门书。本书则力争从知识点的涵盖面和理论与实践结合两方面取得一些突破。一方面，本书尽可能多地涵盖计算机视觉的知识点，特别是经典计算机视觉，因为其中的很多思想到今天仍然是非常有用的；另一方面，本书以大量实例和代码带领读者走进计算机视觉的世界，提高自学效率，辅助课堂教学。期望本书能为我国计算机视觉人才的培养贡献一份力量。

本书内容安排

　　计算机视觉是一门以应用为导向的学科，不同的应用对应不同的计算机视觉任务，所以本书的编排也以计算机视觉任务为划分。笔者根据对计算机视觉的理解，将计算机视觉任务划分为三大类：图像处理、视觉识别和场景重建。由于计算机视觉系统的输入是图像或者视频，所以首先需要对图像进行处理，这也是另外两类任务的基础。本书中图像处理的内容包括：卷积、图像滤波、模板匹配、边缘检测、角点检测、SIFT 特征检测、图像拼接、图像分割。这些图像处理任务也常被称为底层视觉（low-level vision）任务。我们在这一部分中将介绍经典图像处理算法。在图像处理的基础上，我们可以对图像中的语义内容进行理解，这类任务被称为视觉识别任务，也被称为高层视觉（high-level vision）任务。本书中视觉识别的内容包括：图像分类、语义分割、目标检测、实例分割、人体姿态估计、动作识别。我们在这一部分中将主要介绍基于深度学习的视觉识别算法。另外，我们还可以恢复出图像中场景的三维结构，这类任务被称为场景重建。本书中场景重建的内容包括：照相机标定、运动场和光流、平行双目视觉、三维重建。我们在这一部分中将介绍基于几何的场景重建算法。

本书使用方法

　　本书每一章都由一个 Python Notebook 组成，在这些 Notebook 中详细阐述了计算机视觉相关概念定义、理论分析、算法过程和可运行代码。读者可以根据自己的需求自行选择感兴趣的部分阅读。例如，只想学习各个算法的整体思想而不关注具体实现细节的读者，可以只阅读除代码以外的文字部分；已经了解算法原理，只想要动手进行代码实践的读者，可以只关注代码的具体实现部分。

　　本书面向的读者主要是对计算机视觉感兴趣的高校学生（无论是本科生还是研究生）、教师、企业研究员及工程师。在阅读本书之前，读者需要掌握一些基本的数学概念和数理统计基础知识（如矩阵运算、概率分布和数值分析方法等）。

　　本书为计算机视觉的入门读物，也可以作为高校计算机视觉课程的教材或者辅助材料。本书提供的代码都是基于 Python 3 编写的，读者需要具有一定的 Python 编程基础。我们对本书用到的 Python 工具库都进行了简要说明。每份示例代码中都包含可以由读者自行设置的变量，方便读者进行修改并观察相应结果，从而加深对算法的理解。书中会尽可能对一些关键代码进行注释，但我们也深知远无法将每行代码都解释清楚，还希望读者在代码学习过程中多思考，甚至翻阅一些其他资料，以做到完全理解。本书的源代码可在仓库 https://github.com/boyu-ai/Hands-on-CV 中下载。我们为本书录制了视频课程，读者可扫描书中的二维码进行学习，也可以在 https://hcv.boyuai.com 网站中进行学习。

　　在入门计算机视觉的基础上，如果读者有兴趣以动手学的形式进一步了解深度学习，推荐阅读《动手学深度学习》；如果读者有兴趣以动手学的形式进一步了解数据结构与算法，推荐阅读《动手学数据结构与算法》；如果读者有兴趣以动手学的形式进一步了解机器学习，推荐阅读《动手学机器学习》；如果读者有兴趣以动手学的形式进一步了解自然语言处理，推荐阅读《动手学自然语言处理》；如果读者有兴趣以动手学的形式进一步了解强化学习，推荐阅读《动手学强化学习》。

由于能力和精力有限，我们在撰写本书过程中难免会出现一些小问题，如有不当之处，恳请读者批评指正，以便再版时修改完善。希望每位读者在学习完本书之后都能有所收获，也许它能帮助读者了解计算机视觉的整体思想和模型原理，也许它能帮助读者更加熟练地进行计算机视觉的代码实践，也许它能帮助读者开启计算机视觉的兴趣之门并进行更深入的计算机视觉课题研究。无论是哪一种，对于我们来说都是莫大的荣幸。

致谢

我们由衷感谢上海交通大学人工智能研究院 DeepVision 实验室的同学们为本书做出的卓越的贡献。感谢上海交通大学 2022 级人工智能（卓越人才试点班）的同学为本书绘制部分插图，他们是崔一丹、邬天行、方源、李昀澜和李子丰等。另外，伯禹教育的殷力昂、田园对本书进行了审阅并提出了十分宝贵的建议，在此表示感谢。

资源与支持

本书由异步社区出品,社区(https://www.epubit.com/)为您提供相关资源和后续服务。

配套资源

本书提供如下资源:

- 配套源代码;
- 教学课件;
- 理论解读视频。

要获得以上配套资源,您可以扫描下方二维码,根据指引领取:

您也可以在异步社区本书页面中点击 配套资源 ,跳转到下载界面,按提示进行操作即可。
注意:为保证购书读者的权益,该操作会给出相关提示,要求输入提取码进行验证。

如果您是教师,希望获得教学配套资源,请在社区本书页面中直接联系本书的责任编辑。

提交勘误

作者和编辑尽最大努力来确保书中内容的准确性,但难免会存在疏漏。欢迎您将发现的问题反馈给我们,帮助我们提升图书的质量。

当您发现错误时,请登录异步社区,按书名搜索,进入本书页面,点击"发表勘误",输入勘误信息,点击"提交勘误"按钮即可(见下页图)。本书的作者和编辑会对您提交的勘误进行审核,确认并接受后,您将获赠异步社区的 100 积分。积分可用于在异步社区兑换优惠券、样书或奖品。

与我们联系

我们的联系邮箱是 contact@epubit.com.cn。

如果您对本书有任何疑问或建议,请您发邮件给我们,并请在邮件标题中注明本书书名,以便我们更高效地做出反馈。

如果您有兴趣出版图书、录制教学视频,或者参与图书技术审校等工作,可以发邮件给本书的责任编辑(liuyasi@ptpress.com.cn)。

如果您来自学校、培训机构或企业,想批量购买本书或异步社区出版的其他图书,也可以发邮件给我们。

如果您在网上发现有针对异步社区出品图书的各种形式的盗版行为,包括对图书全部或部分内容的非授权传播,请您将怀疑有侵权行为的链接通过邮件发给我们。您的这一举动是对作者权益的保护,也是我们持续为您提供有价值的内容的动力之源。

关于异步社区和异步图书

"异步社区"(www.epubit.com)是由人民邮电出版社创办的 IT 专业图书社区,于 2015 年 8 月上线运营,致力于优质学习内容的出版和分享,为读者提供优质学习内容,为作译者提供优质出版服务,实现作者与读者在线交流互动,实现传统出版与数字出版的融合发展。

"异步图书"是由异步社区编辑团队策划出版的精品 IT 专业图书的品牌,依托于人民邮电出版社在计算机图书领域 40 余年的发展与积淀。异步图书面向 IT 行业以及使用 IT 相关技术的用户。

目　　录

第一部分　计算机视觉导论

第 1 章　初探计算机视觉 ⋯⋯⋯⋯⋯ 2
 1.1　什么是计算机视觉 ⋯⋯⋯⋯⋯ 2
 1.2　为什么需要计算机视觉 ⋯⋯⋯⋯ 3
 1.3　计算机视觉的难点与挑战 ⋯⋯⋯ 3
 1.4　计算机视觉的历史与发展 ⋯⋯⋯ 5
 1.5　计算机视觉中变量的数学符号约定 ⋯ 6
 1.6　小结 ⋯⋯⋯⋯⋯⋯⋯⋯⋯⋯⋯ 7

第二部分　图像处理

第 2 章　卷积 ⋯⋯⋯⋯⋯⋯⋯⋯⋯ 10
 2.1　简介 ⋯⋯⋯⋯⋯⋯⋯⋯⋯⋯⋯ 10
 2.2　一维卷积 ⋯⋯⋯⋯⋯⋯⋯⋯⋯ 11
  2.2.1　冲激信号 ⋯⋯⋯⋯⋯⋯⋯ 14
  2.2.2　方波信号 ⋯⋯⋯⋯⋯⋯⋯ 15
 2.3　二维卷积 ⋯⋯⋯⋯⋯⋯⋯⋯⋯ 16
  2.3.1　冲激信号 ⋯⋯⋯⋯⋯⋯⋯ 18
  2.3.2　方波信号 ⋯⋯⋯⋯⋯⋯⋯ 20
 2.4　小结 ⋯⋯⋯⋯⋯⋯⋯⋯⋯⋯⋯ 21

第 3 章　图像滤波 ⋯⋯⋯⋯⋯⋯⋯ 22
 3.1　简介 ⋯⋯⋯⋯⋯⋯⋯⋯⋯⋯⋯ 22
 3.2　图像噪声 ⋯⋯⋯⋯⋯⋯⋯⋯⋯ 22
  3.2.1　椒盐噪声 ⋯⋯⋯⋯⋯⋯⋯ 22
  3.2.2　高斯噪声 ⋯⋯⋯⋯⋯⋯⋯ 24
 3.3　均值滤波 ⋯⋯⋯⋯⋯⋯⋯⋯⋯ 24
 3.4　高斯滤波 ⋯⋯⋯⋯⋯⋯⋯⋯⋯ 27
 3.5　双边滤波 ⋯⋯⋯⋯⋯⋯⋯⋯⋯ 30
 3.6　中值滤波 ⋯⋯⋯⋯⋯⋯⋯⋯⋯ 32
 3.7　图像锐化 ⋯⋯⋯⋯⋯⋯⋯⋯⋯ 34
 3.8　小结 ⋯⋯⋯⋯⋯⋯⋯⋯⋯⋯⋯ 35

第 4 章　模板匹配 ⋯⋯⋯⋯⋯⋯⋯ 37
 4.1　简介 ⋯⋯⋯⋯⋯⋯⋯⋯⋯⋯⋯ 37
 4.2　模板匹配的实现 ⋯⋯⋯⋯⋯⋯ 37
  4.2.1　匹配步骤 ⋯⋯⋯⋯⋯⋯⋯ 38
  4.2.2　相似度度量 ⋯⋯⋯⋯⋯⋯ 38
 4.3　多目标模板匹配 ⋯⋯⋯⋯⋯⋯ 42
 4.4　小结 ⋯⋯⋯⋯⋯⋯⋯⋯⋯⋯⋯ 45

第 5 章　边缘检测 ⋯⋯⋯⋯⋯⋯⋯ 46
 5.1　简介 ⋯⋯⋯⋯⋯⋯⋯⋯⋯⋯⋯ 46
 5.2　边缘检测的数学模型 ⋯⋯⋯⋯ 46
 5.3　边缘检测算法 ⋯⋯⋯⋯⋯⋯⋯ 48
  5.3.1　Sobel 边缘检测算法 ⋯⋯⋯ 48
  5.3.2　Canny 边缘检测算法 ⋯⋯⋯ 51

5.4 小结 ………………………………… 62	7.5 参考文献 ………………………………… 94
5.5 参考文献 ………………………………… 62	
	第 8 章 图像拼接 ………………………………… 95
第 6 章 角点检测 ………………………………… 63	8.1 简介 ………………………………… 95
6.1 简介 ………………………………… 63	8.2 图像变换 ………………………………… 96
6.2 Harris 角点检测算法 …………………… 64	8.3 图像拼接算法 ………………………… 97
6.2.1 计算像素值变化量 ……………… 64	8.3.1 计算变换矩阵 …………………… 98
6.2.2 计算角点响应函数 ……………… 66	8.3.2 利用 RANSAC 算法去除误匹配 … 99
6.3 代码实现 ………………………………… 67	8.3.3 图像变换与缝合 ………………… 101
6.4 图像变换对角点检测的影响 …………… 70	8.4 代码实现 ………………………………… 101
6.5 小结 ………………………………… 71	8.5 小结 ………………………………… 106
	8.6 拓展阅读 ………………………………… 107
第 7 章 SIFT 特征检测 …………………………… 72	
7.1 块状区域检测与尺度空间 ……………… 72	第 9 章 图像分割 ………………………………… 108
7.2 SIFT 算法 ………………………………… 76	9.1 简介 ………………………………… 108
7.2.1 局部极值点检测 ………………… 76	9.2 图像分割算法 ………………………… 109
7.2.2 特征点定位与筛选 ……………… 77	9.2.1 基于 k 均值聚类的图像分割
7.2.3 特征点方向计算 ………………… 79	算法 ……………………………… 109
7.2.4 特征点描述 ……………………… 80	9.2.2 基于图切割的图像分割算法 …… 113
7.3 代码实现 ………………………………… 81	9.3 小结 ………………………………… 117
7.4 小结 ………………………………… 94	9.4 参考文献 ………………………………… 118

第三部分　视觉识别

第 10 章 图像分类 ………………………………… 120	11.4 FCN 代码实现 ………………………… 149
10.1 简介 ………………………………… 120	11.5 小结 ………………………………… 156
10.2 数据集和度量 ………………………… 122	11.6 参考文献 ……………………………… 156
10.3 基于视觉词袋模型的图像分类算法 … 122	
10.4 基于深度卷积网络的图像分类算法 … 128	第 12 章 目标检测 ………………………………… 157
10.5 小结 ………………………………… 138	12.1 简介 ………………………………… 157
10.6 参考文献 ……………………………… 138	12.2 数据集和度量 ………………………… 158
	12.3 目标检测模型 ………………………… 159
第 11 章 语义分割 ………………………………… 140	12.3.1 R-CNN ………………………… 160
11.1 简介 ………………………………… 140	12.3.2 Fast R-CNN …………………… 162
11.2 数据集和度量 ………………………… 141	12.3.3 Faster R-CNN ………………… 166
11.3 全卷积网络 …………………………… 141	12.4 RPN 代码整体框架 …………………… 168
11.3.1 上采样 ………………………… 143	12.4.1 训练模块 ……………………… 173
11.3.2 跳跃连接 ……………………… 145	12.4.2 head 模块 …………………… 179

12.4.3　anchor_generator 模块……180
　　12.4.4　box_coder 模块……184
　　12.4.5　filter_proposal 模块……188
12.5　代码运行示例……191
12.6　小结……194
12.7　参考文献……194

第13章　实例分割……195
13.1　简介……195
13.2　数据集和度量……196
13.3　Mask R-CNN……196
　　13.3.1　特征金字塔网络……197
　　13.3.2　感兴趣区域对齐……200
13.4　代码运行示例……205
13.5　小结……208
13.6　参考文献……209

第14章　人体姿态估计……210
14.1　简介……210
14.2　数据集和度量……211
　　14.2.1　数据集……211
　　14.2.2　评测指标……211
14.3　人体姿态估计模型——DeepPose……212
　　14.3.1　基于深度神经网络的人体姿态估计……212
　　14.3.2　级联回归……213
14.4　DeepPose 代码实现……215
14.5　小结……217
14.6　参考文献……218

第15章　动作识别……219
15.1　简介……219
15.2　数据集和度量……220
　　15.2.1　数据集……220
　　15.2.2　评测指标……220
15.3　动作识别模型——C3D……220
　　15.3.1　三维卷积……221
　　15.3.2　C3D 模型……223
15.4　C3D 代码实现……224
15.5　小结……225
15.6　参考文献……226

第四部分　场景重建

第16章　照相机标定……228
16.1　简介……228
16.2　照相机成像原理……228
　　16.2.1　照相机模型……229
　　16.2.2　坐标系的定义……229
　　16.2.3　照相机外参……229
　　16.2.4　照相机内参……230
　　16.2.5　投影矩阵……232
　　16.2.6　畸变……233
16.3　照相机标定的实现……235
　　16.3.1　标定板……235
　　16.3.2　标定流程……236
　　16.3.3　代码实现……238
16.4　小结……247

第17章　运动场和光流……248
17.1　简介……248
17.2　运动场……249
17.3　光流……250
　　17.3.1　特征点法……250
　　17.3.2　直接法……250
　　17.3.3　Lucas-Kanade 光流法……251
　　17.3.4　Lucas-Kanade 光流法的改进……252
17.4　代码实现……253
17.5　小结……261
17.6　参考文献……261

第18章 平行双目视觉 ………………… 262
18.1 简介 …………………………… 262
18.2 平行双目照相机 ……………… 262
18.2.1 概念定义 ……………… 262
18.2.2 视差 …………………… 263
18.2.3 双目特征匹配 ………… 264
18.2.4 全局优化 ……………… 265
18.3 代码实现 ……………………… 266
18.4 小结 …………………………… 270
18.5 参考文献 ……………………… 271

第19章 三维重建 …………………… 272
19.1 简介 …………………………… 272
19.2 对极几何 ……………………… 273
19.2.1 数学定义 ……………… 273
19.2.2 本质矩阵 ……………… 275
19.2.3 利用八点法求解基础矩阵 …… 277
19.2.4 通过本质矩阵求解照相机位姿 …………………… 278
19.3 三角测量 ……………………… 278
19.4 代码实现 ……………………… 280
19.5 小结 …………………………… 290

总结与展望 …………………………… 291

中英文术语对照表 …………………… 293

第一部分

计算机视觉导论

第 1 章
初探计算机视觉

1.1 什么是计算机视觉

扫码观看视频课程

亲爱的读者,欢迎来到计算机视觉的课堂。听到计算机视觉这个术语,你会想到什么?你可能会想到科幻电影中能够自动识别目标的智能机器人,或是火星探测中能够自动漫游的火星车,抑或是已步入我们生活的人脸识别门禁、刷脸支付系统。没错,这些正是计算机视觉所要实现的或是已经实现的技术。

人类对计算机视觉的探索源自人类对自身生物视觉的认知以及对人工智能机器人的向往。作为人类,我们能够很容易感知我们周围的三维世界,理解并识别我们接收到的视觉信息。正如图 1-1 所示,我们人类会以眼睛作为视觉传感器,将场景投影到视网膜上成像,然后以大脑作为分析器,对图像进行分析。通过大脑的分析,我们能够理解场景所表达的内容,知道该场景是傍晚的景色;我们能够识别场景中的目标,如白虎、云等;我们还能感知场景中的三维几何结构,知道各个目标之间的远近关系。注意,所谓视觉,并不只是看的过程,更重要的是分析的过程。得益于我们无与伦比的大脑,人类视觉系统是非常强大的。那么计算机是否也可以拥有和人类一样的视觉系统呢?如图 1-1 所示,与人类视觉系统类比,计算机视觉系统以摄像机作为视觉传感器,以计算机作为分析器。由于人脑太过复杂,其分析机理并未被研究清楚,所以我们并不要求计算机完全模仿人脑的分析过程,而是把整个计算机视觉系统当成一个黑盒子,要求在同样的输入下,计算机视觉系统与人类视觉系统的输出相同。由于摄像机拍摄得到的通常为图像或者视频,所以计算机视觉的目标就是从图像或者视频中分析出真实世界的属性,如检测识别出场景中的目标或是重建场景的三维结构,分析的结果需要与人类视觉的分析结果一致。

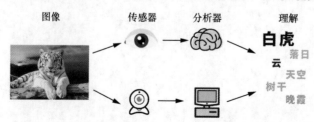

图 1-1 人类视觉系统(上)与计算机视觉系统(下)

1.2 为什么需要计算机视觉

人类接收到的信息大部分来自视觉。作为视觉信息的载体，图像和视频中蕴含的信息量是巨大的，可以说每幅图像都讲述了一个故事。随着移动终端和互联网的发展，我们能够轻松地获取和访问海量的图像与视频。如果计算机能具有和人类一样的视觉系统，快速地分析理解这些海量图像与视频中的内容，那无疑会极大地提升我们的生活质量。如今，计算机视觉技术并不再是科幻，而是已经用于我们的生活，开始发挥作用。以下是一些典型的计算机视觉应用。

（1）人脸检测与识别。人脸检测很早就用于数字照相机中，帮助对焦人脸。人脸识别现在已广泛用于列车旅客进站检票系统、个人计算机和笔记本电脑登录系统等。

（2）光学字符识别（optical character recognition，OCR）。OCR 技术现在已广泛用于车牌识别（自动快速地确定车辆进出一个场地的时间）和支票识别（通过手机 APP 扫描支票就可以完成支票金额的存入）。

（3）全景图像拼接。如今的智能手机上就有全景图像拍摄功能。拿着手机平扫，就可以拍摄出全景图像。

（4）三维建模。一些手机 APP 已经实现了三维建模功能。拿着手机对目标进行多角度拍摄，就可以重建出目标的三维模型。

（5）视频会议背景虚化。视频会议软件通常都会提供背景虚化的功能，其中就用到了计算机视觉中的图像分割技术。

（6）辅助驾驶系统。很多汽车已经搭载了辅助驾驶系统。辅助驾驶系统集成了目标检测、图像分割等计算机视觉技术，实现车道线检测、障碍物检测、测距等功能，提升驾驶的安全性。现在计算机视觉的研究者正努力将辅助驾驶系统提升至自动驾驶系统，实现无人驾驶汽车。

（7）辅助医学影像诊断。医学影像，如 X 光、超声波、计算机断层扫描（computer tomography，CT）、磁共振成像（magnetic resonance imaging，MRI）等，能帮助医生以无创的方式诊断患者的病况。如今的辅助医学影像诊断系统已集成了不少计算机视觉技术（如语义分割），实现病变区域检测、病情预测等功能，减轻医生的工作负荷。

1.3 计算机视觉的难点与挑战

尽管计算机视觉已经在一些特定场合实现了落地应用，但是通用场合下的计算机视觉仍然是尚未解决的难题。我们对通用计算机视觉的要求，即在同样的输入下计算机视觉系统的输出和人类视觉系统的输出一致，看上去似乎并不高，这是因为人类对于自身对视觉信息的分析能力已经习以为常。但是我们要强调的是，实现通用计算机视觉是非常困难的，这主要是因为计算机视觉面临语义鸿沟（semantic gap）。同样一幅图像，我们人类看到的是具有语义的内容。以图 1-2 为例，我们可以很容易分割出图像中的主体目标，知道这是一只骆驼，它的身体被一堆杂草遮住了部分；而对于计算机，它"看到"的只是一个没有什么意义的数字矩阵（图像在计算机中以数字形式存储），这个数字矩阵和我们看到的语义信息之间的关联显然是不直接的，它们之间存在着巨大的鸿沟，这就是语义鸿沟。

（a）人类看到的　　　　　　　　　（b）计算机"看到"的

图1-2　语义鸿沟示例

要实现计算机视觉，就需要缩小这个语义鸿沟，但受很多因素影响，这个任务变得非常具有挑战性。图1-3列出了其中一些挑战性因素。

（1）光照变化：光照变化会改变目标成像后的表象（appearance），增加目标识别的难度。

（2）视角变化：视角变化也会改变目标成像后的表象，增加目标识别的难度。

（3）尺度变化：人类视觉能自适应地捕捉多尺度的目标，而计算机往往只能通过多尺度搜索来发现不同尺度的目标。

（4）类内变化：同一类的目标可能表象存在很大不同，如图1-3所示的两把椅子。人类可以通过知识进行推理，知道这两个物体都是椅子，但这对计算机来说太难了。

（5）杂乱背景：杂乱背景的干扰会导致前景目标难以被分割出来，尤其是在前景和背景纹理相似的情况下。

（6）遮挡：遮挡会使目标部分缺失，从而增加目标识别的难度。人类视觉会自动地通过"脑补"补全缺失的部分，而计算机很难实现"脑补"。

图1-3　影响计算机视觉的挑战性因素

1.4 计算机视觉的历史与发展

图 1-4 展示了计算机视觉发展史上的里程碑。图的上半部分是计算机视觉的理论与方法的发展历程。由于计算机视觉系统处理的是视觉信息,也就是图像,所以计算机视觉的发展离不开数字图像数据的支撑,图 1-4 的下半部分就展示了图像数据的发展。

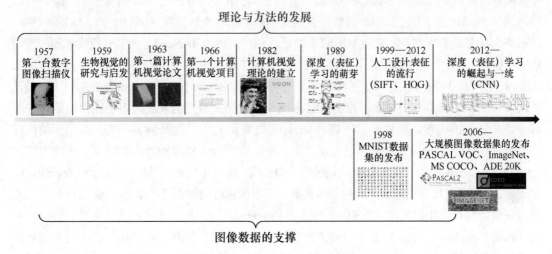

图 1-4 计算机视觉发展史

1959 年,神经生理学家 David Hubel 和 Torsten Wiesel 通过猫的视觉实验,发现生物的视觉系统是从简单到复杂逐步整合信息的。他们因为这一研究成果获得了 1981 年诺贝尔生理学或医学奖,该研究成果也促成了计算机视觉技术 40 年后的突破性发展。1957 年,美国标准协会(American Standards Association,ASA,现美国国家标准学会,American National Standards Institute,ANSI)的工程师 Russell Kirsch 和他的同事研制了一台可以把图像转化成能被机器读取的离散数值的仪器——这是第一台数字图像扫描仪,处理数字图像开始成为可能。第一张扫描的数字照片是他儿子的照片,现存于波特兰艺术博物馆中。1963 年,美国工程师 Lawrence Roberts 在他的博士学位论文中描述了从二维图片中提取三维信息的过程,被认为是现代计算机视觉的先导之一,开创了以理解三维场景为目的的计算机视觉研究。1966 年,MIT 人工智能实验室的 Seymour Papert 教授决定启动暑期视觉项目,并在几个月内解决计算机视觉问题。他组织学生设计一个可以自动执行背景/前景分割的平台。虽然未成功,但这是计算机视觉作为一个科学领域的正式诞生的标志。参加这个暑期项目的学生中有个人叫 David Marr。1977 年,David Marr 完成了著作《视觉:对人类如何表示和处理视觉信息的计算研究》(*Vision: A computational investigation into the human representation and processing of visual information*)[①],提出一个多层次的视觉信息处理框架;同时提出对视觉系统处理过程的三级假设:计算理论、表征与算法、硬件实现。

表征这个概念非常超前,所谓表征就是将原始图像转化成计算机容易理解的形式。计算机

---

① 英文版出版于 1982 年,中文版出版于 2022 年。

视觉的研究一直都是在寻求更好的表征,每一次表征的革命性创新,都使得计算机视觉技术大踏步地前进。David Marr 在 MIT 获得正教授职位后不久就因白血病去世了,年仅 35 岁,这无疑是计算机视觉领域的重大损失,所幸的是,他的已出版的著作成为计算机视觉领域的瑰宝。计算机视觉研究方向的最高荣誉也被命名为 Marr 奖。1989 年,Yann LeCun 提出一个 3 层的卷积神经网络(convolutional neural network,CNN),用于手写数字的识别。这是第一个用于计算机视觉的深度学习方法,为此类方法播下了种子。可惜这类方法在很长一段时间并未被重视。1998 年,他又改进了这个网络,并整合美国国家标准与技术研究院(NIST)的 SD-1 和 SD-3 数据集,发布了手写数字数据集 MNIST。改进后的网络称为 LeNet-5,已具有现代卷积神经网络的所有基本元素。但在当时,更多的人关注的是人工设计表征。不列颠哥伦比亚大学的 David G. Lowe 教授在 1999 年提出尺度不变特征变换(scale-invariant feature transform,SIFT),设计了尺度不变、旋转不变的图像梯度统计直方图作为图像关键点的表征,用于图像匹配和三维重建等任务。2001 年,微软工程师 Paul Viola 提出 Harr 特征,是一种基于多尺度模板的图像灰度描述,结合 Adaboost 分类器,实现了第一个可用的人脸检测器。2003 年,牛津大学的 Andrew Zisserman 教授受文本检索领域词袋模型启发,提出视觉词袋模型——bag of features(简称 BoF)[①],用视觉单词的出现频率作为表征,用于图像分类和图像检索等任务。2005 年,法国国家信息与自动化研究所(INRIA)研究员 Bill Triggs 提出图像方向梯度直方图(histogram of oriented gradients,HOG),与 SIFT 比较相似,用于目标检测。在同期,越来越多大规模图像数据集被建立,用于计算机视觉的任务,包括 PASCAL VOC 数据集、ImageNet 数据集、MS COCO 数据集和 ADE20K 数据集等。这些大规模数据集也为深度表征学习方法的崛起埋下了伏笔。

2012 年,计算机视觉领域迎来一场革命。Geoffrey Hinton 及其学生提出了 AlexNet——一个包含 5 层卷积层和 3 层全连接层的深度卷积神经网络,取得了 2012 年 ImageNet 比赛冠军,并且错误率比第二名(非深度学习方法)低了 10.8%。从此开启了计算机视觉的深度学习时代!深度学习表征开始取代手工设计表征。Geoffrey Hinton 也和 Yann LeCun 一起获得了 2018 年的图灵奖。2015 年,加利福尼亚大学伯克利分校的 Trevor Darrell 教授和他的学生 Jonathan Long 等提出全卷积网络(fully convolutional network,FCN),将深度学习推广到语义分割等其他视觉任务。2016 年,时任微软亚洲研究院研究员的何恺明提出 ResNet——一种可以堆积非常多层的卷积神经网络,取得了 2015 年 ImageNet 比赛冠军,开启深度学习在计算机视觉领域的统治时代!

1.5 计算机视觉中变量的数学符号约定

计算机视觉的方法中通常会涉及多种类型的变量,如标量、向量、矩阵等。这些变量的数学符号在不同的书中表示不尽相同。本书先对这些变量的数学符号做一个统一的约定,以方便后续对方法的描述。

[①] bag of features 来源于文本处理的词袋模型(bag of words model),它将词袋模型中的单词替换为图像块。

在本书中，标量用斜体的大写或小写字母或字符串表示，如 K 和 k。向量用粗斜体的小写字母表示，如 $\boldsymbol{v}$；通常向量默认为列向量，如 $\boldsymbol{v} = [x\ y]^\top$；$v(i)$ 为向量中第 i 个元素。矩阵用粗斜体的大写字母表示，如 $\boldsymbol{M}$；$M(i, j)$ 为矩阵中第 i 行第 j 列元素；也可以对矩阵中元素按列索引优先的顺序定义 $M(i)$ 为矩阵中第 i 个元素。更高阶的张量也用粗斜体的大写字母表示，如 $\boldsymbol{T}$；对张量中元素的索引依照对向量和矩阵中元素的索引方式类推。集合用花体的大写字母表示，如 $\mathcal{S}$。空间用双线体的大写字母表示，如 $\mathbb{R}$。函数用斜体的小写字母表示，函数的变量括在圆括号中，用逗号分开，如 $f(x, y)$。特别地，一个二维平面上的点 P，其坐标通常表示为逗号分隔的带括号的列表形式 (x, y)，对应于一个起点为原点的二维向量 $\boldsymbol{p} = (x, y)$，此对应形式可推广到更高维的情况。

1.6 小结

本章通过类比人类视觉和计算机视觉，介绍了计算机视觉的概念；通过罗列计算机视觉的实际应用，阐明计算机视觉的重要性；通过细数计算机视觉面临的挑战，展现了实现通用计算机视觉系统的难度；通过介绍计算机视觉发展史上的里程碑，展现了计算机视觉的历史。

接下来，我们将躬身入局，按照内容安排，通过理论学习和代码实践来学习计算机视觉。让我们开始吧！

第二部分

图像处理

第 2 章

卷积

2.1 简介

扫码观看视频课程

如今在计算机视觉领域，卷积（convolution）可能是出现得最频繁的术语。这是因为卷积神经网络被广泛地用于解决多种计算机视觉任务，已经成为计算机视觉领域的一种默认工具。但是卷积这个术语并不来自计算机科学领域，而是来自信号处理领域。卷积是信号处理中的一个重要操作，用于计算线性系统对输入信号的输出响应。什么是卷积呢？顾名思义，就是先"卷"，再"积"。用专业术语来说，卷积的输入是两个函数，一个是输入信号函数，另一个是系统函数；卷积操作先将一个函数翻转，然后将其与另一个函数进行滑动叠加，最后得到输出结果，如图 2-1 所示。在函数连续的情况下，叠加指的是对两个函数的乘积求积分，而在离散情况下是对函数加权求和，为简单起见，统称为叠加。

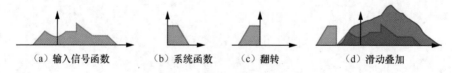

图 2-1 输入信号函数和系统函数的卷积

那么，卷积这样一个操作有什么意义呢？为什么要先对输入的函数进行翻转呢？信号处理的教材通常会这样解释：卷积的结果不仅和当前输入的信号响应值有关，也和该信号在过去所有时刻的输入响应值有关。这表明卷积不仅考虑当下的情况，也考虑过去时刻的情况，它是一种对相应效果的累积，所以有一个先"卷"再"积"的过程。这么描述仍然很抽象，我们举一个实际生活中的例子。试想你站在一个池塘边，往池塘里扔石子。扔一颗石子，池塘里就会产生水波，然后水波慢慢衰退，水面重新平静。扔石子就是输入信号，产生的水波就是对输入的响应。那么如果按一定速度不停地往池塘里扔石子呢？在这种情况下，在水面上某处某一时刻的水波的大小如何计算？根据常识，我们知道当前时刻某处的水波大小不但和当前时刻扔的石子产生的水波有关，还和之前所有扔的石子产生的水波有关，是这些水波的累积结果。这便是先"卷"再"积"的过程，"卷"考虑了与当前输入相关的所有输入，而"积"则把这些输入的效果进行叠加。

类似地，在图像处理中，卷积的计算是把每个像素的邻域内的像素值加权求和。这里，空间上的邻域就对应时间上的前后时刻，图像就是输入信号函数，加权的权重就是系统函数，卷积的结果就是系统函数对输入图像的响应，也就是图像特征。由此可见，对图像进行卷积就是提取图像特征的过程，这也是图像识别等计算机视觉任务的基础。

在本章中，我们以一维卷积为引子，介绍卷积的数学定义与代码实现，然后推广到二维卷积，并介绍对图像的卷积操作。

2.2 一维卷积

从数学上来说，卷积与加、减、乘、除一样是一种运算，其运算的根本操作是将两个函数（$f(\cdot)$ 和 $k(\cdot)$）中的一个先平移，再与另一个函数相乘后累加。在这个运算过程中，因为涉及积分或者级数的操作，所以看起来很复杂。对于定义在连续域的函数，根据卷积的定义，一维卷积的公式如下：

$$g(x) = f(x) * k(x) = \int_{-\infty}^{\infty} f(\tau)k(x-\tau)\mathrm{d}\tau$$

在上式中，一维卷积的输入是一个一维信号 $f(x)$ 和一个一维卷积核 $k(x)$；在信号处理中，$f(x)$ 是输入信号函数，$k(x)$ 是系统函数。很容易看出，卷积是在 $(-\infty, \infty)$ 的范围内对 τ 求积分，积分对象为 $f(\tau)$ 与 $k(x-\tau)$ 的乘积。需要注意的是，等式右边只有 $k(x-\tau)$ 中涉及 x，其余部分只与 τ 有关。

根据一维连续卷积的公式，可以得出卷积操作的计算步骤。

（1）变换：改变输入信号函数的横坐标，自变量由 x 变成 τ。

（2）翻转：将其中一个函数翻转。

（3）平移：翻转后的函数随变量 τ 平移，得到 $k(x-\tau)$。若 $\tau > 0$，则向右平移，反之向左平移。

（4）相乘：将 $f(\tau)$ 和 $k(x-\tau)$ 相乘。

（5）积分：$f(\tau)$ 与 $k(x-\tau)$ 的乘积曲线下的面积即为在 x 位置的卷积值。

卷积作为一种运算，有以下几种性质。

（1）交换律：$f(x) * k(x) = k(x) * f(x)$。

（2）结合律：$[f(x) * g(x)] * k(x) = f(x) * [g(x) * k(x)]$。

（3）分配律：$f(x) * [g(x) + k(x)] = f(x) * g(x) + f(x) * k(x)$。

一维连续卷积在音频处理等方面具有举足轻重的地位。但是，通常计算机所能处理的信号并不是连续的而是离散的，因此，接下来介绍离散函数的一维卷积。

根据卷积的定义，离散函数的一维卷积公式如下：

$$g(i) = f(i) * k(i) = \sum_l f(l)k(i-l)$$

其中，l 遍历 $f(i)$ 的定义域。与一维连续卷积不同的是，输入信号和卷积核是离散函数 $f(i)$ 和 $k(i)$（通常可用数组或者向量表示），而积分变成了求和。卷积核的长度一般是奇数，这是为了对称而设计的。通常情况下，输入信号函数 $f(i)$ 的长度远远大于卷积核 $k(i)$ 的长度。图 2-2 是一维离散卷积的计算过程。

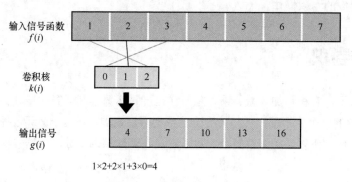

图 2-2　一维离散卷积计算

根据以上定义，可以得出一维离散卷积的计算步骤。

（1）变换：改变输入信号函数的横坐标，自变量由 i 变成 l。

（2）翻转：将其中一个函数翻转。

（3）平移：翻转后的函数随变量 l 平移，得到 $k(i-l)$。若 $l>0$，则向右平移，反之向左平移，且 l 为整数。

（4）相乘：将 $f(l)$ 和 $k(i-l)$ 相乘。

（5）累加：$f(l)$ 与 $k(i-l)$ 的乘积的累加值即为在 i 位置的卷积值。

由图 2-2 不难得出，对于离散变量，卷积可以理解为"卷和"，即相乘之后累加求和。除此之外，还应该注意输出信号的长度和输入信号、卷积核之间的关系。

假设输入信号长度为 m，卷积核大小为 n，按照图 2-2 所示方法，可以很容易得到输出信号的长度为 $m-n+1$。但这是不是意味着对一个输入信号反复卷积，它的输出长度将会越来越小？

实际上，这种情况确实可能存在。因此，为了防止这种情况出现，通常会对输入信号进行零填充（zero-padding）操作。对于输入，会在"1"的左边和"7"的右边各添加数字"0"，如图 2-3 所示，如此一来输入信号的长度便增加了 2，因此对应的输出信号长度也随之增加。零填充操作让输出信号和输入信号的长度能够保持一致，更有甚者，如果对图中输入信号的左右两边各添加两个"0"，输出信号的长度则大于输入信号的长度。一般来说，在输入信号一边零填充的个数要小于卷积核的大小。这是因为当 0 的个数超过或等于卷积核的长度时，卷积所得的结果为 0，相当于对输出信号也进行了零填充操作，这没有意义。更为直观的零填充操作可见二维卷积。

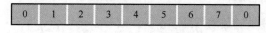

图 2-3　输入信号的零填充

实际上，除了零填充操作可以实现输出信号长度的变化，还可以通过改变卷积核每次移动的步长（stride）改变输出信号的长度。这里的步长是指卷积核每次移动的距离，例如使用一个步长为 2 的卷积核对图 2-3 中的输入信号进行卷积，当卷积核在"0"的位置完成卷积之后，便会直接在"3"的位置进行下一次卷积。很明显，此时一共会进行 4 次卷积操作，因此输出信号的长度为 4。假设卷积核的步长为 s，在输入信号每一边零填充的个数为 p，可以得到输出信号的长度为 $\frac{m-n+2p}{s}+1$。这一公式在二维卷积中同样适用。

接下来，我们将动手编写一维卷积函数。我们用数组表示离散函数，并对输入信号零填充，零填充的个数为卷积核大小减 1，设置卷积核的步长为 1，则输出信号的长度为 $m+n-1$。

```python
import matplotlib.pyplot as plt

# 一维卷积
class conv_1d():
    def __init__(self, a, b):
        # 输入信号
        self.a = a
        # 卷积核
        self.b = b
        # 输入信号的坐标，默认从 0 开始。
        self.ax = [i for i in range(len(a))]
        # 卷积核的坐标，默认从 0 开始。
        self.bx = [i for i in range(len(b))]

    def conv(self):
        lst1 = self.a
        lst2 = self.b
        l1 = len(lst1)
        l2 = len(lst2)
        lst1 = [0] * (l2 - 1) + lst1 + [0] * (l2 - 1)
        lst2.reverse()
        c = [0 for x in range(0, l1 + l2 - 1)]
        for i in range(l1 + l2 - 1):
            for j in range(l2):
                c[i] += lst1[i + j] * lst2[j]
        return c

    def plot(self):
        a = self.a
        b = self.b
        ax = self.ax
        bx = self.bx

        # 为了更直观地查看结果，我们分别绘制 a、b 与它们卷积得到的信号
        plt.figure(1)
        # 图包含 1 行 2 列子图，当前画在第一行第一列上
        plt.subplot(1, 2, 1)
        plt.title('Input')
```

```
        plt.bar(ax, a, color='lightcoral', width=0.2)
        plt.plot(ax, a, color='lightcoral')

        plt.figure(1)
        # 当前画在第一行第二列上
        plt.subplot(1, 2, 2)
        plt.title('Kernel')
        plt.bar(bx, b, color='lightgreen', width=0.2)
        #plt.plot(bx, b, color='lightgreen')


        # 计算输出信号及其坐标，并画图
        c = self.conv()
        length = len(c)
        cx = [i for i in range(length)]
        plt.figure()
        plt.title('Output')
        plt.bar(cx, c, color='lightseagreen', width=0.2)
        plt.plot(cx, c, color='lightseagreen')
```

2.2.1 冲激信号

现在我们举例来展示上述卷积实现的效果。用不同的卷积核对一个三角波信号进行卷积，然后观察卷积的效果。

```
# 定义输入信号与卷积核
a = [0,1,2,3,2,1,0]

# 冲激函数
k = [0,0,1,0,0]

conv = conv_1d(a, k)
conv.plot()
```

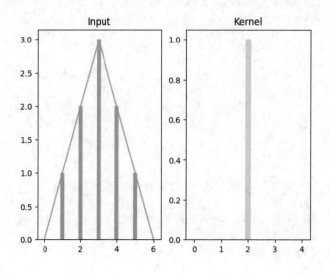

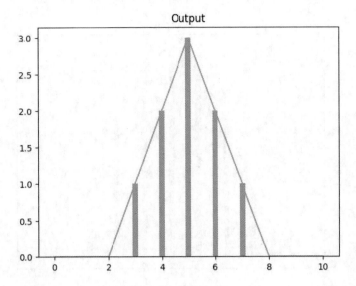

当所用的卷积核是一个单位冲激信号("面积"等于 1,即只在一个位置出现的窄脉冲)时,输入信号在卷积之后并没有发生变化。这是卷积的一个重要性质。

2.2.2 方波信号

下面更换一下卷积核,看看输出会有什么不同的效果。

```
# 定义输入信号与卷积核
a = [0,1,2,3,2,1,0]
# 方波信号
k = [1,1,1,1,1]

conv = conv_1d(a, k)
conv.plot()
```

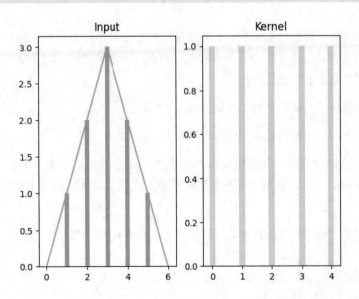

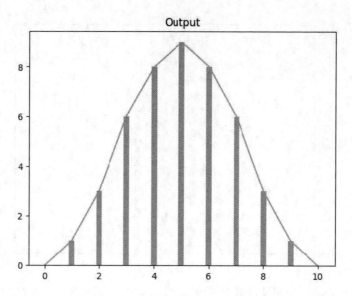

可以看到,用一个方波信号对一个三角波信号进行卷积,其效果是将三角波变得平滑了。记住这个现象,后续会再次提到。

2.3 二维卷积

在计算机视觉领域,常常需要对图像进行处理,卷积正是一种常用的图像处理操作。一幅数字图像可以看作一个二维空间的离散函数,表示为 $I(i,j)$。与一维离散函数对应,可用矩阵表示图像这种二维离散函数。假设图像高为 H,宽为 W,设置卷积核为 $K(i,j)$,可以得到二维卷积的公式:

$$G(i,j) = I(i,j) * K(i,j) = \sum_{i'=1}^{H}\sum_{j'=1}^{W} I(i',j')K(i-i', j-j')$$

将卷积的概念从一维扩展到二维,其结果非常类似,只不过变成了矩阵的"卷和"操作。卷和就是离散的卷积,卷积是积分,而卷和是点与点的乘法和加法。以下是一个二维图像(矩阵)同一个二维卷积核卷积的过程。

(1)将二维卷积核对应的矩阵水平翻转、竖直翻转。

(2)将这个卷积核矩阵与输入图像左上角对齐。

(3)将卷积核矩阵的每个元素与输入图像中每个对齐的元素相乘,再把所有的乘积加起来,得到当前卷积的结果。让这个卷积核矩阵在输入图像上滑动,每次滑动的步长为 s,重复上述计算。

图 2-4 描述了二维卷积的部分计算过程。通过在输入图像上滑动,逐步得到整幅图像的卷积输出。

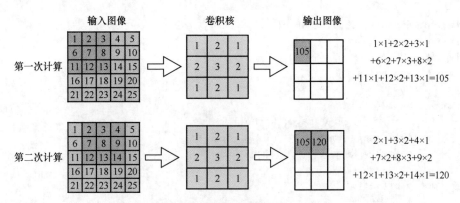

图 2-4 二维卷积的部分计算过程（步长为1）

不难发现，由于卷积核大小的限制，我们无法直接对图 2-4 中输入图像的左上角的像素"1"进行卷积操作。因此，在计算最边缘的一行和一列的输出结果时，一般对原矩阵进行零填充，再进行矩阵的卷和操作，如图 2-5 所示。

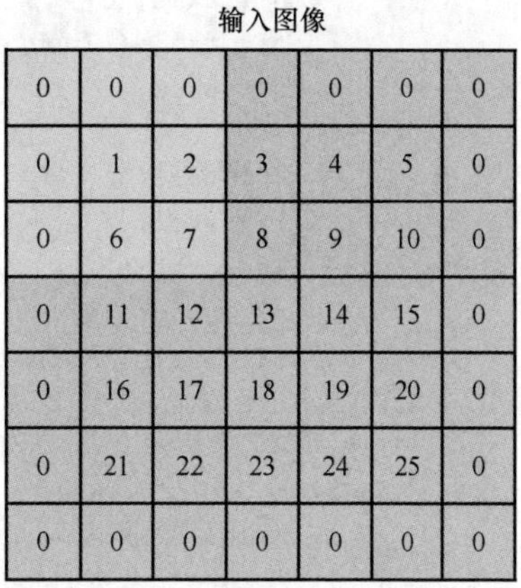

对于一幅 $H \times W$ 的输入图像，我们对其零填充的层数为 p，使用一个步长为 s、大小为 $k \times k$ 的卷积核对其进行卷积，则输出矩阵的行数为 $\frac{H-k+2p}{s}+1$，列数为 $\frac{W-k+2p}{s}+1$。

注意，上述对图像进行二维卷积的过程只考虑了图像只有两个维度的情况（即灰度图），而实际中的图像往往还存在第三个维度，如常见的彩色图像，其形状为 $H \times W \times 3$，即考虑了每个像素对应 R、G、B 这 3 个通道；又如高光谱图像，其形状为 $H \times W \times L$（$L>3$），即每个像素对应 L 个通道，包含 L 个与波长对应的光谱信息。由此可见，每个像素对应的通道数越多，图像所蕴含的信息也就可能越丰富，所以第三个维度也称为图像的特征维度。那么对于这种通道数 $L>1$ 的图像如何做二维卷积呢？对一幅 $H \times W \times L$ 的输入图像做二维卷积，需要卷积核的通道数也为 L，即二维卷积核的通道数默认和输入图像的通道数相同。因此我们在描述二维卷积核的大小时，习惯上只会提及空间两个维度的大小，如 $k \times k$ 的卷积，但实际上卷积核的形状是 $k \times k \times L$，L 的大小由输入图像的通道数决定。当 $L>1$ 时，对一幅 $H \times W \times L$ 的输入图像做 $k \times k$ 的卷积，可以通过以下步骤实现：首先，按如前所述的二维卷积操作，对 $H \times W \times L$ 的输入图像的每一个通道所对应的 $H \times W$ 图像，从维度为 $k \times k \times L$ 的卷积核中取该通道所对应的 $k \times k$ 二维卷积核对其做卷积。这样会得到 L 个空间分辨率相同，通道数为 1 的卷积结果。然后，对这 L 个卷积结果逐元素相加，便得到所要求的二维卷积结果（该结果也称为特征图，这个概念在本书第二部分中会经常用到）。更多关于多通道图像的二维卷积计算的内容可参阅《动手学深度学习》。

图 2-5 图像的零填充

接下来，我们开始编写二维卷积。我们将对一幅图像进行处理，并直观地展示卷积前后图像的变化。与一维卷积类似，我们也使用冲激信号和方波信号作为卷积核。注意代码中二维冲激信号和二维方波信号的实现。这里直接调用 Python 中的库函数 `cv2.filter2D()` 进行二维卷积操作。我们把二维卷积的代码实现留作习题。

```python
import matplotlib.pyplot as plt
import numpy as np
import cv2
import seaborn as sns

class conv_2d():
    def __init__(self, image, kernel):
        self.img = image
        self.k = kernel

    def plot(self):
        # 展示输入图像
        plt.imshow(self.img[:, :, ::-1])
        plt.axis('off')
        plt.title('Input')
        plt.show()

        # 展示卷积核
        fig = plt.figure(figsize=(2, 1.5))
        sns.heatmap(self.k)
        plt.axis('off')
        plt.title('Kernel')

    # 定义二维卷积
    def convolution(self, data, k):
        # 直接调用库函数进行卷积操作
        return cv2.filter2D(data, -1, k)


    # 展示二维卷积结果
    def plot_conv(self):
        # 卷积过程
        img_new = self.convolution(self.img, self.k)
        # 卷积结果可视化
        plt.figure()
        plt.imshow(img_new[:, :, ::-1])
        plt.title('Output')
        plt.axis('off')
        return
```

为了方便后续章节使用,我们编写 utils.py 文件并将上述代码导入该文件中。

2.3.1 冲激信号

我们先来观察一下使用冲激信号对图像卷积的结果。

```python
img = cv2.imread('lena.jpeg')

# 二维冲激卷积核
size = 15
```

```
k1 = np.zeros((size, size))
mid = (size-1) // 2
k1[mid][mid] = 1

# 展示输入图像与卷积核
conv = conv_2d(img, k1)
conv.plot()
# 展示卷积结果
conv.plot_conv()
```

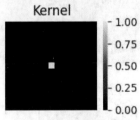

由结果可见，用二维冲激函数对图像进行卷积，得到的结果和原图是一样的。这与进行一维卷积得到的结果一致。

2.3.2 方波信号

我们再来观察使用方波信号对图像卷积的结果。

```
# 二维方波卷积核
size = 15
# 因为二维的核函数的大小是 n * n 的,因此在实现方波信号时我们需要除以(size * size)
k2 = 1/size/size * np.ones((size, size))

# 展示输入图像与卷积核
conv = conv_2d(img, k2)
conv.plot()

# 展示卷积结果
conv.plot_conv()
```

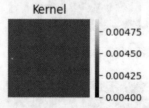

由结果可见，用方波信号作为卷积核对图像进行卷积，得到的结果是平滑模糊的图像，这也与我们在一维卷积中的实验结果一致。这是不是有一些图像处理的味道了？记住这个结果，我们将在之后的章节中进一步阐述其原理。

2.4 小结

卷积是信号处理领域的重要操作，也是计算机视觉中的必备技术。在图像处理中，卷积不仅考虑某一个像素的影响，还考虑周围像素对其的作用与影响，这也使得卷积操作可以成为滤波技术的基础。卷积除了一维和二维，也有高维的处理方式，感兴趣的读者可以自行查阅相关资料。

在接下来的章节中，我们会进一步介绍卷积在图像处理中的作用。

习题

（1）给定一个输入序列[1 3 4 5 4 3 1]，计算它和卷积核[1 −1]的卷积结果。

（2）给定一个输入二维矩阵 $\begin{bmatrix} 133 & 95 & 71 & 71 & 62 \\ 133 & 92 & 62 & 71 & 62 \\ 146 & 120 & 62 & 55 & 55 \\ 139 & 146 & 117 & 112 & 117 \\ 139 & 139 & 139 & 139 & 139 \end{bmatrix}$，计算它和卷积核 $\begin{bmatrix} 0 & 1 \\ -1 & 0 \end{bmatrix}$ 的卷积结果。

（3）参照一维卷积的实现，编程实现二维卷积，基于该实现，完成以下任务。

a. 计算图 2-4 中输入图像与卷积核卷积的结果（以矩阵表示）。

b. 计算图 2-5 中零填充后的输入图像与卷积核卷积的结果（以矩阵表示）。

c. 使用提供的 lena 图像，重现 2.3.1 节和 2.3.2 节中对图像卷积的实验，并与使用库函数的实验进行对比，看效果是否一致。

d. 设计卷积核，通过卷积将一幅图像往右下移动 10 像素。

第 3 章

图像滤波

3.1 简介

还记得在第 2 章中使用二维方波信号对图像进行卷积之后的结果吗？没错，图像平滑了，也模糊了。这便是所谓的图像滤波。滤波是图像处理的一项重要技术，在实际生活中有着广泛的应用。很多人都使用过图像处理软件（如 Photoshop 和美图秀秀）修图，给照片中的人美颜，进行"磨皮""祛痘""祛斑"等处理，如图 3-1 所示。这些修图操作都离不开图像滤波技术的支持。

滤波这个术语同样来自信号处理领域。所谓"波"是指的图像的频谱，即图像信号在频域上的表示。大家可以把图像的频谱简单地理解为：图像中像素值变化剧烈的区域对应高频信息，像素值变化不大的区域对应低频信息。滤波就是过滤掉某些频率的信息，从而改变图像，使其达到想要的图像效果。用二维方波信号对图像

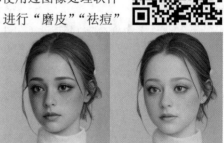

图 3-1　软件修图

进行卷积，使图像平滑，即像素值变化小，这样就过滤掉了图像中高频信息，这个过程就是图像去噪（image denoising）的过程。当然，也可以反其道而行之，通过滤波增强图像中的高频信息，从而实现图像锐化（image sharpening），也就是图像去模糊。通常把实现特定滤波操作的函数称为滤波器（filter）。

在本章中，我们将介绍一些典型的滤波器。我们先从图像去噪的角度引出不同的滤波器，介绍它们的性质和去噪效果，然后再介绍如何通过滤波实现图像锐化。

3.2 图像噪声

我们先学习两种典型的图像噪声——椒盐噪声和高斯噪声。

3.2.1 椒盐噪声

椒盐噪声（salt and pepper noise）是数字图像中的一种常见噪声。所谓"椒盐"，"椒"是指

像素值为 0 的黑点,"盐"是指像素值为 255 的白点。椒盐噪声就是在图像中随机出现的黑色和白色的像素,其产生的原因可能是图像传感器突然受到强烈的干扰,使传感器中模数转换器发生错误。添加椒盐噪声的算法比较简单,只需在图像中随机加入一些全黑或全白的像素即可。下面,我们编程实现椒盐噪声。

```python
# 在第 2 章中编写了 utils 函数包文件, 本书编写的函数都会封装到 utils 函数包中
from utils import *

# 添加椒盐噪声
def add_Salt(img, pro):
    # img 为输入图像
    # pro 为椒盐噪声的比例
    
    # 添加黑色像素
    noise = np.random.uniform(0, 255, img[:, :, 0].shape)
    # mask 为添加噪声的掩模
    mask = noise < pro * 255
    # 扩展 mask 的维度
    mask = np.expand_dims(mask, axis=2)
    mask = np.repeat(mask, 3, axis=2)
    img = img * (1 - mask)
    
    # 添加白色像素
    mask = noise > 255 - pro * 255
    mask = np.expand_dims(mask, axis=2)
    mask = np.repeat(mask, 3, axis=2)
    noise_img = 255 * mask + img * (1 - mask)
    
    return noise_img


img = cv2.imread('lenaface.jpg')
# 添加椒盐噪声的图像
img_salt = add_Salt(img, 0.05)
plt.imshow(img_salt[:,:,::-1])
plt.axis('off')
plt.show()
```

3.2.2 高斯噪声

高斯噪声（Gaussian noise）是指概率密度函数服从高斯分布（正态分布）的噪声。晚上拍照的时候，常常会发现拍摄的图像和白天光照条件良好时相比有点模糊，这种模糊就是高斯噪声造成的。高斯噪声的产生通常是因为在拍摄时亮度不够、图像传感器中电路各元器件自身的噪声和相互影响，或图像传感器长期工作温度过高等。下面，我们编程实现高斯噪声。先按照二维高斯分布随机生成噪声样本，然后将其添加到图像中。

```python
def add_Gaussian(img, sigma=20, mean=0):
    lab = cv2.cvtColor(img, cv2.COLOR_BGR2Lab)
    # 生成高斯噪声
    noise = np.random.normal(mean, sigma, lab[:, :, 0].shape)
    lab = lab.astype(float)
    # 添加高斯噪声
    lab[:, :, 0] = lab[:, :, 0] + noise
    lab[:, :, 0] = np.clip(lab[:, :, 0], 0, 255)
    lab = lab.astype(np.uint8)
    noise_img = cv2.cvtColor(lab, cv2.COLOR_Lab2BGR)
    return noise_img

# 添加高斯噪声的图像
img_gaussian = add_Gaussian(img)
plt.imshow(img_gaussian[:,:,::-1])
plt.axis('off')
plt.show()
```

实际上，椒盐噪声和高斯噪声随时随地会出现在我们的生活中。图像的美颜处理中，人脸"祛痘"、人脸"磨皮"等就是通过滤波去除椒盐噪声和高斯噪声。接下来，我们将从实际的例子出发，介绍几种不同的滤波技术。

3.3 均值滤波

大家拍艺术照通常会要求对照片进行精修，其中对人脸进行"磨皮"是精修中常用的操作。

那么如何实现"磨皮"呢?"磨皮"就是希望人脸变得平滑。回顾 3.1 节中所述,用方波信号对图像做卷积不就可以让图像变得平滑吗?所以,没错,用方波信号作为卷积核对人脸图像进行卷积就是实现"磨皮"的一种最简单的方法。那么,这背后的原理又是什么呢?

方波信号作为卷积核的数学形式大家都很熟悉了,如下式所示:

$$K = \frac{1}{k^2} \begin{bmatrix} 1 & \cdots & 1 \\ \vdots & & \vdots \\ 1 & \cdots & 1 \end{bmatrix}_{k \times k}$$

其中,k 为卷积核的大小。设输入图像为 I,对其用上述方波信号作为卷积核做卷积的输出图像为 $\hat{I}$,根据第 2 章卷积的计算公式,我们得到 I 和 $\hat{I}$ 间的关系:

$$\hat{I}(i,j) = I(i,j) * K(i,j) = \sum_{m=i-k}^{i-1} \sum_{n=j-k}^{j-1} I(m,n) K(i-m, j-n) = \frac{1}{k^2} \sum_{m=i-k}^{i-1} \sum_{n=j-k}^{j-1} I(m,n)$$

由此可见,用方波信号对图像做卷积,其实就是对图像中每个 $k \times k$ 邻域内的像素进行平均,所以方波卷积核也称为均值滤波器(mean filter),其中 k 为均值滤波器的大小。大家知道求均值可以降噪,而图像上的噪声一般是像素值发生突变的地方,例如人脸上的褶皱。通过均值滤波对图像处理,就可以去除这些褶皱,实现"磨皮"。均值滤波器能去掉高频噪声,只保留图像的低频信息,因此是一种低通滤波器,即允许低频信息通过的滤波器。下面,我们对 3.2.2 节生成的有高斯噪声的人脸图像进行均值滤波,并观察其效果。

```
# 均值滤波器 size=3
size = 3
k3 = 1/size/size * np.ones((size, size))

# 展示输入图像与滤波核
conv_gaussian = conv_2d(img_gaussian, k3)
conv_gaussian.plot()

# 展示卷积结果
conv_gaussian.plot_conv()
```

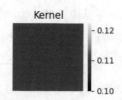

可以看出图像变得平滑了，但噪声依旧存在。我们增大均值滤波器的大小，并再次测试。

```
# 均值滤波器 size=5
size = 5
k5 = 1/size/size * np.ones((size,size))

conv = conv_2d(img_gaussian, k5)

# 展示卷积结果
conv.plot_conv()


# 均值滤波器 size=9
size = 9
k9 = 1/size/size * np.ones((size, size))

conv = conv_2d(img_gaussian, k9)
# 展示卷积结果
conv.plot_conv()
```

可以很明显地看出，当均值滤波器的大小为5时，噪声基本消失不见；而当滤波器大小为9时，噪声消除了，但图像也变得模糊了。因此在实际滤波过程中，需要为均值滤波器选择合适的大小，尽可能在保留图像特征的情况下消除噪声。

仔细观察可以发现，使用均值滤波器对图像去噪时，输出的图像中有很明显的"块状效应"，即图像中有很明显的成块状的区域。有没有什么好的办法能解决这一问题呢？这时候，高斯滤波器就派上用场了。

3.4 高斯滤波

高斯滤波器（Gaussian filter）广泛用于消除图像噪声。与均值滤波器不同的是，高斯滤波器对邻域内的每个像素进行加权平均而非直接平均，权重由高斯分布来确定。直观地看，高斯滤波器的形状如图 3-2 所示。

高斯滤波器的高斯核同样是一个 $k \times k$ 的矩阵，记为 $\boldsymbol{G}$，该矩阵每个位置 (i,j) 的值具体定义如下：

$$G(i,j) = \frac{1}{2\pi\sigma^2} e^{-\frac{i^2+j^2}{2\sigma^2}}$$

图 3-2 高斯滤波器
（另见彩插图 1）

其中，$G(i,j)$ 表示距离滤波器中心点位移为 (i,j) 处的高斯核的权重；σ 是高斯核的标准差。标准差越大，高斯核开口越大，远处像素对中心像素的影响程度越大；标准差越小，高斯核开口越小，远处像素对中心像素的影响程度越小。用上述高斯核对输入图像 $\boldsymbol{I}$ 进行高斯滤波得到输出图像 $\hat{\boldsymbol{I}}$：

$$\hat{I}(i,j) = I(i,j) * G(i,j) = \sum_{m=i-k}^{i-1} \sum_{n=j-k}^{j-1} I(m,n) G(i-m,j-n)$$

根据高斯函数的性质，有 $\sum_i \sum_j G(i,j) \approx 1$。由此可见，对输入图像用高斯滤波器进行处理的输出是以高斯核为权重的输入图像像素的加权平均，同时离中心越近的像素权重越大。因此，相对于均值滤波，高斯滤波器的平滑效果更柔和，而且不会产生块状效应，整幅图像也会变得更平滑。

下面，我们编程实现高斯滤波器，并测试其效果。

```python
# 定义高斯核

def gauss(kernel_size, sigma):

    kernel = np.zeros((kernel_size, kernel_size))
    # 定义中心点坐标
    center = kernel_size // 2
    s = sigma ** 2
    sum_val = 0
    # 计算每个位置的高斯核权重
    for i in range(kernel_size):
        for j in range(kernel_size):
            x, y = i-center, j-center

            kernel[i, j] = np.exp(-(x**2 + y**2)/ 2 * s)
            sum_val += kernel[i, j]

    kernel = kernel/sum_val

    return kernel


k_gaussian = gauss(9, 0.5)
# 展示输入图像与滤波核
conv = conv_2d(img_gaussian, k_gaussian)
conv.plot()

# 展示卷积结果
conv.plot_conv()
```

Input

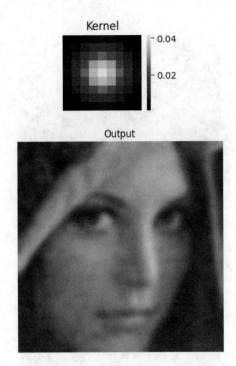

通过对比输入图像和输出图像,可以很明显地看出,高斯噪声被有效地抑制了。我们改变高斯核的大小,并再次测试。

```
# 高斯核大小为 5
conv1 = conv_2d(img_gaussian, gauss(5, 0.5))
conv1.plot_conv()

# 高斯核大小为 7
conv2 = conv_2d(img_gaussian, gauss(7, 0.5))
conv2.plot_conv()

# 高斯核大小为 11
conv3 = conv_2d(img_gaussian, gauss(11, 0.5))
conv3.plot_conv()
```

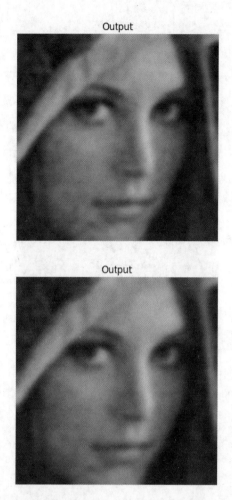

可以看出，高斯滤波器在有效处理高斯噪声的同时，也避免了使用均值滤波时出现的"块状效应"。在之后的代码中，我们可以使用 `cv2.GaussianBlur()` 对图像进行高斯滤波。

3.5 双边滤波

高斯滤波器虽然能得到很好的去噪效果，但是由 3.4 节的结果可知，图像的内容也被模糊了，如人脸的五官变得模糊了，眼球和眼白之间也出现了灰色的部分。这是高斯滤波器在滤波的过程中将白色区域与黑色区域进行加权叠加导致的。那么，有没有什么办法能解决这个问题？这时候，就需要引入一个新的滤波器——双边滤波器，其能够在有效地处理高斯噪声的同时，保持图像内容的清晰。

设对一幅图像 I 进行双边滤波后的输出图像为 $\hat{I}$，则它们之间的关系由下式计算：

$$\hat{I}(i,j) = \frac{1}{W_{sb}} \sum_{m=i-k}^{i-1} \sum_{n=j-k}^{j-1} I(m,n) G_s(i-m, j-n) G_b(I(m,n) - I(i,j))$$

其中，

$$G_s(m,n) = \frac{1}{2\pi\sigma_s^2} e^{-\frac{m^2+n^2}{2\sigma_s^2}}, G_b(d) = \frac{1}{2\pi\sigma_b^2} e^{-\frac{d^2}{2\sigma_b^2}}$$

$$W_{sb} = \sum_{m=i-k}^{i-1} \sum_{n=j-k}^{j-1} G_s(i-m, j-n) G_b(|I(m,n) - I(i,j)|)$$

G_s 即 3.4 节中的高斯卷积核。双边滤波器只是在原有的高斯滤波器的基础上增加了一项高斯核 G_b，其中，$d = I(m,n) - I(i,j)$ 是图像在位置 (m,n) 和 (i,j) 处的像素值（亮度或者颜色）的差值。那么，只有当 d 很小时，也就是位置 (m,n) 处的像素值和位置 (i,j) 处的像素值差别很小时，(m,n) 处的像素值才会以很大的权重去影响输出图像在位置 (i,j) 处的像素值 $\hat{I}(i,j)$ 的计算；反之，当 d 很大时，也就是位置 (m,n) 处的像素值和位置 (i,j) 处的像素值差别很大时，(m,n) 处的像素值不会对输出图像在位置 (i,j) 处的像素值 $\hat{I}(i,j)$ 的计算产生很大影响。图 3-3 可以帮助我们更加清楚地理解双边滤波器的工作原理。

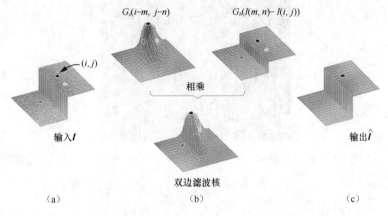

图 3-3　双边滤波器滤波示意（另见彩插图 2）

在图 3-3 中，我们将一幅输入图像 [图 3-3（a）] 输入双边滤波器进行滤波。图中红色点表示 (i,j) 所处的位置，而绿色点和橙色点分别代表不同的 (m,n) 所处的位置，图中点的高低表示像素值的大小。可以很明显地看出，红色点与橙色点的像素值大小接近，而与绿色点的像素值相差较多。我们知道双边滤波器是由两个高斯核 [图 3-3（b）上方] 组成。当输入图像经过双边滤波器时，由于绿色点和红色点的亮度（像素值）差别较大，绿色点的影响会被抑制。换言之，在高斯滤波的基础上增加了一项高斯核之后，便可让亮度或颜色差别小的像素影响到高斯核的加权计算，而差别大的像素对高斯核的加权叠加影响减小，这就避免了图像的内容被模糊。例如，对实验的人脸做双边滤波，眼球上黑色的像素只会和黑色区域上的像素做加权平均，而不会和眼白的像素做加权平均，这就保证了滤波后眼球和眼白的界线。总体而言，在像素亮度或颜色变化不大的区域，双边滤波有类似于高斯滤波的效果，而在亮度或颜色变化剧烈的区域，高斯滤波的效果被新增的一项减弱了。W_{sb} 是一个归一化因子，$\sum_{m=i-k}^{i-1}\sum_{n=j-k}^{j-1}\frac{G_s(i-m,j-n)G_b(I(m,n)-I(i,j))}{W_{sb}} = 1$，这是为了防止图像经过滤波器之后，其像素值的大小超过值域（0~255）。注意，均值滤波器的归一化因子是均值滤波器的卷积核大小 k^2，而高斯滤波器满足 $\sum_i\sum_j G(i,j) \approx 1$，无须专门做归一化。

我们把双边滤波器的实现留作作业。下面，我们调用库函数 `cv2.bilateralFilter()`

对图像进行双边滤波。

```python
# 为了之后展示图像更加方便，我们将该功能封装成一个函数
def plot_image(img, name, camp='gray'):
    plt.imshow(img, cmap=camp)
    plt.title(name)
    plt.axis('off')
    plt.show()

# 展示双边滤波器过滤高斯噪声的效果
plot_image(cv2.bilateralFilter(np.uint8(img_gaussian),30,55,45)[:, :, ::-1], 'output')
```

如图所示，双边滤波器在去噪的同时很好地保持了图像内容的清晰度，如眼睛部位灰色的色块明显减少了。

3.6 中值滤波

"祛痘"也是美颜修图时的一个常用操作。人脸上的"痘"其实就是一种椒盐噪声。我们先试试高斯滤波器对椒盐噪声进行处理的效果，观察高斯滤波器能否有效"祛痘"。

```python
# 使用高斯滤波器过滤椒盐噪声
conv_salt = conv_2d(np.uint8(img_salt), gauss(5, 1))
conv_salt.plot_conv()
```

从输出结果看,高斯滤波器无法有效处理椒盐噪声,因为高斯滤波器本质上是将部分像素点加权求和,并不能抑制椒盐噪声的影响。那么接下来,我们将介绍一种有效去除椒盐噪声的滤波器——中值滤波器。

中值滤波器(median filter)是一种统计排序滤波器,即图像像素等于周围像素排序后的中值。对于图像中一点 (i,j),中值滤波以该点为中心,将邻域内所有像素的统计排序中值作为此点的像素值。椒盐噪声在图像中是少数,大部分像素点的像素值是正常的,所以像素的中值通常是正常像素值,这便是中值滤波器去除椒盐噪声的原理。

图 3-4 是应用中值滤波器对图像滤波的一个例子。可以看到,图 3-4 中分布了像素值为 0 和 1 的椒盐噪声。当中值滤波器滑动到图的中心区域时,先对区域内的像素进行排序;之后选取排序像素的中值作为滤波器中心点滤波的结果,即用 145 替换 0。从图 3-4 也可以看出,对于图像中的椒盐噪声,由于正常像素的多数性,统计排序的中值通常是正常像素的像素值。

邻域像素排序:
0, 0, 1, 78, 145, 186, 205, 220, 237

图 3-4 中值滤波器过滤椒盐噪声

我们把中值滤波器的实现留作作业。下面,我们调用库函数 `cv2.medianBlur()` 对图像进行中值滤波,观察其对椒盐噪声的抑制效果。

```
conv_salt = conv_2d(img_salt, k3)
plot_image(cv2.medianBlur(np.uint8(img_salt),5)[:, :, ::-1], 'Output')
```

图中的人脸是不是看上去非常清晰？经过中值滤波器滤波后，图像中连一点椒盐噪声的影子都看不见了。看来中值滤波器对去除椒盐噪声确实非常有效。

3.7 图像锐化

既然可以通过滤波的方式让图像变得平滑，那么也可以让图像变得清晰，这一过程被称作图像锐化。如前所述，图像平滑是过滤掉图像中高频信息，保留低频信息，那么图像锐化是不是反其道而行之，去掉低频信息，保留高频信息就可以实现呢？试想一下，当一幅图像经过高斯滤波之后，它的高频信息被滤波器去除，只保留了低频信息。如果我们用原图像减去滤波后的图像，是不是就可以得到图像中更多的高频信息？那我们先这样尝试一下。

```
# 由于卷积运算满足分配律，我们可以直接计算叠加后的卷积核
size = 3
k0 = np.zeros((size, size))
k0[int((size-1)/2)][int((size-1)/2)] = 1

kg = gauss(size, 1)
k_shapen = 1 * (k0 - kg)

# 得到高斯滤波的图像
img_gau = cv2.GaussianBlur(img, (9,9), 5)
shapen = conv_2d(img_gau, k_shapen)
# 展示锐化效果
shapen.plot_conv()
```

得到的结果好像和预期的结果不相符，大家知道是哪里出了问题吗？图像中的高频信息是很少的，低频信息才是主体，所以仅保留高频信息得到的就是这样一张"黑图"。修正我们的想法：图像锐化是增强高频信息，而不是完全去除低频信息。

因此再进行以下尝试：把原图加回到上面这张"黑图"，那就是在保留原来图像低频信息的同时，将高频信息增加了一倍。如果把上面这张"黑图"多次叠加到原图上，图像是不是会越

来越清晰？

```
# 构建滤波核
k_shapen = k0 + 1 * (k0 - kg)
img_gau = cv2.GaussianBlur(img, (3,3), 1)
shapen = conv_2d(img_gau, k_shapen)
shapen.plot_conv()
```

图像明显变得清晰了。将高频信息与原图像多次叠加，并测试其效果。

```
k_shapen = k0 + 5 * (k0 - kg)
img_gau = cv2.GaussianBlur(img, (3,3), 1)
shapen = conv_2d(img_gau, k_shapen)
shapen.plot_conv()
```

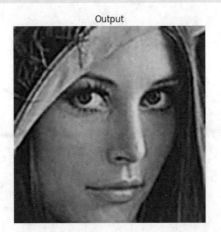

由此可见，将原图减去高斯滤波后的图像，即图像的高频信息，反复叠加在原图上，可以不断增强锐化的效果。

3.8 小结

本章介绍了滤波的基本概念和几种典型的滤波器，讲解了这些滤波器在图像去噪中的作用以及对不同类型噪声的抑制效果。最后，通过举一反三，介绍了可以实现图像锐化的滤波器。对于计算机视觉的任务，滤波通常用于图像的预处理或者后处理，如对图像进行去噪或者去模糊的预处理，可以帮助我们更准确地进行图像识别；也可以对识别检测的结果进行滤波，去除一些错误的识别检测结果。

习题

（1）简述为何高斯滤波器比均值滤波器更适合平滑图像。

（2）编程实现双边滤波器，使用提供的 lenaface.jpg 图像，重现 3.5 节中的去噪效果，并与使用库函数的结果进行对比。

（3）编程实现中值滤波器，使用提供的 lenaface.jpg 图像，重现 3.6 节中的去噪效果，并与使用库函数的结果进行对比。

（4）基于中值滤波器的实现，尝试用中值滤波器对添加了高斯噪声的 lenaface.jpg 图像实现去噪。

（5）参照本章中给出的图像锐化方法，用一个卷积核对 lenaface.jpg 图像实现锐化。

第 4 章

模板匹配

4.1 简介

扫码观看视频课程

图像匹配(image matching),即找到不同图像中相同或相似物体的对应位置关系,是计算机视觉的一个基础问题。基于图像匹配,可以完成图像检索、图像拼接和图像识别等一系列计算机视觉任务。最基础、最简单的图像匹配就是模板匹配:给定一幅模板图像,在另一幅图像中找到与该模板相似度最高的目标位置。例如图 4-1 所示,给定云朵为模板图像,需要找到该图中是否含有云朵,如果有,则需要确定云朵的位置。根据目标的数目,可以将模板匹配分为单目标模板匹配和多目标模板匹配。在本章中,我们将介绍模板匹配的步骤及用于匹配的相似度度量方法。

图 4-1 模板匹配示例

4.2 模板匹配的实现

我们先介绍模板匹配的步骤。

4.2.1 匹配步骤

对于一幅模板图像 T 和输入图像 I，令其大小分别为 $w×h$ 和 $W×H$（$w≤W$，$h≤H$），我们按照以下匹配步骤在图像 I 中寻找与图像 T 最相似的目标位置。

（1）让模板图像在输入图像上滑动，在每个滑动位置 (i,j)，计算模板与以 (i,j) 为左上角顶点、大小为 $w×h$ 的输入图像子图的相似度。

（2）当上述滑动结束后，将得到一个相似度矩阵 R，矩阵的每个元素 $R(i,j)$ 是上述在滑动位置 (i,j) 处计算得到的相似度。不难得出，矩阵 R 的大小为 $(W-w+1)×(H-h+1)$。

（3）获得相似度矩阵之后，查找元素最大值所在的位置 (i^*,j^*)。在输入图像中，以 (i^*,j^*) 为左上角顶点、以 w 和 h 为宽和高的区域便是输入图像中与模板图像最相似的区域，也就是要找的目标位置。

如图 4-2 所示，要在图 4-2（b）中寻找与图 4-2（a）最相似的区域，先将模板图像从输入图像的左上角（右图中左上角方框的位置）开始滑动，分别计算每个位置的相似度，并将具有最大相似度的子图作为输出。从而实现输入图像中的模板匹配。

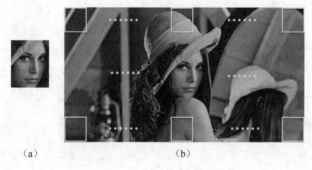

图 4-2　模板匹配示意

不过，该如何计算相似度呢？

4.2.2 相似度度量

模板匹配的相似度度量方法有很多种，在本节中，我们主要介绍互相关和归一化互相关。

1. 互相关

互相关的做法非常简单：将模板与输入图像子图的对应位置元素相乘并求和。在位置 (i,j) 处（以 (i,j) 为左上角顶点），模板与输入图像子图互相关计算公式为

$$R(i,j) = \sum_{m=i}^{i+w-1}\sum_{n=j}^{j+h-1} I(m,n) \cdot T(m-i,n-j)$$

其中，(m,n) 是输入图像中任一像素点的坐标；$(m-i,n-j)$ 是模板上对应该像素点的坐标。

不知大家是否觉得上式似曾相识？回顾第 2 章二维卷积的公式，它们之间的差别仅在于 T

是否翻转！而在深度学习的主流工具开发包（如 PyTorch 和 Caffe）中，都是假设卷积神经网络的卷积核是已经翻转过的。换言之，平时用的卷积神经网络的代码其实计算的是互相关。这也难怪不少人工智能的学者认为卷积神经网络其实和模板匹配相似，如著名物理学家史蒂芬·霍金（Stephen Hawking）的学生艾伦·尤伊尔（Alan Yuille）教授曾不止一次提到卷积神经网络和模板匹配的关系。

下面，我们编程实现上述互相关公式，并测试是否可以达到想要的模板匹配效果。

```python
# utils 为之前已经编写的函数包
from utils import *

import cv2
from matplotlib import pyplot as plt
import numpy as np

# 计算互相关
def CCORR(img, temp):
    w, h = temp.shape[::-1]
    W, H = img.shape[::-1]
    img = np.array(img, dtype='float')
    temp = np.array(temp, dtype='float')
    res = np.zeros((W - w + 1, H - h + 1))

    # 利用循环计算互相关
    for i in range(W - w + 1):
        for j in range(H - h + 1):
            res[i, j] = np.sum(temp * img[j:j + h, i:i + w])
    return res


# 构建单目标匹配类
class temp_match_single():
    def __init__(self, img, temp):
        self.img = img
        self.temp = temp

    def match(self):
        # 输入目标图像
        img = cv2.cvtColor(self.img, cv2.COLOR_BGR2GRAY)
        # 输入模板图像
        temp = cv2.cvtColor(self.temp, cv2.COLOR_BGR2GRAY)
        w, h = temp.shape[::-1]

        # 计算互相关
        res = CCORR(img, temp)

        # 找到互相关值最大的位置
        loc = np.where(res == np.max(res))
        top_left = [int(loc[0]), int(loc[1])]
        bottom_right = (top_left[0] + w, top_left[1] + h)
```

```
        # 将其框出
        cv2.rectangle(self.img, top_left, bottom_right, (255,255,255), 1)
        plot_image(self.img[:, :, ::-1], 'Matching Result by CCORR')
```

我们导入一幅图像和一个模板，进行模板匹配。

```
img = cv2.imread('lena_tri.jpg')
template = cv2.imread('lena_small.png')

test = temp_match_single(img, template)
plot_image(test.temp[:, :, ::-1], 'Template Image')
plot_image(test.img[:, :, ::-1], 'Target Image')

test.match()
```

Matching Result by CCORR

结果有没有出乎大家的意料？我们并没有匹配到正确目标！问题出在哪里？

仔细观察互相关的公式，可以发现是模板图像像素值和输入图像子图像素值直接相乘，那么在模板一定的情况下，子图整体像素值越大（也就是越亮），它们之间的乘积也就越大。因此互相关更容易找到输入图像中亮度高的区域，而不是与模板最相似的区域。那么如何解决这个问题呢？显然，我们需要该相似度度量与输入图像中每个子图整体像素值大小无关，这就需要归一化。接下来我们引入另一种相似度度量方法——归一化互相关。

2. 归一化互相关

归一化互相关需对模板和输入图像子图做归一化，去除因为它们的整体像素值大小对互相关结果的影响。模板与输入图像子图归一化互相关计算公式为

$$R(i,j) = \frac{\sum_m \sum_n I(m,n) \cdot T(m-i, n-j)}{\sqrt{\sum_m \sum_n I^2(m,n)} \sqrt{\sum_m \sum_n T^2(m-i, n-j)}}$$

这里，分母中的两部分分别反映了模板和输入图像子图自身像素值的大小，相乘后作为归一化因子，以消除它们对互相关计算的影响。其实，这也是余弦相似度的一种表示。按照上述公式，编程实现归一化互相关，改写 CCORR() 函数，再试试是否可以找到正确的目标区域。

```python
# 对原有 CCORR() 函数进行改写，定义归一化互相关
def CCORR(img, temp, normalize=True):
    w, h = temp.shape[::-1]
    W, H = img.shape[::-1]
    res = np.zeros((W-w+1, H-h+1))
    img = np.array(img, dtype='float')
    temp = np.array(temp, dtype='float')
    t = np.sqrt(np.sum(temp**2))
```

```
            for i in range(W-w+1):
                for j in range(H-h+1):
                    res[i,j] = np.sum(temp*img[j:j+h, i:i+w])
                    # 在这里进行归一化操作
                    if normalize:
                        res[i,j] = res[i,j] / t / np.sqrt(np.sum(img[j:j+h, i:i+w]**2))
            return res

img = cv2.imread('lena_tri.jpg')
template = cv2.imread('lena_small.png')

test = temp_match_single(img, template)

test.match()
```

由结果可见，通过归一化，消除了输入图像子图整体亮度对互相关计算的影响，提升了互相关度量的鲁棒性。

4.3 多目标模板匹配

与单目标模板匹配不同的是，在多目标匹配任务中，需要设定一个阈值。当模板与某个输入图像子图的相似度大于该阈值时，即可认为该输入图像子图即为需要匹配的对象。

这里，我们需要对阈值的选择进行说明。如果阈值设定过小，那么图像中会有很多子图被认为和模板匹配，造成很多虚假匹配；而一旦阈值设定过大，图像中也许没有任何子图可以和模板匹配。因此，在多目标模板匹配中，需要选择一个合适的阈值。设定需要匹配的子图个数 k，并将阈值设定为第 $k+1$ 大的相似度的值。

4.3 多目标模板匹配

为了方便，我们将直接使用归一化互相关作为度量指标，并直接调用库函数 cv2.TM_CCORR_NORMED() 来完成归一化互相关。

```python
import numpy as np

# 利用快速排序算法找到数列中第 k 大的值
def findKth(s, k):
    return findKth_c(s, 0, len(s) - 1, k)


def findKth_c(s, low, high, k):
    m = partition(s, low, high)
    if m == len(s) - k:
        return s[m]
    elif m < len(s) - k:
        return findKth_c(s, m + 1, high, k)
    else:
        return findKth_c(s, low, m - 1, k)


def partition(s, low, high):
    pivot, j = s[low], low
    for i in range(low + 1, high + 1):
        if s[i] <= pivot:
            j += 1
            s[i], s[j] = s[j], s[i]
    s[j], s[low] = s[low], s[j]
    return j


# 构建多目标模板匹配类
class temp_match_multi():
    def __init__(self, img, temp, k=50):
        self.img = img
        self.temp = temp
        # 定义需要匹配的子图个数
        self.k = k

    def match(self):
        # 输入模板图像和目标图像
        temp = cv2.cvtColor(self.temp, cv2.COLOR_BGR2GRAY)
        img = cv2.cvtColor(self.img, cv2.COLOR_BGR2GRAY)

        w, h = temp.shape[::-1]
        method = eval('cv2.TM_CCORR_NORMED')
        res = cv2.matchTemplate(img, temp, method)
        temp = list(np.array(res).flatten())

        # 寻找 res 中第 k 大的值
```

```
            threshold = findKth(temp, self.k+1)
            print('设定的阈值为：', threshold)
            loc = np.where(res >= threshold)

            # 将找到的子图框选出
            for pt in zip(*loc[::-1]):
                cv2.rectangle(self.img, pt, (pt[0] + w, pt[1] + h), (255,255,255), 1)
                plt.imshow(self.img[:, :, ::-1]), plt.xticks([]), plt.yticks([])
            plt.show()

img = cv2.imread('img.png')
template = cv2.imread('temp.png')

test_multi = temp_match_multi(img, template, k=50)
plot_image(test_multi.temp[:, :, ::-1], 'Template Image')
plot_image(test_multi.img[:, :, ::-1], 'Target Image')
test_multi.match()
```

设定的阈值为：0.99798167

4.4 小结

本章介绍了计算机视觉中最基本的图像匹配任务——模板匹配。模板匹配算法虽然简单，但这种基于滑动窗口的相似度匹配策略却是许多计算机视觉方法的基础，例如，可以从模板匹配算法中窥见一丝目标检测的影子。当然，目标检测所需要的相似度度量要复杂得多，在第12章中我们会学习到。

> **习题**
>
> （1）在本章中，我们所用的实验数据其模板和输入图像中的目标是完全一样的。如果图像中的目标发生了一些光照上的变化，如亮度发生变化，一部分像素的亮度增大，一部分像素的亮度减小，那么基于归一化互相关还能匹配到我们想要的目标吗？如果不能，尝试提出在这种情况下还能成功匹配的相似度度量方法，并编程进行验证。
>
> （2）计算在模板匹配中使用归一化互相关作为相似度度量的计算复杂度，其中图像大小为 $W \times H$，模板大小为 $w \times h$。
>
> （3）如果模板的大小与待匹配的图像中的目标不同，应如何修改本章介绍的模板匹配算法，才能得到正确的匹配结果？使用提供的 img.png、temp.png 和 temp_large.png 编程实现并测试。

第 5 章
边缘检测

5.1 简介

扫码观看视频课程

边缘（edge）是图像中局部亮度、纹理或颜色发生剧烈变化的位置。如图 5-1 所示，这些变化往往发生在物体与背景、物体与物体、区域与区域之间的边界上，边缘蕴含了图像中物体的形状信息和场景的结构信息，这些信息在视觉系统中扮演着至关重要的角色。美国国家工程院院士 Jitendra Malik 指出形状提供了比其他特征更为鲁棒的信息[1]。例如图 5-1 中的右边的边缘图已经完全丢失了色彩信息，但是仍然可以识别出这些边缘所表示的语义——天鹅。David Marr 的视觉理论[2]也印证了这一点，根据他的理论，视觉信息处理的第一步是建立在从图像中提取的边缘等重要特征之上的，也就是说边缘检测是视觉信息处理的基础。在本章中，我们将介绍边缘检测的数学模型及几种经典边缘检测算法的实现。

图 5-1　边缘检测示意

5.2 边缘检测的数学模型

给定一幅图像 I，边缘检测的目标是计算出图像中每一点 (i,j) 处的边缘强度 $E_s(i,j|I)$ 和边缘方向 $E_\theta(i,j|I)$。

图 5-2 展示了一个一维信号，可以把它看作二维图像像素的强度沿一个坐标轴（x 轴）方向的信号。根据 5.1 节中的定义，边缘所处的位置就是像素的强度发生快速变化的位置。由微积

分的知识，我们知道函数的变化可以用函数的一阶导数来表示，也就是说，图像边缘就是图像一阶导数的极大值处。

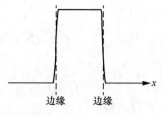

图 5-2　一维信号中的边缘

接下来，我们介绍图像一阶导数（微分）的计算。

根据微积分的知识，一元函数 $f(x)$ 的一阶微分定义为

$$\frac{\mathrm{d}f(x)}{\mathrm{d}x} = \lim_{\Delta x \to 0} \frac{f(x+\Delta x) - f(x-\Delta x)}{2\Delta x}$$

而我们知道，图像 I 是一个矩阵，其中每个元素的值（像素值）可以表示为一个二元函数 $f(x,y)$ 的输出，而二元函数的微分可由一元函数的一阶微分推广得到：

$$\frac{\partial f(x,y)}{\partial x} = \lim_{\epsilon \to 0} \frac{f(x+\epsilon, y) - f(x-\epsilon, y)}{2\epsilon}$$

$$\frac{\partial f(x,y)}{\partial y} = \lim_{\epsilon \to 0} \frac{f(x, y+\epsilon) - f(x, y-\epsilon)}{2\epsilon}$$

由于数字图像是离散的，在数字图像中最小的位置距离单位为 1 像素，即 $\epsilon = 1$。那么在离散情况下，将上式中连续的位置坐标 (x,y) 转变为离散的矩阵元素位置索引 (i,j)，上式变为

$$I_x(i,j) = \frac{I(i+1,j) - I(i-1,j)}{2}$$

$$I_y(i,j) = \frac{I(i,j+1) - I(i,j-1)}{2}$$

其中，$I_x(i,j)$ 和 $I_y(i,j)$ 分别是图像像素值关于位置的二元函数在像素 (i,j) 处沿 x 轴方向和沿 y 轴方向的一阶偏导数；记 $\nabla I(i,j) = [I_x(i,j)\ I_y(i,j)]$ 表示图像在该点处的梯度（gradient），故 $I_x(i,j)$ 和 $I_y(i,j)$ 即为沿 x 轴方向和沿 y 轴方向的梯度幅值（magnitude）。因此，在离散的数字图像中，对图像的一阶微分是通过一阶差分实现的。将上式变形：

$$I_x(i,j) = \frac{1}{2} \sum_{m=-1}^{1} \sum_{n=-1}^{1} I(i-m, j-n) K_x(m,n)$$

$$I_y(i,j) = \frac{1}{2} \sum_{m=-1}^{1} \sum_{n=-1}^{1} I(i-m, j-n) K_y(m,n)$$

令矩阵 $\boldsymbol{K}_x = \begin{bmatrix} 0 & 0 & 0 \\ +1 & 0 & -1 \\ 0 & 0 & 0 \end{bmatrix}$，$\boldsymbol{K}_y = \begin{bmatrix} 0 & +1 & 0 \\ 0 & 0 & 0 \\ 0 & -1 & 0 \end{bmatrix}$，其中，$\boldsymbol{K}_x$ 中心位置的坐标为 $(0,0)$，对 $\boldsymbol{K}_y$ 同理。

令矩阵 $I_x = (I_x(i,j))$，其中 $I_x(i,j)$ 是矩阵的元素，i 为行数，j 为列数；类似地，令矩阵 $I_y = (I_y(i,j))$。上式可写作

$$I_x = I * K_x, I_y = I * K_y$$

由上式的形式可以联想到什么？没错，上式正是卷积的形式，说明可以通过卷积计算图像的一阶差分。

由此我们得到图像中每个像素的梯度 $\nabla I(i,j) = [I_x(i,j)\ I_y(i,j)]$。图像 I 中位置 (i,j) 处的边缘强度 $E_s(i,j|I)$ 和边缘方向 $E_\theta(i,j|I)$ 可分别根据该点的梯度 $\nabla I(i,j)$ 计算得到：

$$E_s(i,j|I) = \|\nabla I(i,j)\| = \sqrt{I_x^2(i,j) + I_y^2(i,j)}$$

$$E_\theta(i,j|I) = \tan^{-1}\left(\frac{I_y(i,j)}{I_x(i,j)}\right) + \frac{\pi}{2}$$

注意，边缘方向和图像梯度方向相互垂直。由此可见，计算图像边缘的关键是计算图像的梯度，而图像的梯度是通过差分计算得到的。在上面的计算中，图像差分以 K_x 和 K_y 为卷积核，对图像进行卷积，这两个卷积核被称为差分算子，也是最简单的差分算子。边缘检测的工作之一就是设计更合理的差分算子，从而更准确、更鲁棒地计算图像梯度。

5.3 边缘检测算法

边缘检测算法通常有 3 个步骤。

（1）图像平滑：边缘检测算法主要是基于图像像素强度的微分，但微分对图像噪声很敏感，因为图像噪声也会导致图像像素强度的突变。因此，先对图像进行滤波平滑，以此来提高边缘检测算法对图像噪声的鲁棒性。

（2）图像梯度计算：通过差分模板对平滑后的图像进行卷积，得到图像梯度。

（3）图像边缘定位：根据梯度得到的边缘强度和边缘方向定位图像中的边缘。

由于图像平滑和差分运算都可以通过卷积完成，根据卷积的结合律，上述前两个步骤也可以合成一步完成。接下来，我们将介绍两种边缘检测算法——Sobel 边缘检测算法和 Canny 边缘检测算法。

5.3.1 Sobel 边缘检测算法

Sobel 边缘检测算法[3]是最经典的边缘检测算法之一，其核心是 Sobel 算子，该算子为两组 3×3 的卷积核，数学形式如下：

$$K_x = \begin{bmatrix} +1 & 0 & -1 \\ +2 & 0 & -2 \\ +1 & 0 & -1 \end{bmatrix}, K_y = \begin{bmatrix} +1 & +2 & +1 \\ 0 & 0 & 0 \\ -1 & -2 & -1 \end{bmatrix}$$

选取沿 x 轴方向的 Sobel 算子，将其拆分为两个向量相乘：

$$\boldsymbol{K}_x = \begin{bmatrix} +1 & 0 & -1 \\ +2 & 0 & -2 \\ +1 & 0 & -1 \end{bmatrix} = \begin{bmatrix} 1 \\ 2 \\ 1 \end{bmatrix} \begin{bmatrix} +1 & 0 & -1 \end{bmatrix}$$

前者类似于高斯滤波器（中间大两边小），目的是对图像中的噪声进行抑制；根据 5.2 节的介绍，后者是一个差分算子，作用于图像得到沿 x 轴的梯度幅值，也就是垂直方向上的边缘强度。

Sobel 算子包含图像平滑与图像梯度计算两个步骤的操作。接下来，我们编程实现 Sobel 算子与图像的卷积。先导入 lena 图像，并编写沿 x 轴方向和沿 y 轴方向的 Sobel 算子。

```
import cv2
import numpy as np
import matplotlib.pyplot as plt
# 输入图像
img = cv2.imread('lena.jpeg')

# 沿 x 轴方向的 Sobel 算子
kx = np.array([
    [1,0,-1],
    [2,0,-2],
    [1,0,-1]
])

# 沿 y 轴方向的 Sobel 算子
ky = np.array([
    [1, 2, 1],
    [0, 0, 0],
    [-1,-2,-1]
])

# 展示输入图像
plt.imshow(img[:, :, ::-1])
plt.axis('off')
```

(-0.5, 788.5, 430.5, -0.5)

接着，计算沿 x 轴方向的梯度幅值。利用已经学过的卷积的知识，可以很轻松地编写出相应的代码。

```
# 沿 x 轴方向的 Sobel 算子与图像进行卷积
conv_x = cv2.filter2D(img, -1, kx)
plt.imshow(conv_x[:, :, ::-1])
plt.axis('off')
```

(-0.5, 788.5, 430.5, -0.5)

可以观察到，沿 x 轴方向的梯度幅值，也就是垂直方向上的边缘信息（如手臂的线条、帽子等）被有效地检测出来。然后，计算图像沿 y 轴方向的梯度幅值。

```
# 沿 y 轴方向的 Sobel 算子与图像进行卷积
conv_y = cv2.filter2D(img, -1, ky)
plt.imshow(conv_y[:, :, ::-1])
plt.axis('off')
```

(-0.5, 788.5, 430.5, -0.5)

如上图所示，沿 y 轴方向的梯度幅值，也就是水平方向的边缘信息（如眼睛的轮廓等）也被很好地提取。基于图像梯度 (I_x, I_y)，代入 5.2 节中的边缘强度和边缘方向公式，即可得到边缘检测的结果。

在计算边缘强度时，为了提高效率，通常使用不开平方的近似值：

$$E_s(i,j\mid \boldsymbol{I}) = \|I_x(i,j)\| + \|I_y(i,j)\|$$

```
E = abs(conv_x) + abs(conv_y)
plt.imshow(E[:, :, ::-1])
plt.axis('off')
```

(-0.5, 788.5, 430.5, -0.5)

5.3.2 Canny 边缘检测算法

虽然 Sobel 算子中加入了类似于高斯滤波的算子，使其对图像噪声有一定的抑制性，但是区分图像噪声和边缘本身是一个很困难的任务，特别是图像中常常会存在由杂乱纹理产生的虚假边缘。通过图像平滑能够在一定程度上抑制噪声，但是，平滑也会使得图像变得模糊，降低边缘的强度，所以对图像的平滑程度应当是可以调节的，边缘检测的结果应该也是多尺度的（如可以调节平滑程度）。接下来，我们介绍一种多尺度边缘检测算法——Canny 边缘检测算法[4]。

Canny 算法可能是计算机视觉中使用最广泛的边缘检测算法，它通常通过以下几步实现：

（1）图像平滑，即抑制噪声；

（2）图像梯度计算；

（3）边缘强度非极大值抑制（non-maximum suppression，NMS）；

（4）基于滞后的阈值化（hysteresis-based thresholding）的边缘定位。

1. 图像平滑

由于边缘检测对图像噪声非常敏感，因此在进行后续的操作之前，需要先对图像进行去噪。结合第 3 章中所学的知识，一般使用高斯滤波器对图像进行去噪。对图像平滑的程度取决于高斯核标准差 σ 的大小。σ 越大，图像越平滑，但也越模糊；σ 越小，图像细节保留越多，但是噪声也越多。不同的 σ 代表了不同的尺度，调节 σ 的大小，在不同平滑程度的图像上进行边缘检测，得到的便是多尺度边缘检测结果。在实现程序中，我们先将高斯核的大小设置为 5，σ 设置为 1.5（一般高斯核的大小是 σ 的 3 倍时，滤波效果比较好）。

```python
from utils import *
# 设定高斯核的大小与方差
kernel_size = 5
sigma = 1.5

# 导入一幅图像
img = Image.open('lena.jpeg')

# 将其转为灰度图像
img = img.convert('L')
img = np.array(img)

# 构造高斯卷积核
kernel = gaussian_kernel(kernel_size, sigma)

# 与图像进行卷积
smoothed = cv2.filter2D(img, -1, kernel)

# 展示图像
plot_image(img, 'Original image')
plot_image(smoothed, 'Smoothed image')
```

2. 图像梯度计算

获得了平滑后的图像，我们就可以利用类似 Sobel 算子的方式来计算图像的水平方向梯度幅值 I_x 和竖直方向梯度幅值 I_y；接着，我们可以计算图像中每个像素梯度的大小（边缘强度）$E_s(i,j\,|\,I) = \|\nabla I(i,j)\| = \sqrt{I_x^2(i,j) + I_y^2(i,j)}$，其中梯度方向是 $\tan^{-1}\left(\dfrac{I_y(i,j)}{I_x(i,j)}\right)$，即垂直于边缘的方向，如图 5-3 所示。

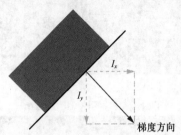

图 5-3　梯度的方向

```
# 求沿 x 轴方向的梯度幅值
def partial_x(img):

    # 获得图像的大小
    Hi, Wi = img.shape
    out = np.zeros((Hi, Wi))

    # 这里将卷积核均值化
    k = np.array([[0,0,0],[0.5,0,-0.5],[0,0,0]])

    # 对图像进行卷积
    out = cv2.filter2D(img, -1, k)

    return out


# 求沿 y 轴方向的梯度幅值
def partial_y(img):
    Hi, Wi = img.shape
    out = np.zeros((Hi, Wi))
    k = np.array([[0,0.5,0],[0,0,0],[0,-0.5,0]])
    out = cv2.filter2D(img, -1, k)
    return out


# 获得两个方向上图像的梯度幅值
Gx = partial_x(smoothed)
Gy = partial_y(smoothed)

# 绘制图像梯度
plot_image(Gx, 'Derivative in x direction')
plot_image(Gy, 'Derivative in y direction')
```

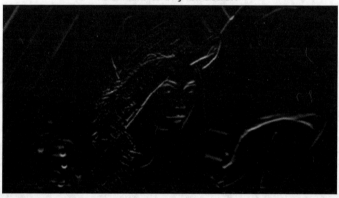

```python
# 计算梯度幅值及方向
def gradient(img):
    G = np.zeros(img.shape)
    theta = np.zeros(img.shape)
    dx = partial_x(img)
    dy = partial_y(img)

    # 获得图像梯度幅值
    G = np.sqrt(dx**2 + dy**2)

    # 获得梯度方向
    theta = np.rad2deg(np.arctan2(dy, dx))

    # 将梯度方向调整为0°～360°范围内
    theta %= 360

    return G, theta

G, theta = gradient(smoothed)

# 展示利用图像梯度得到的结果
plot_image(np.uint8(G), 'Gradient magnitude')
```

Gradient magnitude

3. 边缘强度非极大值抑制

从上面的结果可以发现，直接从梯度得到的边缘线非常粗，显得很模糊，因此需要应用非极大值抑制将边缘细化。非极大值抑制沿每个梯度方向找到边缘强度局部极大的像素予以保留，去除该方向上边缘强度非局部极大的像素。

先将图像中每个像素的梯度方向量化为 8 个固定方向，即 $\left\{\frac{k}{8}\pi\right\}_{k=0}^{7}$。接着，将当前像素的边缘强度与沿该像素的梯度方向（包括正、反方向）的邻域内像素的边缘强度进行比较。如果当前像素的边缘强度最大，则保留该像素为边缘中像素，反之则将其从边缘中移除。

例如在图 5-4 中，考察当前像素(i,j)，它的梯度方向如图 5-4 中箭头所示。沿该梯度方向的正、反方向分别找到当前像素的两个邻域像素(i',j')和(i'',j'')（通常选取当前像素的 8 邻域像素）。如果当前像素(i,j)的边缘强度在这 3 个像素中最大，即 $E_s(i,j\,|\,\boldsymbol{I}) = \max\{E_s(i,j\,|\,\boldsymbol{I}),$ $E_s(i',j'\,|\,\boldsymbol{I}), E_s(i'',j''\,|\,\boldsymbol{I})\}$，则将当前像素保留在边缘中，反之将其从边缘中移除，并设置 $E_s(i,j\,|\,\boldsymbol{I}) = 0$。注意，在 Canny 算法的原文中，作者是采用沿梯度方向寻找拉普拉斯算子过零点的方法来确定边缘强度局部最大点，这里我们通过非极大值抑制来实现同样的效果。

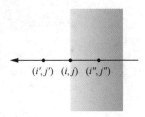

图 5-4 非极大值抑制

```python
# 非极大值抑制算法
def non_maximum_suppression(G, theta):
    
    # 获得梯度图的大小
    H, W = G.shape
    
    # 将梯度方向投影到最近的 45° 空间中
    theta = np.floor((theta + 22.5) / 45) * 45
    theta %= 360
    
    # 最后输出的图像梯度
    out = G.copy()
    
    for i in range(1, H-1):
```

```python
        for j in range(1,W-1):

            # 当前像素的角度大小，可以将其分为4类
            angle = theta[i,j]

            if angle == 0 or angle == 180:
                ma = max(G[i, j-1], G[i, j+1])

            elif angle == 45 or angle == 45 + 180:
                ma = max(G[i-1, j-1], G[i+1, j+1])

            elif angle == 90 or angle == 90 + 180:
                ma = max(G[i-1, j], G[i+1,j])

            elif angle == 135 or angle == 135 + 180:
                ma = max(G[i-1, j+1], G[i+1, j-1])

            else:
                print(angle)
                raise
            # ma 是当前像素的两个邻域点的像素梯度幅值的最大值

            # 如果 ma 的值大于当前像素的梯度幅值，则认为当前像素非边缘点
            # 并将该像素的梯度幅值设置为 0
            if ma > G[i,j]:
                out[i,j]=0
    return out

nms = non_maximum_suppression(G, theta)
plot_image(np.uint8(nms), 'Non-maximum suppressed')
```

可以很容易地从实验结果中看出，检测得到的图像边缘变得更加清晰了。

4. 基于滞后的阈值化的边缘定位

通过非极大值抑制，我们将边缘细化成边缘线，接下来要确定最终的边缘位置。我们对边缘

强度 E_s 进行二值化，将其转化为非零即一的边缘图 E_b，即如果 $E_b(i,j|\boldsymbol{I})=1$，那么像素$(i,j)$是边缘点，否则不是边缘点。最简单的二值化方法是单一阈值法，即取一个单一阈值 T，对其二值化：

$$E_b(i,j|\boldsymbol{I})=\begin{cases}1, & E_s(i,j|\boldsymbol{I})\geq T\\ 0, & E_s(i,j|\boldsymbol{I})<T\end{cases}$$

但是，这种单一阈值法很容易造成断裂的边缘。为了解决这个问题，Canny 边缘检测算法使用了双阈值，提出了基于滞后的阈值化的方法。算法使用一高一低两个阈值，分别记为 T_h 和 T_l（$T_l<T_h$）。如果像素(i,j)的边缘强度 $E_s(i,j|\boldsymbol{I})$ 大于等于高阈值，则该像素被标注为强边缘点，$E_b(i,j|\boldsymbol{I})=1$；如果边缘强度小于低阈值，则该像素被标注为非边缘点，$E_b(i,j|\boldsymbol{I})=0$；如果边缘强度在两个阈值之间，则该像素被标注为弱边缘点，需要进一步确定 $E_b(i,j|\boldsymbol{I})$ 的取值：

$$E_b(i,j|\boldsymbol{I})=\begin{cases}1, & E_s(i,j|\boldsymbol{I})\geq T_h\\ 0, & E_s(i,j|\boldsymbol{I})<T_l\\ \text{待定}, & T_l\leq E_s(i,j|\boldsymbol{I})<T_h\end{cases}$$

这就是所谓的滞后的阈值化。下面，我们编程实现通过双阈值确定强弱边缘。

```python
# 双阈值确定强弱边缘
def double_thresholding(img, high, low):
    # 初始化强弱边缘为布尔矩阵
    strong_edges = np.zeros(img.shape, dtype=np.bool_)
    weak_edges = np.zeros(img.shape, dtype=np.bool_)
    
    # 获得输入图像大小
    a,b = img.shape
    for i in range(a):
        for j in range(b):
            # 大于等于 Th 阈值则为强边缘点
            if img[i,j] >= high:
                strong_edges[i,j] = 1
            
            # 小于 Th 阈值、大于等于 Tl 阈值则为弱边缘点
            elif img[i,j] < high and img[i,j] >= low:
                weak_edges[i, j] = 1
    
    return strong_edges, weak_edges


low_threshold = 3
high_threshold = 6

strong_edges, weak_edges = double_thresholding(nms,
                    high_threshold, low_threshold)

# 返回强弱边缘叠加的边缘图
edges = strong_edges * 1.0 + weak_edges * 0.5

plot_image(strong_edges, 'Strong Edges')
plot_image(edges, 'Strong+Weak Edges')
```

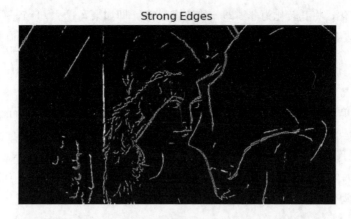

Strong Edges

Strong+Weak Edges

强边缘点是已确定的边缘点,而对弱边缘点,当且仅当它们在已确定的边缘点的邻域内(如 8 邻域内)时,才被确定为边缘点。接下来,我们实现对弱边缘点的确定过程。

```python
# 获得在(x,y)处的邻居
def get_neighbors(x, y, H, W):
    neighbors = []
    for i in (x - 1, x, x + 1):
        for j in (y - 1, y, y + 1):
            if i >= 0 and i < H and j >= 0 and j < W:
                if (i == x and j == y):
                    continue
                neighbors.append((i, j))

    return neighbors


# 判断弱边缘点是否为边缘
def link_edges(strong_edges, weak_edges):
    # 获得图的大小
    H, W = strong_edges.shape

    # 获得强边缘点的位置
    indices = np.stack(np.nonzero(strong_edges)).T
```

```python
    # 初始化最终的结果，为布尔矩阵
    edges = np.zeros((H, W), dtype=np.bool_)

    weak_edges = np.copy(weak_edges)
    edges = np.copy(strong_edges)

    # 将所有强边缘点的坐标组合成一个列表
    q = [(i,j) for i in range(H) for j in range(W) if strong_edges[i,j]]

    while q:

        # pop()函数返回列表中的末尾元素，并将其从列表中删除
        i, j = q.pop()

        # (a, b)是(i, j)的邻居
        for a, b in get_neighbors(i, j, H, W):

            # 如果当前点是弱边缘点且在强边缘点的邻域内，即可认为该点是边缘点
            if weak_edges[a][b]:
                # 为了避免对同一弱边缘点重复判断，便将其值设置为0
                weak_edges[a][b] = 0

                # 在边缘点中添加该弱边缘点
                edges[a][b] = 1

                # 由于该弱边缘点已经变成边缘点，因此需要将其加入 q 中
                # 通过将该点放进 q 中，在下一次迭代中可判断该点周围是否存在弱边缘点
                q.append((a,b))

    return edges

# 获得最终边缘图
edges = link_edges(strong_edges, weak_edges)
plot_image(edges, 'Final image')
```

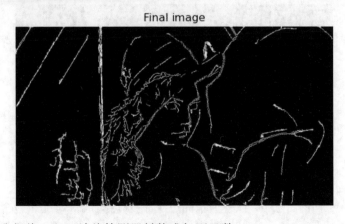

Final image

综上所述，我们将 Canny 边缘检测器封装成如下函数。

```python
def canny(img, kernel_size=5, sigma=1.5, high=6, low=3):
    # 获取高斯滤波器
    kernel = gaussian_kernel(kernel_size, sigma)
    # 对图像进行高斯滤波
    smoothed = cv2.filter2D(img, -1, kernel)
    # 得到图像的梯度图
    G, theta = gradient(smoothed)
    # 对梯度图进行非极大值抑制
    nms = non_maximum_suppression(G, theta)
    # 获得强弱边缘信息
    strong_edges, weak_edges = double_thresholding(nms, high, low)
    # 对弱边缘点进行分类, 得到最终的边缘图
    edge = link_edges(strong_edges, weak_edges)

    return edge

plot_image(img, 'Original image')
canny_img = canny(img)
plot_image(canny_img, 'Edges of image')
```

我们发现, 在上面的图像中, 女性发梢的边缘都被检测出来, 但是也包含了很多由细小纹理变化导致的边缘。如前所述, Canny 算子可以通过调节高斯滤波的标准差及核大小得到多尺

度输出，从而使边缘检测的结果对细小纹理变化不敏感。接下来，我们试着调整高斯核的大小与标准差，观察并比较不同的平滑程度对边缘检测结果的影响。

```
canny2 = canny(img, kernel_size=7, sigma=2)
plot_image(canny2, 'Kernel Size: 7, Sigma: 2')

canny2 = canny(img, kernel_size=9, sigma=2.5)
plot_image(canny2, 'Kernel Size: 9, Sigma: 2.5')

canny2 = canny(img, kernel_size=9, sigma=3)
plot_image(canny2, 'Kernel Size: 9, Sigma: 3')
```

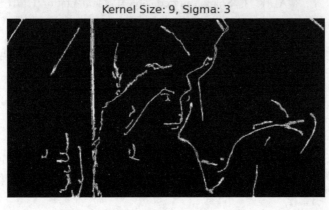

我们发现，当高斯核标准差变大时，边缘检测的结果会对细小纹理的变化更为鲁棒，但是重要的边缘也会丢失。因此，我们需要权衡图像平滑和降低噪声之间的权重。我们将上述函数全部封装进 utils.py 中。

5.4 小结

本章介绍了边缘检测的数学模型，并讲解了两种边缘检测算法——Sobel 边缘检测算法和 Canny 边缘检测算法。这两种算法都是基于差分计算图像的梯度，边缘的强度和方向都可以通过梯度计算得到。Sobel 算子虽然简单，但是检测结果容易受图像噪声的影响。Canny 算子是应用最广泛的一种边缘检测算子，通过改变卷积核大小调节对图像的平滑程度，输出多尺度的边缘检测结果，并通过非极大值抑制和滞后的阈值化方法分别提升边缘检测的位置准确性和对噪声的鲁棒性。

习题

（1）本章所使用的边缘检测方法都是基于图像一阶微分的。图像的二阶微分是否也可以实现边缘检测？如果可以，尝试实现基于二阶微分的边缘检测算法。

（2）在本章中，我们使用 Canny 边缘检测算法对灰度图像进行了边缘检测，那么，如何使用 Canny 算子实现彩色图像的边缘检测？

（3）给定一幅图像，需要增强该图像中的边缘信息。如何使用边缘检测算法（如 Sobel、Canny 等）实现边缘的检测与增强？

（4）Canny 边缘检测算法中使用了双阈值策略进行强弱边缘的判断，如何选择阈值？

（5）Canny 边缘检测算法对噪声敏感吗？如果对噪声敏感，说明为什么，并提出一种解决噪声问题的方法。

（6）与 Sobel 边缘检测算法相比，Canny 边缘检测算法有哪些不同之处和优势？

5.5 参考文献

[1] BORENSTEIN E, MALIK J. Shape guided object segmentation[C]//IEEE Conference on Computer Vision and Pattern Recognition, 2006, 1: 969-976.

[2] MARR D. Vision: A computational investigation into the human representation and processing of visual information[M]. MIT press, 2010.

[3] SOBEL I, FELDMAN G. An isotropic 3×3 image gradient operator[R]. Presentation at Stanford Artificial Intelligence Project, 1968.

[4] CANNY J. A computational approach to edge detection[J]. IEEE Transactions on Pattern Analysis and Machine Intelligence, 1986 (6): 679-698.

第 6 章

角点检测

6.1 简介

扫码观看视频课程

第 4 章提到,模板匹配是最基础、最简单的图像匹配,即模板与待匹配子图必须具有极高的相似度。那么,一般情况下,图像匹配如何实现?例如图 6-1(a)所示的在不同视角下拍摄的建筑物,如何找到两幅图像间的匹配关系?这需要检测图像中的特征进行匹配。说到特征,可能最先想到的就是如图 6-1(b)所示的那些特殊位置,如建筑物的顶点。这些局部特征通常被称为关键点特征(keypoint feature)或者兴趣点特征(interesting point feature)。作为关键点特征,通常需要满足 4 个性质:(1)重复性(repeatability),同样的关键点特征应在不同几何变换和光度变换下的图像中都能被检测到;(2)显著性(saliency),每个关键点特征都具有与其他关键点特征不同的区分性描述,通常为其所在位置周围的图像块的表征;(3)紧性(compactness),关键点特征个数要比图像像素数少得多;(4)鲁棒性(robustness),关键点特征对图像杂乱背景和遮挡具有一定的不敏感性。图 6-1(b)所示的关键点特征就具备上述性质,而且它们都处在两条线(边缘)的交叉点处,所以它们有个形象的名字——角点(corner)。通过匹配两幅图像中对应的角点[图 6-1(c)],基于匹配关系计算出两幅图像的变换矩阵,就可以将两幅图像拼接成一幅大图了[图 6-1(d)]。在本章中将介绍一个经典的图像角点检测算法——Harris 角点检测算法。

(a)待匹配图像   (b)角点检测

(c)角点匹配   (d)图像拼接

图 6-1 基于角点的图像匹配

6.2 Harris 角点检测算法

如何检测角点呢？我们先分析一下角点的特点。图 6-2 展示了一个最基本的角点示例。从这个示例中能发现什么规律呢？如果在图像中某一位置 p 放置一个小窗口，然后对其做局部范围内微小的移动，并考察移动前后窗口内像素值的变化量，可以发现：当 p 处于平坦区域时，不论将窗口向哪个方向移动，移动前后窗口内像素值变化量都很小；当 p 处于边缘附近时，如果将窗口沿着边缘方向移动，移动前后窗口内像素值变化量也很小，但如果将其向其他方向移动，则会出现较大的像素值变化量；当 p 处于角点附近时，不论将窗口向哪个方向移动，都会出现较大的像素值变化量。

（a）平坦区域　　　　（b）边缘　　　　（c）角点

图 6-2　平坦区域、边缘，以及角点的对比

根据上述讨论，可以按照以下思路来检测角点：使用一个固定大小的窗口在图像中某一位置进行任意方向上微小的移动，并比较移动前后该窗口内像素值变化量。如果任意方向上的微小位移都能引起窗口内较大的像素值变化，那么我们就认为在该窗口中存在角点。Harris 角点检测算法便是基于上述原理的一个代表性的算法。

Harris 算法主要包含以下两步：

（1）对图像每个位置，计算窗口移动前后其内部的像素值变化量；

（2）计算像素值变化量对应的角点响应函数，并对该函数进行阈值处理，提取角点。

6.2.1　计算像素值变化量

在图像 I 中某一位置放置一个窗口 W，将其移动一个微小位移 (u,v)，如图 6-3 所示，定义窗口移动前后的像素值变化量 $E(u,v)$ 如下：

$$E(u,v) = \sum_{(i,j)\in W} (I(i+u,j+v) - I(i,j))^2$$

其中，(i,j) 是窗口内的一个位置；$I(i,j)$ 是当前像素值；$I(i+u, j+v)$ 是位移后的像素值。

图 6-3　在某一位置窗口的移动

我们知道，当窗口位于平坦区域时，无论位置 (u,v) 指向什么方向，$E(u,v)$ 的值都会比较小，因为在平坦区域上 $I(i+u, j+v)$ 和 $I(i,j)$ 基本相等；当窗口位于边缘时，如果位移 (u,v) 的方向是边缘法线的方向，计算得到 $E(u,v)$ 会比较大，而如果位移 (u,v) 的方向是沿着边缘方向，则 $E(u,v)$ 会比较小；只有当窗口处于角点时，无论位移(u,v)指向什么方向，其对应的$E(u,v)$都会非常大。因此，我们的目的是寻找这样的窗口，能够满足对于任意的(u,v)，$E(u,v)$的值都很大。不过，很难遍历所有的(u,v)以求得对应的$E(u,v)$。因此，需要使用数学工具对上式求解。

使用上述公式的一阶泰勒展开以获取其近似形式。对一幅二维图像，其一阶泰勒展开可写作

$$I(i+u, j+v) \approx I(i,j) + uI_x + vI_y$$

其中，I_x是图像沿x轴的梯度幅值；I_y是图像沿y轴的梯度幅值。即

$$I_x = \frac{\partial I(i,j)}{\partial x}, I_y = \frac{\partial I(i,j)}{\partial y}$$

因此，可以将$E(u,v)$写成

$$\begin{aligned} E(u,v) &= \sum_{(i,j)\in W} (I(i,j) + uI_x + vI_y - I(i,j))^2 \\ &= \sum_{(i,j)\in W} (uI_x + vI_y)^2 \\ &= \sum_{(i,j)\in W} (u^2 I_x^2 + v^2 I_y^2 + 2uv I_x I_y) \end{aligned}$$

将(u,v)提取出，便得到最终的形式：

$$E(u,v) = [u \ v] M \begin{bmatrix} u \\ v \end{bmatrix}$$

其中，矩阵M为

$$M = \sum_{(i,j)\in W} \begin{bmatrix} I_x^2 & I_x I_y \\ I_x I_y & I_y^2 \end{bmatrix}$$

不难发现，$M = \sum_{(i,j)\in W} H$，其中H是图像I的黑塞矩阵（Hessian matrix）。因为M是一个实对称矩阵，一定能实现对角化，所以将其进一步处理为

$$M = R \begin{bmatrix} \lambda_1 & 0 \\ 0 & \lambda_2 \end{bmatrix} R^\mathrm{T}$$

其中，λ_1、λ_2是矩阵M的特征值；R是二维旋转矩阵。将上式代入$E(u,v)$的计算，得到

$$E(u,v) = [u \ v] R \begin{bmatrix} \lambda_1 & 0 \\ 0 & \lambda_2 \end{bmatrix} R^\mathrm{T} \begin{bmatrix} u \\ v \end{bmatrix}$$

令$[m \ n] = [u \ v] R$，可得

$$E(u,v) = [m \ n] \begin{bmatrix} \lambda_1 & 0 \\ 0 & \lambda_2 \end{bmatrix} [m \ n]^\mathrm{T} = m^2 \lambda_1 + n^2 \lambda_2$$

由此可见，像素值变化量$E(u,v)$的大小与矩阵M的两个特征值λ_1和λ_2直接相关。$E(u,v)$可以表示成由特征值λ_1、λ_2确定长、短半轴，由特征向量确定方向的椭圆，如图6-4所示。

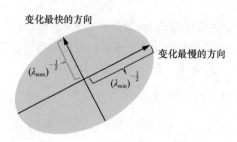

图 6-4 矩阵与特征值的关系

6.2.2 计算角点响应函数

如前所述,角点附近的像素值变化量 $E(u,v)$ 对于任意的微小位移 (u,v) 都很大。也就是说,如果一个点是角点,那么它对应的像素值变化量 $E(u,v)$ 的极小值也很大。那么 $E(u,v)$ 的极小值如何求解呢?6.2.1 节中已经将 $E(u,v)$ 表示为两个特征值 λ_1、λ_2 的函数,又知 $[m \ n] = [u \ v]\boldsymbol{R}$,则有

$$m^2 + n^2 = [m \ n]\begin{bmatrix} m \\ n \end{bmatrix} = [u \ v]\boldsymbol{R}\boldsymbol{R}^\mathrm{T}\begin{bmatrix} u \\ v \end{bmatrix} = u^2 + v^2$$

这里,假设微小位移 (u,v) 近似于单位向量,即 $u^2 + v^2 \approx 1$,则有 $m^2 + n^2 \approx 1$,易得 $E(u,v)$ 的极大值和极小值分别为

$$\max_{u,v} E(u,v) = \max(\lambda_1, \lambda_2)$$

$$\min_{u,v} E(u,v) = \min(\lambda_1, \lambda_2)$$

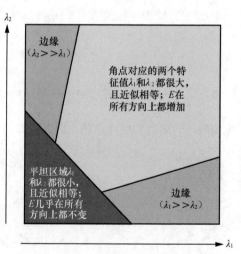

图 6-5 两个特征值与图像区域的关系

如图 6-4 所示,因为角点对应的像素值变化量 $E(u,v)$ 的极小值很大,所以角点对应的两个特征值 λ_1、λ_2 都应该比较大。对于边缘和平坦区域,同样也可以依据两个特征值 λ_1、λ_2 的大小来确定。两个特征值与图像区域的关系如图 6-5 所示,总结如下。

(1)两个特征值都小,且近似相等,说明椭圆的两个半轴很长且长短近似;对应图像中的平坦区域。

(2)一个特征值大,另一个特征值小,且二者相差较大,说明椭圆的两个半轴一长一短且相差较大;对应图像中的边缘。

(3)两个特征值都大,且近似相等,说明椭圆的两个半轴很短且长短近似;对应图像中的角点。

虽然通过两个特征值 λ_1、λ_2 的大小可以定性得到角点的性质,但是我们总是希望能够通过一个单一的度量指标,即角点响应函数,来确定哪些点是角点。根据经验,定义角点响应函数为

$$\rho = \lambda_1 \lambda_2 - \alpha(\lambda_1 + \lambda_2)^2$$

其中，α 是一个常数，通常取 0.04~0.06。大家可自行验证该角点响应函数是否可以反映两个特征值大小与平坦区域、边缘和角点的关系。角点响应函数与图像区域的关系如图 6-6 所示，总结如下：

（1）如果 $|\rho|$ 很小，趋于零，对应图像中的平坦区域；

（2）如果 ρ 为负数，对应图像中的边缘；

（3）如果 ρ 为很大的正数，对应图像中角点。

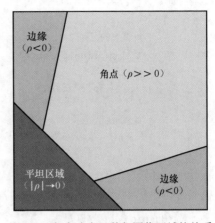

也就是说，窗口所在位置的角点响应函数 ρ 的值为正，且越大，则窗口所在位置越可能是角点，这样就得到了可量化的角点计算方法。根据线性代数的知识，可知：

$$\det(M) = \lambda_1 \lambda_2$$

$$\mathrm{trace}(M) = \lambda_1 + \lambda_2$$

图 6-6 角点响应函数与图像区域的关系

因此，可以直接通过矩阵 M 的行列式和迹来计算角点响应函数，而避免做特征值分解：

$$\rho = \lambda_1 \lambda_2 - \alpha(\lambda_1 + \lambda_2)^2 = \det(M) - \alpha(\mathrm{trace}(M))^2$$

计算出角点响应函数 ρ 后，根据设定的阈值 γ 对 ρ 进行判断，若 $\rho > \gamma$，则将此位置判定为角点。

我们总结一下对一幅图像进行角点检测的具体步骤。

（1）计算图像中每个像素的梯度幅值 I_x、I_y。

（2）将一个局部窗口 W 滑动到图像上每个像素的位置，计算窗口内图像黑塞矩阵的求和矩阵 $M = \sum_{(i,j) \in W} H$。

（3）计算角点响应函数 $\rho = \det(M) - \alpha(\mathrm{trace}(M))^2$。

（4）对整幅图像的角点响应函数做非极大值抑制。

（5）设定阈值 γ，若 $\rho > \gamma$，则为角点。

6.3 代码实现

我们已经学习了 Harris 角点的理论知识，下面，我们将编程实现 Harris 角点检测。

```
from utils import *


# 计算角点响应函数
def responseFunc(M):
```

```python
    # 设置超参数
    k = 0.04

    # 计算 M 的行列式
    det = np.linalg.det(M)
    # 计算 M 的迹
    trace = np.trace(M)

    # 计算角点响应函数
    R = det - k * trace ** 2

    return R


# Harris 角点检测算法
def harris_corners(src, NMS=False):

    # 获得输入图像的长和宽
    h, w = src.shape[:2]

    # 将图像转为灰度图像
    gray_image = cv2.cvtColor(src, cv2.COLOR_BGR2GRAY)

    # 初始化角点矩阵
    cornerPoint = np.zeros_like(gray_image,dtype=np.float32)

    # 计算图像沿 x 轴和 y 轴的梯度幅值
    grad = np.zeros((h, w, 2), dtype=np.float32)
    # 沿 x 轴的梯度
    grad[:,:,0] = cv2.Sobel(gray_image, cv2.CV_16S, 1, 0)
    # 沿 y 轴的梯度
    grad[:,:,1] = cv2.Sobel(gray_image, cv2.CV_16S, 0, 1)

    # 计算黑塞矩阵内元素的值，此时的值是求和的结果，即 M 矩阵的元素
    Ixx = grad[:,:,0] ** 2
    Iyy = grad[:,:,1] ** 2
    Ixy = grad[:,:,0] * grad[:,:,1]

    # 计算窗口内黑塞矩阵元素的值，窗函数使用高斯函数
    Ixx = cv2.GaussianBlur(Ixx, (3, 3), sigmaX=2)
    Iyy = cv2.GaussianBlur(Iyy, (3, 3), sigmaX=2)
    Ixy = cv2.GaussianBlur(Ixy, (3, 3), sigmaX=2)

    for i in range(gray_image.shape[0]):
        for j in range(gray_image.shape[1]):
            # 构建 M 矩阵
            struture_matrix = [[Ixx[i][j], Ixy[i][j]], [Ixy[i][j], Iyy[i][j]]]
```

```python
            # 计算角点响应函数
            R = responseFunc(struture_matrix)
            cornerPoint[i][j] = R

# 非极大值抑制
corners = np.zeros_like(gray_image, dtype=np.float32)
threshold = 0.01

# 返回所有角点响应的最大值
maxValue = np.max(cornerPoint)

# 我们将角点响应函数的阈值设定为 threshold * maxValue

for i in range(cornerPoint.shape[0]):
    for j in range(cornerPoint.shape[1]):

        # 如果进行 NMS 操作
        if NMS:
            # 当前角点响应值大于阈值，同时也是邻居点的最大值
            if cornerPoint[i][j] > threshold * maxValue and \
                cornerPoint[i][j] == np.max(
                cornerPoint[max(0, i - 1):min(i + 1, h - 1),
                max(0, j - 1):min(j + 1, w - 1)]):

                corners[i][j] = 255
        else:
            # 当前角点响应值大于阈值
            if cornerPoint[i][j] > threshold * maxValue:
                corners[i][j] = 255

# 返回检测到的角点
return corners
```

```python
# 图像素材来自 OpenCV-Python 网站
img = cv2.imread('sudoku.png')

plt.imshow(img[:, :, ::-1])
plt.axis('off')
plt.title('Original Input')
plt.show()

response = harris_corners(img)
img[response == 255] = [0, 0, 255]
plt.imshow(img[:, :, ::-1])
plt.axis('off')
plt.title('Harris Corner Response')
plt.show()
```

(另见彩插图 3)

6.4 图像变换对角点检测的影响

在 6.1 节中提到，特征点对于图像变换具有一定的不变性（重复性）。下面来探讨一下，当图像发生变换，如旋转、平移、缩放等时，检测出的角点是否具有不变性？

对图像进行旋转，检测出的角点不变。如图 6-7 所示，可以很直观地发现，对图像的旋转改变的仅仅是矩阵 M 的旋转因子 R，并不改变其对应的特征值，因此对角点检测没有影响。

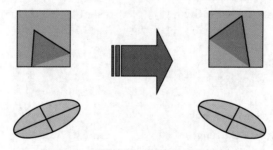

图 6-7 图像旋转对角点检测的影响

同理，对图像平移并不会改变矩阵的特征值大小，因此 Harris 角点检测依旧具有不变性。但是对图像进行缩放，原来图像中的角点有可能被检测为边缘。如图 6-8 所示，图像放大之后，原来的角点被检测为多个边缘点。因此，角点对于图像的尺度变化不具有不变性！

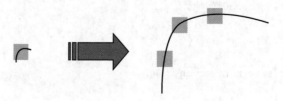

图 6-8 图像缩放对角点检测的影响

6.5 小结

本章介绍了一种图像中的特征点——角点，以及 Harris 角点检测算法。尽管角点对于很多图像变换具有不变性，是一种常用的图像匹配特征点，但角点对于图像尺度变化不具有不变性，这也是角点的局限性。那么，是否存在对图像尺度变化不变的特征点呢？第 7 章介绍的 SIFT 特征检测将解决这一问题。

> **习题**
>
> （1）Harris 角点检测算法根据一个固定大小的窗口内的像素值变化量来判断当前位置是否为角点，此窗口的大小对角点检测的结果有影响吗？使用提供的 sudoku.png 进行实验并分析。
>
> （2）使用提供的 sudoku.png 进行实验，分析 3 种图像变换（旋转、平移、缩放）对角点检测有无影响。
>
> （3）使用提供的 sudoku.png 进行实验，分析 Harris 角点检测算法是否对图像噪声（如高斯噪声和椒盐噪声）敏感。
>
> （4）在 Harris 角点检测中，角点响应函数阈值的取值对角点检测结果有什么影响？使用提供的 sudoku.png，设计实验，分析不同阈值对角点检测结果的影响。

第 7 章

SIFT 特征检测

7.1 块状区域检测与尺度空间

仍然回到第 6 章提到的图像匹配问题。如果需要匹配图 7-1（a）和图 7-1（b）两个子图，要怎么做才能实现呢？是否可以通过第 6 章介绍的角点来进行匹配呢？图 7-1（a）和图 7-1（b）两个子图除了有旋转变换还有尺度缩放，而角点对于尺度并不是不变的，因此需要寻找一种新的特征点（关键点），用于匹配复杂变换下的图像。如果以这种特征点为中心能够定位到图像中一些感兴趣的区域，如图 7-1（c）和图 7-1（d）所示的窗户，并且如果知道这两个区域是匹配的，那么就可以计算出它们之间的旋转和尺度变换，从而可以匹配两幅图像。但是图像中并不是每个区域都是可以用于匹配的特征点区域，这样的区域需要满足以下性质：

（1）具有丰富的语义信息；

（2）在图像中具有明确的位置（可定位）；

（3）具有明确的特征描述，可用于匹配或区分其他感兴趣区域。

对于区域的特征描述，还有以下两点要求：

（1）对图像的平移、旋转和缩放具有不变性；

（2）对光照变化具有鲁棒性。

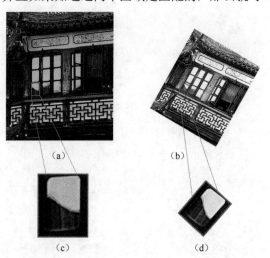

图 7-1 基于感兴趣的区域特征去匹配图像

根据上面的性质来判断图 7-2 中的哪些区域是感兴趣的特征点区域。图 7-2（a）和图 7-2（b）中的边缘是特征点区域吗？可以发现，不同位置的边缘区域的特征基本类似，因此无法对其准确定位，所以边缘区域不是特征点区域。而图 7-2（c）和图 7-2（d）中被闭合轮廓包围的块状区域（用 Blob 表示）具有确定的位置和大小，以及特有的语义信息，可以用于匹配，所以块状区域是感兴趣的特征点区域。

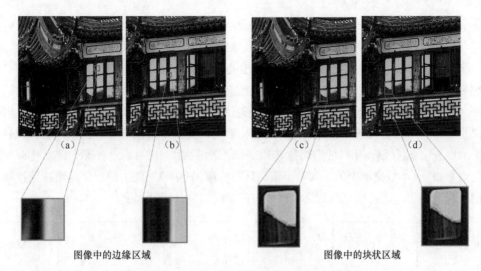

图 7-2 图像中的边缘区域和块状区域

因此,检测图像中的特征点就需要检测图像中的块状区域,确定其位置、大小和方向,并最终将其表述为一个与大小和方向无关的特征描述。由于块状区域是具有闭合轮廓(边缘)的区域,因此会很自然地想到用边缘检测器来对其进行检测。图 7-3 展示了一些大小不同的一维块状区域,用二阶微分算子(拉普拉斯算子)对其卷积。注意,在第 5 章中我们介绍过,做边缘检测前都要使用高斯平滑去噪,这里仍然沿用这一步骤。结合了高斯平滑和二阶微分的算子叫作高斯拉普拉斯(Laplacian of Gaussian,LoG)算子。

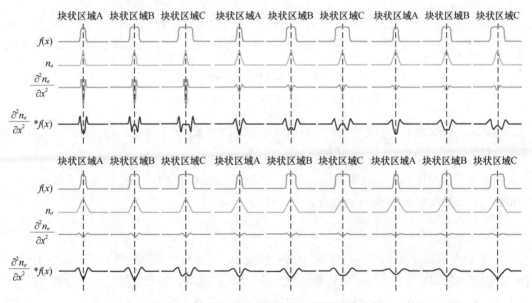

图 7-3 块状区域对高斯拉普拉斯算子的响应

图 7-3 中最下面一行展示了大小不同的一维块状区域与不同标准差的高斯拉普拉斯算子的卷积结果。不难发现,随着高斯拉普拉斯算子的标准差增大,当高斯拉普拉斯算子的标准差大小和块状区域大小相同时,它们的卷积结果会出现唯一的极值点,此时的标准差大小称为特征

尺度 σ^*。既然存在这样一个响应极值，是否用大小不同的标准差的高斯拉普拉斯算子对输入图像进行卷积，然后对卷积结果求极值就可以找到输入图像的块状区域呢？事情并没有这么简单。注意，前面所说的唯一极值点是在某一特定标准差 σ（尺度）下 x 取值范围内的唯一极值点，如果考虑多个尺度，即在整个 (x,σ) 空间（x 和 σ 所有取值范围构成的取值空间）上，该极值并不是一个全局最小值［如图7-4（a）所示］，这使得上述对块状区域检测的方法无法实施。出现这种现象是因为高斯拉普拉斯算子的响应会随着标准差的变大而衰减，因此需要对响应做归一化，即对其乘以 σ^2。这样归一化后的高斯拉普拉斯算子的响应如图7-4（b）所示，此时特征尺度下的极值点是整个 (x,σ) 空间上的全局最小值。只要检测到 (x,σ) 空间上归一化高斯拉普拉斯算子响应的全局最小值，就可以检测到块状区域，并同时确定其特征尺度。

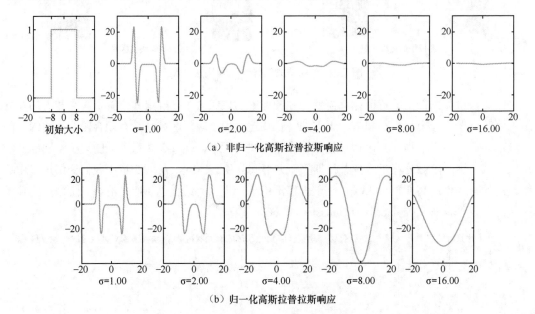

图 7-4 高斯拉普拉斯算子的尺度归一化响应

至此，我们学习了基于尺度空间的块状区域检测的基本原理。那么，如何将该原理应用到图像中呢？

图像的尺度空间 $L(x,y,\sigma)$ 可通过一个不同尺度的高斯函数 $G(x,y,\sigma)$ 与输入图像 $I(x,y)$ 卷积得到，在该尺度空间 (x,y,σ) 处的值 $L(x,y,\sigma)$ 为

$$L(x,y,\sigma) = G(x,y,\sigma) * I(x,y)$$

其中，(x,y) 是二维空间坐标，σ 是高斯分布的标准差，也称为尺度空间因子。由滤波的知识可知，σ 值越小，即尺度越小，图像模糊的程度越小；σ 值越大，即尺度越大，图像模糊的程度越大。大尺度对应图像的概貌特征，小尺度对应图像的细节特征。计算输入图像与归一化高斯拉普拉斯算子卷积的结果，根据卷积结果中是否存在极值点来判断当前位置是否是块状区域，即是否存在特征点。如图7-5所示，标识位置（屋檐位置）的卷积响应存在极大值，说明标识位置是一个块状区域，该极大值对应的尺度为这个块状区域的特征尺度。如图7-6所示，标识位置的卷积响应不存在明显的极值，说明标识位置不是一个块状区域，不存在特征点。

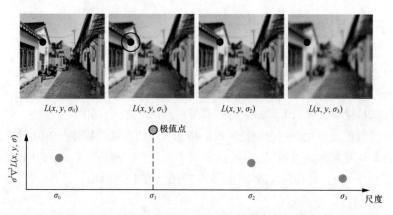

图 7-5 在图像尺度空间的归一化高斯拉普拉斯算子响应中存在极值点，说明存在块状区域，即存在特征点

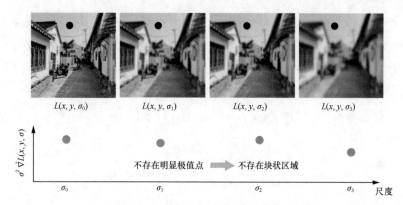

图 7-6 在图像尺度空间的归一化高斯拉普拉斯算子响应中不存在明显极值点，说明不存在块状区域，即不存在特征点

如果找到了两幅图像中对应的特征点，对特征点对应的特征尺度求比值，就可以得到两幅图像尺度缩放的比例。如图 7-7 中的两幅图像所示，它们之间对应的缩放比例为 σ_1^* / σ_2^*。

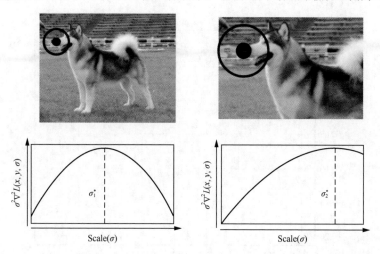

图 7-7 特征尺度的比例与图像尺度变化的关系（插图素材源自 ImageNet）

7.2 节将介绍一种高效的基于尺度空间的块状区域检测算法——SIFT 算法。

7.2 SIFT 算法

SIFT[1]的全称是 scale invariant feature transform（尺度不变特征变换），由 David G. Lowe 教授于 1999 年在国际计算机视觉会议（IEEE International Conference on Computer Vision，ICCV）上提出，是计算机视觉领域二十多年来引用率最高的论文之一。SIFT 算法是一种高效的基于尺度空间的块状区域检测算法，包含块状区域的检测及块状区域的描述（SIFT 特征）。它的提出极大推动了计算机视觉领域的发展，并被广泛用于视觉识别和三维重建。SIFT 算法的主要思想与 7.1 节中描述的一致，即利用尺度空间来检测图像中的块状区域。

7.2.1 局部极值点检测

在 7.1 节中，我们已经知道如何利用尺度空间检测特征点，即利用尺度归一化的高斯拉普拉斯算子 $\sigma^2 \nabla^2 G$ 与图像 I 做卷积，寻找响应中极值点对应的 σ。为了提高计算效率，我们可以使用高斯差分（difference of Gaussian，DoG）算子 D 近似代替归一化高斯拉普拉斯算子。高斯差分算子定义如下：

$$D(x,y,\sigma) = G(x,y,k\sigma) - G(x,y,\sigma)$$

因为

$$\sigma \nabla^2 G = \frac{\partial G}{\partial \sigma} \approx \frac{G(x,y,k\sigma) - G(x,y,\sigma)}{k\sigma - \sigma}$$

因此，我们可以得到

$$D(x,y,\sigma) = G(x,y,k\sigma) - G(x,y,\sigma) \approx (k-1)\sigma^2 \nabla^2 G$$

其中，k 是常数，所以 $k-1$ 对极值点不会有影响。根据图 7-8 所示，我们可以发现，归一化高斯拉普拉斯算子和高斯差分算子近似。

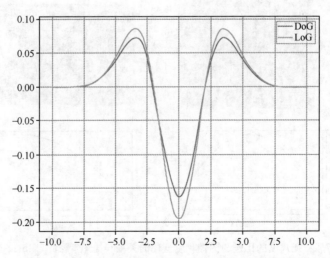

图 7-8　归一化高斯拉普拉斯算子和高斯差分算子的比较

用高斯差分算子 $D(x,y,\sigma)$ 对图像 $I(x,y)$ 做卷积，得到

$$D(x,y,\sigma)*I(x,y) = (G(x,y,k\sigma) - G(x,y,\sigma))*I(x,y)$$
$$= L(x,y,k\sigma) - L(x,y,\sigma)$$

由此可见，高斯差分算子与图像卷积的结果可以由不同尺度的 L 直接相减得到，因此，可以通过如图 7-9 所示的方法来计算高斯差分算子与图像的卷积。首先得到一幅图像对应的尺度空间，即通过一个可变尺度的高斯函数与输入图像做卷积得到一系列响应图像，并将尺度大小相邻的两幅响应图像做差，即可得到相应的不同尺度的高斯差分算子与输入图像的卷积。

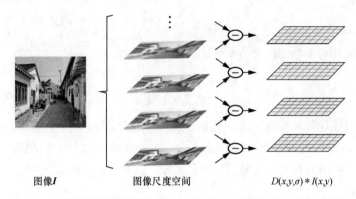

图 7-9　基于图像尺度空间快速计算高斯差分算子与输入图像的卷积

如前所述，特征点对应高斯差分算子响应图上的极值点。为了检测响应图上的极值点，需要将响应图上每个点的响应值与它所有相邻点比较。如图 7-10 中间子图所示，需要将中间橙色的待检测点与它在整个 (x,y,σ) 图像尺度空间上的 26 邻域点（包括与它在同一尺度响应图上的 8 个相邻点及两个相邻尺度响应图上对应的 9×2 个相邻点）的响应值进行比较。如果该点的响应值在 26 邻域点中是最大的，则认为该点是候选特征点。

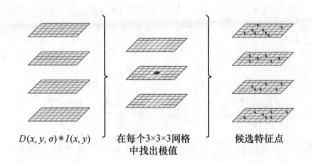

图 7-10　图像尺度空间上 26 邻域中的局部极值点为候选特征点（另见彩插图 4）

7.2.2　特征点定位与筛选

在 7.2.1 节中，通过尺度空间中极值点检测，得到候选特征点。注意，"候选"两个字说明

有些检测到的特征点并不是真正的特征点，需要进一步筛选。由于这些特征点是离散的尺度空间中的极值点，而离散空间中的极值点与连续空间中的极值点是有差别的，如图7-11所示。

为了从候选特征点中筛选出真正需要的特征点，可以利用插值的方法。首先对高斯差分算子进行曲线拟合。该算子的泰勒展开为

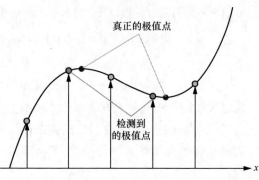

图 7-11　离散空间与连续空间极值点的差别
（另见彩插图 5）

$$D(\boldsymbol{x}) = D(\boldsymbol{0}) + \frac{\partial \boldsymbol{D}^{\mathrm{T}}}{\partial \boldsymbol{x}}\boldsymbol{x} + \frac{1}{2}\boldsymbol{x}^{\mathrm{T}}\frac{\partial^2 \boldsymbol{D}}{\partial \boldsymbol{x}^2}\boldsymbol{x}$$

其中，$\boldsymbol{x}=(x,y,\sigma)^{\mathrm{T}}$。令方程求导为 0，可以得到真实极值点位置相对于当前位置的偏移量：

$$\hat{\boldsymbol{x}} = -\frac{\partial^2 \boldsymbol{D}}{\partial \boldsymbol{x}^2}\frac{\partial \boldsymbol{D}}{\partial \boldsymbol{x}}$$

一般认为，当 $\hat{\boldsymbol{x}}$ 在任一维度（x、y 或 σ）的偏移量大于 0.5 时，插值中心已经偏移到它的邻近点上，所以必须更新当前候选特征点的位置，并在新的位置上反复插值直到收敛。在实际操作中，这一过程也有可能超出所设定的迭代次数，或者更新的极值点的位置超出图像边界，这样的点应该删除。

代入极值点 $\boldsymbol{x}^* = \boldsymbol{x}+\hat{\boldsymbol{x}}$，方程的值为

$$D(\boldsymbol{x}^*) = D(\boldsymbol{0}) + \frac{1}{2}\frac{\partial \boldsymbol{D}^{\mathrm{T}}}{\partial \boldsymbol{x}}\hat{\boldsymbol{x}}$$

我们把 $D(\boldsymbol{x}^*)$ 称为该点的对比度。由于对比度低的点容易受噪声的干扰而变得不稳定，因此需要将低对比度（小于某个经验值，如 0.03）的极值点删除。

除此之外，还要消除边缘响应（edge response）大的候选特征点，7.1 节提到边缘区域不是特征点区域，因为无法对其进行精准定位，那么该如何消除边缘响应大的候选特征点呢？在第 6 章中，对于图像中某一位置 (i,j)，可以用角点响应函数确定其是否为边缘。令 λ_1 和 λ_2 是 (i,j) 位置对应的黑塞矩阵 $\boldsymbol{H}$ 的两个特征值，当其中一个特征值远大于另一个时，认为该位置是边缘。假设 $\lambda_1 = \gamma \lambda_2$，有

$$\frac{\mathrm{trace}(\boldsymbol{H})^2}{\det(\boldsymbol{H})} = \frac{(\lambda_1+\lambda_2)^2}{\lambda_1\lambda_2} = \frac{(\gamma+1)^2 \lambda_2^2}{\gamma \lambda_2^2} = \frac{(\gamma+1)^2}{\gamma}$$

根据不等式的相关知识，我们知道，上述公式的值在 $\gamma=1$（两个特征值相等）时最小，而随着 γ 的增大而增大。γ 越大，即表示两个特征值差距越大，这一位置越有可能是边缘。因此，为了检测候选特征点是否为边缘点，只需检验下式是否被满足：

$$\frac{\mathrm{trace}(\boldsymbol{H})^2}{\det(\boldsymbol{H})} < \frac{(\gamma+1)^2}{\gamma}$$

根据经验，$\gamma=10$。这样，经过筛选的特征点即为最终确定的特征点。

7.2.3 特征点方向计算

为了能够匹配不同旋转角度下的相似目标,特征点应具有旋转不变性,所以需要确定特征点的主方向。如何确定特征点的主方向呢?在第 5 章中,我们介绍过图像梯度可以描述图像局部结构的方向,可以基于这个思想去计算特征点的主方向。根据 7.2.1 节,可以得到每个特征点的位置及特征尺度,根据 Lowe 的建议,以特征点的位置为中心,4.5 倍的特征尺度(1.5 倍大小的 3σ 原则)为半径的圆的外接正方形区域即为该特征点对应的块状区域。完成特征点梯度计算后,使用直方图统计特征点邻域内像素的梯度幅值和方向。直方图以每 10° 为一柱,将 360° 分为 36 柱,柱代表的方向为特征点的梯度方向,柱的高度代表了梯度幅值。在块状区域内,将梯度方向在某一个柱内的像素挑出来,并将它们的幅值相加作为柱的高度。因为在正方形区域内像素的梯度幅值对特征点的贡献是不同的,还可以对幅值进行加权处理后再相加,这里采用高斯加权。若当前像素与特征点的偏移为 (i,j),则对应的高斯权重 w 为

$$w = e^{\left(-\frac{i^2+j^2}{2\times(1.5\sigma)^2}\right)}$$

在统计完成各个方向的加权梯度幅值,得到直方图 H 之后,为了防止某个梯度方向角度因受到噪声的干扰而改变,还需要对梯度方向直方图进行平滑处理,平滑公式为

$$H(i) = \frac{6}{16}H(i) + \frac{4}{16}(H(i-1)+H(i+1)) + \frac{1}{16}(H(i-2)+H(i+2))$$

由于角度是循环的($0° = 360°$),若上述公式中索引越界,则可以通过圆周循环的方法找到其所对应的 $[0°, 360°]$ 之间的位置,如 $H(38) = H(2)$。平滑处理后,以直方图中最大值的方向作为该特征点的主方向。如图 7-12 所示,直方图中的←代表了特征点的主方向(此图中的直方图只将方向分为 8 柱,每 45° 为一柱)。

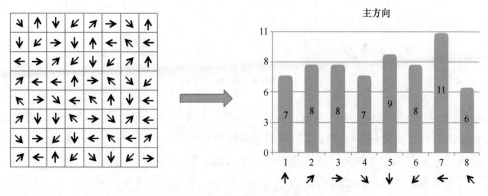

图 7-12 使用直方图统计选取特征点方向

除了给每个特征点确定一个主方向外,还可能给其选择一个或多个辅方向。增加辅方向是为了增强图像匹配的鲁棒性。辅方向的定义是,当存在另一个柱高度大于主方向柱高度的 80% 的柱时,该柱所代表的方向就是该特征点的辅方向。

至此,检测出的图像 SIFT 特征点含有位置、尺度和方向这 3 种信息。

7.2.4 特征点描述

本节为每个特征点建立一个描述符，即用一组向量表示这个特征点。这个描述符需要满足：(1) 描述符具有独特性，即相似的特征点具有相似的描述符，不相似的特征点具有不同的描述符，从而可以基于描述符对不同图像中的特征点进行匹配；(2) 描述符不随各种变化（如光照变化、视角变化等）而改变，从而保证匹配不受这些变化的影响。

为了生成描述符，对于每个特征点，以该点为中心，以半径 $r = \dfrac{3\sigma\sqrt{2}(d+1)}{2}$ 作圆，确定该圆的外接正方形区域，并将该区域划分成 $d \times d$ 个子区域。根据经验，$d = 4$。如图 7-13 所示，在每个子区域内对 8 个方向（东、西、南、北、东南、东北、西南、西北）上的图像梯度幅值做直方图统计。梯度幅值可以经过高斯加权，也可以不加权。这样，每个子区域可以用长度为 8 的直方图向量表示。最后由 16 个子区域的向量连接构成的长度为 128 维的向量就是该特征点的描述符，也称为 SIFT 特征向量。

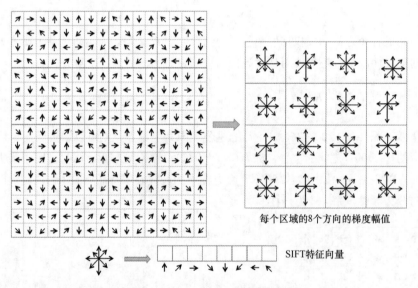

图 7-13 SIFT 特征向量的构建

然而，上述操作得到的 SIFT 特征向量并不具有旋转不变性，因此，在进行梯度幅值计算之前需要将每个特征点所在的块状区域的横轴方向旋转到主方向上（如图 7-14 所示）。这种旋转并不会改变特征点的相邻像素，也不会改变邻域内像素梯度的幅值，它只改变了每个像素的梯度方向。为什么通过将块状区域的横轴方向旋转到主方向便可以实现特征向量的旋转不变性？这是因为，对特征点进行特征描述时，需要利用横、纵轴方向进行梯度方向的确定。如果该方向和图像本身相关，那么当图像旋转时，该坐标轴也会随之而旋转，得到的描述符也就不同。当该方向仅依赖块状区域的主方向时，无论对图像进行多大角度的旋转，计算的特征描述符都不会改变。换言之，依赖的坐标系并不是绝对的，而是相对的。

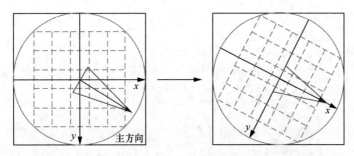

图 7-14 将特征点所在的块状区域的横轴旋转到主方向上

对块状区域中的一点 (i,j)，将其逆时针旋转角度 α，得到新的点的坐标 (i',j')，则有

$$[i'\ j']^\mathrm{T} = \begin{bmatrix} \cos\alpha & -\sin\alpha \\ \sin\alpha & \cos\alpha \end{bmatrix} [i\ j]^\mathrm{T}$$

7.3 代码实现

在本节中，我们将通过编程实现 SIFT 算法。我们将 SIFT 算法的每一步都编写成一个函数。我们先实现尺度空间的生成。

```python
import cv2
import numpy as np
from scipy.ndimage import maximum_filter
import matplotlib.pyplot as plt
import random


# 生成指定数目的高斯核，并对图像做高斯滤波
def generateGimage(image, sigma, num_layers = 8, k_stride = 2):
    sigma_res = np.sqrt(np.max([(sigma ** 2) - ((1) ** 2), 0.01]))
    # (0,0)表示卷积核的大小根据 sigma 来决定
    image = cv2.GaussianBlur(image, (0, 0), sigmaX=sigma_res,
                             sigmaY=sigma_res)

    # 生成高斯核
    k = 2 ** (1 / k_stride)
    gaussian_kernels = np.zeros(num_layers)
    # 第一层高斯核就是 1.6
    gaussian_kernels[0] = sigma

    for i in range(1, num_layers):
        # 根据高斯核的性质，可以将大的高斯核拆分，减少计算量
        gaussian_old = k**(i-1) * sigma
        gaussian_new = k * gaussian_old
        gaussian_kernels[i] = np.sqrt(gaussian_new**2 - gaussian_old**2)

    # 至此，我们已经得到一系列高斯核
```

```python
    # 进行高斯滤波
    gaussian_images = [image]
    for kernel in gaussian_kernels:
        tmp_image = cv2.GaussianBlur(image, (0, 0), sigmaX=kernel,
                                     sigmaY=kernel)
        gaussian_images.append(tmp_image)

    # 返回不同高斯核对图像滤波的结果
    return np.array(gaussian_images)


# 生成 DoG 空间
def generateDoGSpace(gaussian_images):
    dog_images = []
    for img1, img2 in zip(gaussian_images, gaussian_images[1:]):
        dog_images.append(img2 - img1)
    return dog_images
```

在生成图像的尺度空间之后,需要检测图像的特征点,这包含以下两个步骤:(1)判断每个位置是否为局部极值点;(2)若为极值点,对其进行定位与筛选,并计算最终选出的特征点的特征。

```python
# 1.判别当前像素点是否为局部极大值点
def isLocalExtremum(l1, l2, l3, threshold):
    # l1, l2, l3 是 DoG 尺度空间中相邻的 3 层,大小均已被切片成 3*3
    # 即[l1,l2,l3]是一个 cube
    # 需要确定 l2 层的中心位置,即(1,1)位置是否为极值点
    # threshold 是一个设定的阈值,l2[1,1]必须大于阈值才可进行极值点的判定
    if l2[1,1] > threshold:
        if l2[1,1] > 0:
            return np.all(l2[1,1]>=l1) and np.all(l2[1,1]>=l3) \
                   and np.sum(l2[1,1]<l2)==0

        elif l2[1,1] < 0:
            return np.all(l2[1,1]<=l1) and np.all(l2[1,1]<=l3) \
                   and np.sum(l2[1,1]>l2)==0
    return False


# 2.若为极值点,则对其进行定位与筛选,并计算最终选出的特征点的特征
# 在这一模块中,我们将编写实现计算特征点各个属性
# 参考 7.2.2 节以及 7.2.3 节


# 计算极值点特征
def computeBlobAttribute(x, y, layer, dog_images, sigma, threshold,
                         border, num_layers, g_image, corners,
                         scales, orientations, layers):
    # 计算(x,y)位置的特征点的特征
    # 此时假设该位置的点为邻域内的最大值
    # 首先需要对其进行筛选,根据牛顿迭代法判定是否为真正的极值点
```

```python
# 筛选低对比度的特征点
# 消除边缘响应
# 在此之后便可得到特征点的信息

gamma = 10
image_shape = dog_images[0].shape
out_flag = False

# 使用牛顿迭代法得到极值点
# 至多更新 5 次，如果未收敛，则认为该候选点不是极值点
for iter_num in range(5):
    # 得到 DoG 空间中相邻的 3 层
    img1, img2, img3 = dog_images[layer-1:layer+2]
    # 对这 3 层进行切片，得到大小为 3*3 的 3 层
    cube = np.array([img1[x-1:x+2, y-1:y+2],
                     img2[x-1:x+2, y-1:y+2],
                     img3[x-1:x+2, y-1:y+2]])

    # 分别得到 cube 的一二阶导数
    grad = compute1derivative(cube)
    hessian = compute2derivative(cube)

    # 解方程得到牛顿迭代的更新值
    update = -np.linalg.lstsq(hessian, grad, rcond=None)[0]
    # 如果移动的距离太小，说明当前点里极值已收敛，直接返回当前点即可
    if abs(update[0]) < 0.5 and abs(update[1]) < 0.5 \
        and abs(update[2]) < 0.5:
        break
    # 更新当前点
    y += int(round(update[0]))
    x += int(round(update[1]))
    layer += int(round(update[2]))
    # 确保新的 cube 在 DoG 空间里
    if x < border or x >= image_shape[0] - border \
                or y < border \
                or y >= image_shape[1] - border \
                or layer < 1 or layer > num_layers - 2:
        # 若不在空间中，则 out_flag = True
        out_flag = True
        break

# 超出空间大小或者不收敛，直接返回
if out_flag or iter_num >= 4:
    return

# 使用公式计算极值点的对比度
Extremum = cube[1, 1, 1] + 0.5 * np.dot(grad, update)
# 筛除低对比度的特征点
if np.abs(Extremum) >= threshold:
    # 得到 xy 的黑塞矩阵
```

```python
            xy_hessian = hessian[:2, :2]
            xy_hessian_trace = np.trace(xy_hessian)
            xy_hessian_det = np.linalg.det(xy_hessian)
            # 消除边缘响应
            if xy_hessian_det > 0 and \
                (xy_hessian_trace ** 2) / xy_hessian_det < \
                ((gamma + 1) ** 2) / gamma:
                # 极值点坐标
                pt = ((y + update[0]), (x + update[1]))
                # 极值点尺度
                size = sigma * (2 ** ((layer + update[2])))
                # 计算特征点的方向（主方向和辅方向）
                # 利用 computeOrien()函数进行计算
                orien_list = computeOrien(pt, size, layer, g_image)
                for tmp_orien in orien_list:
                    # 尺度
                    scales.append(size)
                    # 位置
                    layers.append(layer)
                    corners.append(pt)
                    # 方向
                    orientations.append(tmp_orien)
    return
```

进一步实现上述代码中出现的一些函数。

```python
# 编写一些数学函数

# 计算一阶导数
def compute1derivative(cube):
    # cube 是由 DoG 空间中相邻的 3 层组成，其中每层的大小被切片成 3*3
    # 需要计算 cube 正中心位置的梯度
    dx = (cube[1, 1, 2] - cube[1, 1, 0]) / 2
    dy = (cube[1, 2, 1] - cube[1, 0, 1]) / 2
    ds = (cube[2, 1, 1] - cube[0, 1, 1]) / 2
    return np.array([dx, dy, ds])


# 计算二阶导数
def compute2derivative(cube):
    # cube 是由 DoG 空间中相邻的 3 层组成，其中每层的大小被切片成 3*3
    # 需要计算 cube 正中心位置的梯度

    # 根据二阶导数的定义写出各个分量
    center = cube[1, 1, 1]

    dxx = cube[1, 1, 2] + cube[1, 1, 0] - 2 * center
    dyy = cube[1, 2, 1] + cube[1, 0, 1] - 2 * center
    dss = cube[2, 1, 1] + cube[0, 1, 1] - 2 * center

    dxy = (cube[1, 2, 2] - cube[1, 2, 0]
```

```python
                - cube[1, 0, 2] + cube[1, 0, 0]) / 4
        dxs = (cube[2, 1, 2] - cube[2, 1, 0]
                - cube[0, 1, 2] + cube[0, 1, 0]) / 4
        dys = (cube[2, 2, 1] - cube[2, 0, 1]
                - cube[0, 2, 1] + cube[0, 0, 1]) / 4

        return np.array([[dxx, dxy, dxs], [dxy, dyy, dys],[dxs, dys, dss]])

# 计算特征点的方向
def computeOrien(pt, size, layer, g_image):
    # pt 为特征点的位置
    # size 为对应的尺度大小
    # layer 为特征点所在层级
    # g_image 为高斯尺度空间的一层,即 g_images[layer]

    # 1.5 倍的 3sigma 原则,决定圆半径的大小
    radius = int(round(3 * size * 1.5))
    image_shape = g_image.shape
    # 设置直方图柱的数量
    num_bins = 36
    histogram = np.zeros(num_bins)
    smooth_histogram = np.zeros(num_bins)
    orien_list = []

    # 遍历以特征点为中心的块状区域,块状区域的边长为 2*radius
    for i in range(-radius, radius + 1):
        y = int(round(pt[1])) + i
        # 判断坐标是否越界
        if y > 0 and y < image_shape[0] - 1:
            for j in range(-radius, radius + 1):
                x = int(round(pt[0])) + j
                # 判断坐标是否越界
                if x > 0 and x < image_shape[1] - 1:
                    # 计算当前位置的 dx 和 dy
                    dx = 0.5 * (g_image[y, x + 1] - g_image[y, x - 1])
                    dy = 0.5 * (g_image[y + 1, x] - g_image[y - 1, x])
                    # 计算当前位置梯度的幅值
                    value = np.sqrt(dx * dx + dy * dy)
                    # 计算当前位置梯度的方向
                    orien = np.rad2deg(np.arctan2(dy, dx))
                    # 高斯加权
                    weight = np.exp(
                        -0.5 / ((size*1.5) ** 2)
                        * (i ** 2 + j ** 2)
                    )
                    histogram_index = int(
                        round(orien * num_bins / 360.)
                    )
                    histogram[histogram_index % num_bins] += \
                            weight * value
```

```python
    # 对直方图进行高斯平滑
    for n in range(num_bins):
        smooth_histogram[n] = (6 * histogram[n]
            + 4 * (histogram[n-1] + histogram[(n+1) % num_bins])
            + histogram[n-2] + histogram[(n+2) % num_bins]) / 16.
    # 选择主方向
    orien_max = np.max(smooth_histogram)
    orien_local_max = list(i for i in range(len(smooth_histogram))
            if smooth_histogram[i] > smooth_histogram[i-1] and
            smooth_histogram[i] > smooth_histogram[(i+1) % num_bins])

    # 选择辅方向
    for index in orien_local_max:
        if smooth_histogram[index] >= 0.8 * orien_max:
            orien_list.append(index * 360. / num_bins)

    return orien_list
```

至此，可以编写确定特征点的函数模块。

```python
# 对一幅图像进行特征点检测
def detect_blobs(image):
    sigma = 1.6
    num_layers = 4
    border = 5
    k_stride = 1

    # 生成高斯尺度空间
    g_images = generateGimage(image, sigma, num_layers, k_stride)
    # 生成 DoG 空间
    dog_images = generateDoGSpace(g_images)

    # 开始寻找块状区域
    threshold = 0.02
    corners = []
    scales = []
    orientations = []
    layers = []

    for layer, (image1, image2, image3) in \
            enumerate(zip(dog_images, dog_images[1:], dog_images[2:])):
        # 忽略太靠近边缘的点
        for x in range(border, image1.shape[0]-border):
            for y in range(border, image2.shape[1]-border):
                # 检测当前位置是否为局部极值
                if isLocalExtremum(image1[x-1:x+2, y-1:y+2],
                                   image2[x-1:x+2, y-1:y+2],
                                   image3[x-1:x+2, y-1:y+2],
                                   threshold):
                    # 如果是候选点，则进行进一步定位筛选，并返回其信息
```

```
                          computeBlobAttribute(x, y, layer+1, dog_images,
                                               sigma, threshold, border,
                                               num_layers, g_images[layer],
                                               corners, scales, orientations,
                                               layers)

    return g_images, corners, scales, orientations, layers
```

接下来，对检测到的特征点生成描述符。

```
# SIFT 特征点描述符的生成
def compute_descriptors(g_images, corners, scales,
                        orientations, layers):

    if len(corners) != len(scales) \
        or len(corners) != len(orientations):
        raise ValueError(
            '`corners`, `scales` and `orientations` \
            must all have the same length.')

    descriptors_list = []

    for pt, size, orien, layer in \
        zip(corners, scales, orientations, layers):

        # 读取特征点的各项信息
        g_image = g_images[layer]
        x, y = np.round(np.array(pt)).astype(np.int32)
        orien = 360 - orien

        # 计算块状区域大小
        win_s = 3 * size
        win_l = int(round(min(2**0.5 * win_s * (4+1) / 2,
            np.sqrt(g_image.shape[0]**2+g_image.shape[1]**2))))

        # 用列表依次存储块状区域内所有点的信息
        i_index = []
        j_index = []
        value_list = []
        orien_index = []

        # 三维数组存储 16 个窗口的 8 个方向，为防止计算时边界溢出，
        # 在行、列的首尾各扩展一次
        result_cube = np.zeros((4 + 2, 4 + 2, 8))

        # 统计一个块状区域内 16 个子区域的像素梯度直方图
        for i in range(-win_l, win_l+1):
            for j in range(-win_l, win_l+1):

                # 获得旋转之后的坐标
                i_rotate = j * np.sin(np.deg2rad(orien)) \
```

```python
                            + i * np.cos(np.deg2rad(orien))
                        j_rotate = j * np.cos(np.deg2rad(orien)) \
                            - i * np.sin(np.deg2rad(orien))

                        # 计算 4*4 子区域对应的下标
                        tmp_i = (i_rotate / win_s) + 2 - 0.5
                        tmp_j = (j_rotate / win_s) + 2 - 0.5

                        # 邻域的点在旋转后,仍然处于 4*4 的区域内
                        if tmp_i > -1 and tmp_j > -1 \
                            and tmp_i < 4 and tmp_j < 4:

                            # 该特征点在原图像中的位置
                            i_inimg = int(round(y + i))
                            j_inimg = int(round(x + j))

                            if i_inimg > 0 and j_inimg > 0 \
                                and i_inimg < g_image.shape[0]-1 \
                                and j_inimg < g_image.shape[1]-1:
                                # 计算梯度幅值
                                dx = g_image[i_inimg, j_inimg + 1] \
                                    - g_image[i_inimg, j_inimg - 1]
                                dy = g_image[i_inimg - 1, j_inimg] \
                                    - g_image[i_inimg + 1, j_inimg]
                                grad_value = np.sqrt(dx**2 + dy**2)
                                # 计算梯度方向
                                grad_orien = np.rad2deg(
                                    np.arctan2(dy, dx)) % 360

                                i_index.append(tmp_i)
                                j_index.append(tmp_j)
                                # 进行高斯加权
                                g_weight = np.exp(-1 / 8 * (
                                    (i_rotate / win_s) ** 2 +
                                    (j_rotate / win_s) ** 2)
                                    )
                                value_list.append(g_weight * grad_value)
                                # 将梯度方向投影到 8 个方向
                                # 这里的 grad_orien 是原图像中的梯度
                                # 需要叠加上旋转之后的角度
                                orien_index.append(
                                    (grad_orien - orien) * 8 / 360)

    # 将每个方向的幅值插入矩阵 result_cube 中
    for i, j, value, orien1 in zip(i_index, j_index, value_list, orien_index):
        tirlinearInterpolation(i, j, value, orien1, result_cube)

    descriptor = result_cube[1:-1, 1:-1, :].flatten()
    # 计算描述符的大小
    l2norm = np.linalg.norm(descriptor)
```

```python
        # 设定阈值
        threshold = l2norm * 0.2
        # 将描述符截断,将大于阈值的值设定为阈值
        descriptor[descriptor > threshold] = threshold
        # 归一化,确保描述符具有尺度不变性
        descriptor /= l2norm
        # 添加描述符
        descriptors_list.append(descriptor)

    return descriptors_list


# 将每个方向的幅值插入矩阵 result_cube 中
def tirlinearInterpolation(i, j, value, orien, result_cube):

    # 由于位置坐标(i,j,orien)是一个浮点数,没有办法直接在 result_cube 中赋值
    # 考虑到该浮点位置会对邻近的 8 个整数坐标都有一定的贡献
    # (可以将该浮点坐标想象成一个正方体中的一点,它对正方体的 8 个顶点都有贡献)
    # 我们可以根据三线性插值法,根据该点到各顶点的距离为相邻的 8 个顶点赋值
    # 感兴趣的读者可以自行学习三线性插值法

    # 对坐标先进行量化,将其转换为整数
    i_quant = int(np.floor(i))
    j_quant = int(np.floor(j))
    orien_quant = int(np.floor(orien)) % 8

    # 计算量化前后的偏移量
    i_residual = i - i_quant
    j_residual = j - j_quant
    orien_residual = (orien - orien_quant) % 8

    # 根据三线性插值法写出当前位置对每个顶点的权重
    c0 = (1 - i_residual) * value
    c1 = i_residual * value
    c11 = c1 * j_residual
    c10 = c1 * (1 - j_residual)
    c01 = c0 * j_residual
    c00 = c0 * (1 - j_residual)

    c111 = c11 * orien_residual
    c110 = c11 * (1 - orien_residual)
    c101 = c10 * orien_residual
    c100 = c10 * (1 - orien_residual)
    c011 = c01 * orien_residual
    c010 = c01 * (1 - orien_residual)
    c001 = c00 * orien_residual
    c000 = c00 * (1 - orien_residual)

    # 进行赋值操作
    result_cube[i_quant + 1, j_quant + 1, orien_quant] += c000
```

```
            result_cube[i_quant + 1, j_quant + 1, (orien_quant + 1) % 8] += c001
            result_cube[i_quant + 1, j_quant + 2, orien_quant] += c010
            result_cube[i_quant + 1, j_quant + 2, (orien_quant + 1) % 8] += c011
            result_cube[i_quant + 2, j_quant + 1, orien_quant] += c100
            result_cube[i_quant + 2, j_quant + 1, (orien_quant + 1) % 8] += c101
            result_cube[i_quant + 2, j_quant + 2, orien_quant] += c110
            result_cube[i_quant + 2, j_quant + 2, (orien_quant + 1) % 8] += c111

    return
```

至此，我们已经完成 SIFT 特征的编写。下面，导入两幅图像，寻找它们的特征点。

```
# 展示图像中的特征点
def draw(img, corners):
    # corners 为特征点的坐标
    img1 = img.copy()
    for m in corners:
        pt = (int(m[0]), int(m[1]))
        cv2.circle(img1, pt, 1, (0,255,0), 2)
    return img1


# 读取图像
img1 = cv2.imread('sift1.png', cv2.IMREAD_COLOR)
img2 = cv2.imread('sift2.png', cv2.IMREAD_COLOR)

gray1 = cv2.cvtColor(img1, cv2.COLOR_BGR2GRAY) / 255.0
gray2 = cv2.cvtColor(img2, cv2.COLOR_BGR2GRAY) / 255.0

# 获得两幅图像特征点的各项信息
g_images1, corners1, scales1, orientations1, layers1 = \
                                    detect_blobs(gray1)
g_images2, corners2, scales2, orientations2, layers2 = \
                                    detect_blobs(gray2)

# 获得两幅图像的 SIFT 特征点
descriptors1 = compute_descriptors(g_images1, corners1, scales1,
                                    orientations1, layers1)
descriptors2 = compute_descriptors(g_images2, corners2, scales2,
                                    orientations2, layers2)

img1_detect = draw(img1, corners1)
img2_detect = draw(img2, corners2)


# 展示两幅图像的特征点
plt.title('Output1')
plt.axis('off')
plt.imshow(img1_detect[:, :, ::-1])
plt.show()

plt.title('Output2')
plt.axis('off')
```

```
plt.imshow(img2_detect[:, :, ::-1])
plt.show()
```

Output1

Output2

利用 SIFT 算法很容易就能发现图像中的特征点。接下来，需要将寻找出的特征点进行匹配。将两幅图像中的特征点集合分别定义为 $\mathcal{S}$ 和 $\mathcal{R}$。对于 $\mathcal{S}$ 中的某个特征点 s_i，利用 $L2$ 范数度量其对应的特征向量 V_{s_i} 与集合 $\mathcal{R}$ 中每个特征点 r_j 对应的特征向量 V_{r_j} 之间的距离，并确定距离 s_i 最近的特征点 r_k 和第二近的特征点 r_d。如果

$$\frac{\ell_2(s_i, r_k)}{\ell_2(s_i, r_d)} < \theta$$

便可以认为 s_i 与 r_k 相匹配，其中，$\ell_2(\cdot, \cdot)$ 是 L2 范数；θ 是设定的阈值。

```
# 特征点匹配
def match_descriptors(descriptors1, descriptors2):
```

```python
        max_index = np.zeros((len(descriptors1))) - 1
        # 初始化第一近和第二近的特征点对数组
        maxmatch = np.zeros((len(descriptors1))) + 1e10
        secmatch = np.zeros((len(descriptors1))) + 1e10
        # 设定阈值
        threshold = 0.8

        for vec1_index in range(len(descriptors1)):
            for vec2_index in range(len(descriptors2)):
                # 计算特征点对的距离
                distance = np.linalg.norm(descriptors1[vec1_index] \
                                        - descriptors2[vec2_index])
                if distance < maxmatch[vec1_index]:
                    # 更新当前最匹配的特征点
                    maxmatch[vec1_index] = distance
                    # 记录当前特征点对的距离
                    max_index[vec1_index] = vec2_index

                elif distance < secmatch[vec1_index]:
                    # 更新第二近特征点对的距离
                    # 这里只需要更新距离即可，因为不关心哪一个点是第二近的
                    secmatch[vec1_index] = distance

        matches = []
        # 返回匹配的特征点对的坐标信息
        for i in range(len(descriptors1)):
            if maxmatch[i] / secmatch[i] < threshold:
                matches.append((i, int(max_index[i])))

        return matches

def draw_matches(image1, image2, corners1, corners2, matches):
    # 获得两幅图像的分辨率
    h1, w1 = image1.shape
    h2, w2 = image2.shape
    hres = 0
    if h1 >= h2:
        hres = int((h1 - h2) / 2)

        # 将两幅图像拼接成高度一致的图像，方便进行特征点对的比对
        match_image = np.zeros((h1, w1 + w2, 3), np.uint8)

        # 对 R、G、B 图像分别处理
        for i in range(3):
            match_image[: h1, : w1, i] = image1
            match_image[hres: hres + h2, w1: w1 + w2, i] = image2

        for i in range(len(matches)):
            m = matches[i]
```

```python
            # 获得匹配的特征点对在图中的坐标
            pt1 = (int(corners1[m[0]][0]), int(corners1[m[0]][1]))
            pt2 = (int(corners2[m[1]][0] + w1),
                   int(corners2[m[1]][1] + hres))
            # 将其圈出
            cv2.circle(match_image, pt1, 1, (0,255,0), 2)
            cv2.circle(match_image, (pt2[0], pt2[1]), 1, (0,255,0), 2)
            # 画线相连
            cv2.line(match_image, pt1, pt2, (0, 0, 255))
    else:
        hres = int((h2 - h1) / 2)

        # 将两幅图像拼接成高度一致的图像,方便进行特征点对的比对
        match_image = np.zeros((h2, w1 + w2, 3), np.uint8)

        # 对 R、G、B 图像分别处理
        for i in range(3):
            match_image[hres: hres + h1, : w1, i] = image1
            match_image[: h2, w1: w1 + w2, i] = image2

        for i in range(len(matches)):
            m = matches[i]
            # 获得匹配的特征点对在图中的坐标
            pt1 = (int(corners1[m[0]][0]),
                   int(corners1[m[0]][1] + hres))
            pt2 = (int(corners2[m[1]][0] + w1),
                   int(corners2[m[1]][1]))
            # 将其圈出
            cv2.circle(match_image, pt1, 1, (0,255,0), 2)
            cv2.circle(match_image, (pt2[0], pt2[1]), 1, (0,255,0), 2)
            # 画线相连
            cv2.line(match_image, pt1, pt2, (0, 0, 255))

    return match_image

# 进行图像匹配
matches = match_descriptors(descriptors1, descriptors2)
image1 = cv2.imread('sift1.png', cv2.IMREAD_GRAYSCALE)
image2 = cv2.imread('sift2.png', cv2.IMREAD_GRAYSCALE)

# 绘制匹配连线
match_image = draw_matches(image1, image2, corners1, corners2, matches)

plt.title('Match')
plt.imshow(match_image)
plt.axis('off')
```

```
(-0.5, 471.5, 171.5, -0.5)
```

很明显，两幅图像中相同的特征点完美地匹配在了一起。此后，便可以进行图像拼接等一系列后续操作了。

7.4 小结

本章介绍了 SIFT 算法的基本原理，并实现了 SIFT 算法。SIFT 特征具有多种优点，它稳定性高，对旋转、尺度缩放、亮度变化等能够保持不变；独特性好，信息量丰富。因此，SIFT 特征成为完成许多计算机视觉任务的基础。在第 8 章中，我们将介绍 SIFT 的一个实际应用——图像拼接。

习题

（1）SIFT 特征描述符被设计为具有一定程度的光照、旋转和尺度的不变性。分析 SIFT 算法如何实现这一特性，包括其原理和具体的实现步骤。

（2）SIFT 算法与 Harris 角点检测都是图像特征检测的常用方法。比较这两种方法，并指出 SIFT 算法相对于 Harris 角点检测的主要优点。

（3）在 SIFT 算法中，为了构建特征点的描述符，通常需要将特征点周围的区域分块，并根据主方向进行旋转。这种处理方式的目的是什么？

（4）分析 SIFT 算法的计算复杂度。详细讨论算法中最耗时的步骤，并提出可能的优化策略或替代方案，以提高算法的运行效率。

（5）使用提供的 sift1.png 和 sift2.png 测试不同的 γ（7.2.2 中特征值的比值）和 θ（最近特征点对和第二近特征点对比的阈值）对 SIFT 算法效果的影响。

7.5 参考文献

[1] LOWE D G. Object recognition from local scale-invariant features[C]//IEEE International Conference on Computer Vision, 1999, 2:1150-1157.

第 8 章

图像拼接

8.1 简介

当游览祖国的大好河山时，我们往往一边感慨山川的奇伟俊丽，一边遗憾自己没有设备去拍一幅全景图，而只能拍一些不同视角下分离的照片。通过对本章的学习，或许你就可以自己生成全景图。

图像拼接（image stitching）是指将多张拍摄同一场景的有重叠的图像（可能是不同时间、不同视角或者不同传感器获得的图像）拼接成一幅无缝的大尺寸全景图的技术。图像拼接在运动检测与跟踪、增强现实、分辨率增强、视频压缩和图像稳定等计算机视觉任务上有很多的应用。图 8-1 和图 8-2 展示了一个图像拼接的例子。

图 8-1　从不同视角拍摄同一场景得到的不同图像

图 8-2　图像拼接

8.2 图像变换

仔细观察图 8-1 中的一系列图像与图 8-2 中拼接的全景图,它们在几何上有什么相似性吗？没错,图 8-2 中的全景图可以通过图 8-1 中的子图经过缩放、旋转、射影等一些操作之后拼接组合得到。对图像进行的这些操作统称为图像变换（image transformation）。我们先简单介绍几种常用的图像变换。

(1) 平移：将图像 I 按向量 (t_x, t_y) 平移，则图像上一点 (i, j),对应的向量为 $p = (i, j)$,经过平移后得到新的点为 (i', j'),对应的向量为 $p' = (i', j')$,有 $p' = p + t$,其中, $t = (t_x, t_y)$ 的方向为平移方向, t 的大小为平移距离；

(2) 旋转：将图像绕原点 $(0,0)$ 逆时针旋转 θ,则图像上一点 (i, j),对应的向量为 $p = (i, j)$,旋转之后得到的新的点对应的向量为 $p' = Rp$,其中, $R = \begin{bmatrix} \cos\theta & -\sin\theta \\ \sin\theta & \cos\theta \end{bmatrix}$ 为旋转矩阵；

(3) 缩放：以原点 $(0,0)$ 为缩放中心,对图像沿 x 轴缩放 s_x 倍,沿 y 轴缩放 s_y 倍,则图像上一点 (i, j),对应的向量为 $p = (i, j)$,缩放之后得到的点对应的向量为 $p' = Sp$。其中, $S = \begin{bmatrix} s_x & 0 \\ 0 & s_y \end{bmatrix}$ 是缩放矩阵；

(4) 对称：如果将图像绕 y 轴做镜像,不难得到图像上一点 (i, j),对应的向量为 $p = (i, j)$,关于 y 轴对称的点对应的向量为 $p' = (-i, j)$,那么 $p' = \begin{bmatrix} -1 & 0 \\ 0 & 1 \end{bmatrix} p$;如果将图像绕直线 $y = x$ 做镜像,则 $p' = (j, i)$,即 $p' = \begin{bmatrix} 0 & 1 \\ 1 & 0 \end{bmatrix} p$。

不难发现,上述 (2)、(3)、(4) 中图像变换前后的对应关系是线性的,即可以写成 $p' = Tp$ 的矩阵形式,而平移却不可以用这样的线性变换来表示。矩阵乘法的线性变换形式易于计算,能否将平移也用矩阵乘法形式表示呢？

当然可以。只不过,需要把常用的笛卡儿坐标系拓展至齐次坐标系（homogeneous coordinate system）。令 λ 是一个常数,在笛卡儿坐标系下,对于一个向量 v,一般有 $v \neq \lambda v$;而在齐次坐标系下,总有 $v = \lambda v$。那么笛卡儿坐标系和齐次坐标系如何转换呢？如图 8-3 所示,在 x 轴、y 轴的基础上增加 w 轴,并将笛卡儿坐标系中的点 (i, j) 表示为 $(i, j, 1)$,我们把这样的坐标系称为齐次坐标系。对于齐次坐标系中任意一点 (x, y, w),其对应的笛卡儿坐标系中的坐标为 $(x/w, y/w)$。

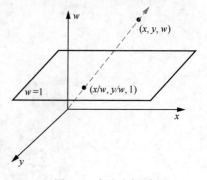

图 8-3 齐次坐标系

在此基础上,可以把平移前后的点表示为

$$\begin{bmatrix} i' \\ j' \\ 1 \end{bmatrix} = \begin{bmatrix} 1 & 0 & t_x \\ 0 & 1 & t_y \\ 0 & 0 & 1 \end{bmatrix} \begin{bmatrix} i \\ j \\ 1 \end{bmatrix}$$

同样，对于旋转、缩放，也可以依次表示为

旋转：$\begin{bmatrix} i' \\ j' \\ 1 \end{bmatrix} = \begin{bmatrix} \cos\theta & -\sin\theta & 0 \\ \sin\theta & \cos\theta & 0 \\ 0 & 0 & 1 \end{bmatrix} \begin{bmatrix} i \\ j \\ 1 \end{bmatrix}$

缩放：$\begin{bmatrix} i' \\ j' \\ 1 \end{bmatrix} = \begin{bmatrix} s_x & 0 & 0 \\ 0 & s_y & 0 \\ 0 & 0 & 1 \end{bmatrix} \begin{bmatrix} i \\ j \\ 1 \end{bmatrix}$

至此，在齐次坐标系下，上述的图像变换操作都可以用一个3×3的矩阵 T 来表示。可以看到，平移、旋转与缩放操作对应的矩阵 T 的最后一行都是[0 0 1]。我们把变换矩阵形如 $T = \begin{bmatrix} a & b & c \\ d & e & f \\ 0 & 0 & 1 \end{bmatrix}$ 对应的图像变换称为仿射变换（affine transformation）。那么，变换矩阵 T 的最后一行不是[0 0 1]，而是任意的[g h 1]，图像会发生什么样的变化呢？

可以通过实验得到类似图 8-4 的结果，很明显，在 T 的最后一行不是[0 0 1]时，图像发生了一些变形，原本平行的图像边框不再平行，我们把变换矩阵形如 $T = \begin{bmatrix} a & b & c \\ d & e & f \\ g & h & 1 \end{bmatrix}$ 的图像变换操作称作射影变换（projective transformation），这样的变换矩阵 T 称为单应性矩阵（homography matrix）。在3×3的矩阵中，单应性矩阵的形式是最通用的，所以射影变换包含了上述所有图像变换。在不同视角下拍摄平面目标和固定照相机位置并旋转照相机角度，以这两种方式拍摄得到的图像都满足射影变换。通常对同一场景拍摄多幅图像的情况总可以近似为上述两种情况，所以可以通过射影变换来实现全景图的拼接。

图 8-4 射影变换

8.3 图像拼接算法

本节讲解如何通过计算射影变换矩阵来实现图像拼接算法。

8.3.1 计算变换矩阵

图像拼接是要将一组图像拼接成一幅大的全景图。这个任务中最基本的问题就是如何拼接两幅图像。给定两幅图像，要将它们拼接在一起，就需要计算它们之间的变换矩阵。要计算变换矩阵 $\boldsymbol{T}$，就需要找到两幅图像之间的匹配关系。通过第 7 章中介绍的 SIFT 特征点检测算法找到两幅图像上的特征点，然后基于 SIFT 特征描述，就可以确定这些特征点之间的匹配关系，如图 8-5 所示。

图 8-5 基于特征点的图像匹配

设 (x, y) 和 (x', y') 是两幅图像中匹配的一对特征点，在齐次坐标系中分别表示为 $(x, y, 1)$ 和 $(x', y', 1)$，对应的向量分别为 $\boldsymbol{p} = (x, y, 1)^\mathrm{T}$ 和 $\boldsymbol{p}' = (x', y', 1)^\mathrm{T}$，则有 $\boldsymbol{p}' = \boldsymbol{T}\boldsymbol{p}$，即

$$\begin{bmatrix} x' \\ y' \\ 1 \end{bmatrix} = \begin{bmatrix} a & b & c \\ d & e & f \\ g & h & i \end{bmatrix} \begin{bmatrix} x \\ y \\ 1 \end{bmatrix}$$

可以得到 x、y 和 x'、y' 之间的关系为

$$x' = \frac{ax + by + c}{gx + hy + i}, y' = \frac{dx + ey + f}{gx + hy + i}$$

为了更方便地求解矩阵 $\boldsymbol{T}$ 中的未知量，将上式写成

$$x'(gx + hy + i) = ax + by + c$$

$$y'(gx + hy + i) = dx + ey + f$$

即

$$\begin{bmatrix} x & y & 1 & 0 & 0 & 0 & -x'x & -x'y & -x' \\ 0 & 0 & 0 & x & y & 1 & -y'x & -y'y & -y' \end{bmatrix} \begin{bmatrix} a \\ b \\ c \\ d \\ e \\ f \\ g \\ h \\ i \end{bmatrix} = \begin{bmatrix} 0 \\ 0 \end{bmatrix}$$

假设两幅图像共有 n 对匹配的特征点，可以得到以下方程：

$$\begin{bmatrix} x_1 & y_1 & 1 & 0 & 0 & 0 & -x_1'x_1 & -x_1'y_1 & -x_1' \\ 0 & 0 & 0 & x_1 & y_1 & 1 & -y_1'x_1 & -y_1'y_1 & -y_1' \\ \vdots & & & & & & & & \vdots \\ x_n & y_n & 1 & 0 & 0 & 0 & -x_n'x_n & -x_n'y_n & -x_n' \\ 0 & 0 & 0 & x_n & y_n & 1 & -y_n'x_n & -y_n'y_n & -y_n' \end{bmatrix} \begin{bmatrix} a \\ b \\ c \\ d \\ e \\ f \\ g \\ h \\ i \end{bmatrix} = \begin{bmatrix} 0 \\ 0 \\ \vdots \\ 0 \end{bmatrix}_{2n}$$

令矩阵 $\boldsymbol{A} = \begin{bmatrix} x_1 & y_1 & 1 & 0 & 0 & 0 & -x_1'x_1 & -x_1'y_1 & -x_1' \\ 0 & 0 & 0 & x_1 & y_1 & 1 & -y_1'x_1 & -y_1'y_1 & -y_1' \\ \vdots & & & & & & & & \vdots \\ x_n & y_n & 1 & 0 & 0 & 0 & -x_n'x_n & -x_n'y_n & -x_n' \\ 0 & 0 & 0 & x_n & y_n & 1 & -y_n'x_n & -y_n'y_n & -y_n' \end{bmatrix}_{2n \times 9}$，$\boldsymbol{t} = [a\ b\ c\ d\ e\ f\ g\ h\ i]^\mathrm{T}$，上述等式可以简写成

$$\boldsymbol{At} = \boldsymbol{0}$$

一般来说，能够得到的特征点对的数量远多于方程未知量的个数，且由于有的特征点对的位置存在误差，上式可能没有唯一闭式解。因此，往往通过优化下述问题来求解 $\boldsymbol{t}$：

$$\min \|\boldsymbol{At} - \boldsymbol{0}\|_F^2 \quad \text{s.t.}\ \|\boldsymbol{t}\|^2 = 1$$

只需要求解上述方程得到 $\boldsymbol{t}$，便可得到变换矩阵 $\boldsymbol{T}$。注意，变换矩阵 $\boldsymbol{T}$ 是定义在齐次坐标系下的，所以尺度对其无影响。故而，只需要求解单位向量 $\hat{\boldsymbol{t}}$，即矩阵 $\boldsymbol{A}^\mathrm{T}\boldsymbol{A}$ 的最小特征值对应的特征向量（证明过程详见 8.6 节）。

我们把图像拼接的过程总结为以下 3 步：

（1）计算两幅图像的特征点；

（2）将两幅图像的特征点进行匹配；

（3）根据匹配的特征点对计算图像变换矩阵。

8.3.2 利用 RANSAC 算法去除误匹配

当利用 SIFT 进行特征匹配时，有些时候可能会出现图 8-6 的情况。图 8-6 中右图绿色圆圈内的特征点是与左图匹配的特征点，但利用 SIFT 匹配特征点时，会将左图中部分特征点匹配到右图绿色圆圈之外的特征点（如红色圆圈内的特征点）。这些特征点匹配是错误的匹配，应该被移除，从而保证变换矩阵计算的鲁棒性。应该如何移除错误的匹配点对呢？

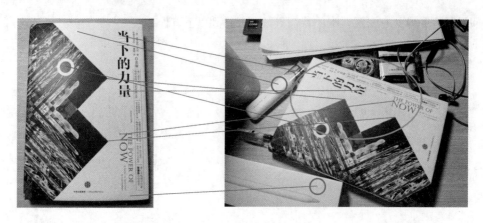

图 8-6　基于 SIFT 特征描述得到的两幅图像中的匹配特征点对（另见彩插图 6）

先放下匹配这个问题，从一个更简单的例子入手。图 8-7（a）展示了一组数据点，我们希望用一条直线来拟合这些数据点。但这些数据点并不在一条直线上，因此我们并不知道应该用哪部分点去拟合直线。但是，从直觉出发，我们会认为图 8-7（c）中的直线比图 8-7（b）中的直线拟合效果更好，因为有更多的数据点分布在直线的附近。深入思考，正常的数据点是大多数的具有相似分布规律的数据点，而异常数据点的分布则杂乱无章。我们通常将符合样本整体模型的点称为内群点（inlier），将偏离模型或与模型不一致的点称为离群点（outlier）。用任意两个数据点拟合一条直线，如果有越多的数据点与这条直线一致，即分布在其附近，则这条直线具有越多的内群点，这条直线也就越有可能是我们希望拟合的直线，而与这条直线不符的数据点则是异常样本。

（a）用于直线拟合的数据点

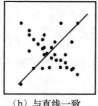
（b）与直线一致的数据点较少

（c）与直线一致的数据点很多

图 8-7　直线拟合

随机抽样一致（random sample consensus，RANSAC）算法就是利用上述思想从一组观测数据中拟合数学模型的迭代方法。RANSAC 是一种鲁棒参数估计算法，其步骤如下：

（1）随机选择 s 个样本（其中，s 是可以用于拟合模型的最小样本量）；

（2）用这些样本拟合模型；

（3）统计与模型一致的内群点的个数；

（4）上述过程重复 N 次；

（5）选择具有最多内群点个数的模型作为最终拟合的结果。

对于直线拟合这一问题，一个样本是指一个数据点，所以这里 $s=2$，因为两个数据点确定一条直线。回到图像特征点对匹配问题这个问题，一个样本是指一对匹配的特征点对。同为正常样本的匹配特征点对应具有一致的几何变换关系，而作为异常样本的误匹配特征点对，它们之间各有各的不同。对于不同的图像变换，s 大小不同。对于平移变换，$s=1$，因为只需要一对匹配点对就可以确定平移变换的参数；而对于射影变换，$s=4$，大家想想为什么？

图 8-8 展示了使用 RANSAC 算法拟合平移变换的一次实验。在图 8-8（a）中，首先选择蓝色箭头代表的平移拟合模型，那么该平移模型的内群点（蓝色箭头）个数为 4，而与之不一致的离群点（黄色箭头与红色箭头）个数为 3。在下一次尝试中［如图 8-8（b）所示］，再随机选择数据（黄色箭头）拟合对应的模型，并统计内群点的个数（只有一个）。最终，会选择内群点最多的模型（在图 8-8 中为蓝色箭头对应的特征点对）作为最终拟合的结果。而那些匹配错误的特征点对（如红色箭头对应的特征点对）则没有被用到，即这些异常样本被"去除"。

 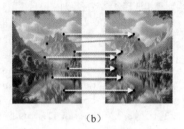

（a） （b）

图 8-8 利用 RANSAC 算法去除匹配异常的特征点对（另见彩插图 7）

需要说明的是，RANSAC 算法不能保证得到最优解，因为它只在一定的概率下去逼近最优解。不过，随着迭代次数的增加，逼近最优解的概率会增加。

8.3.3 图像变换与缝合

图像拼接的最后一步是将输入图像变换并缝合到一幅图像中。对于两幅图像 A 和 B，在已经检测出对应的特征点对，并利用 RANSAC 算法计算得到变换矩阵 T 之后，将图像 B 转换为 TB。然后，对转换后的图像，即 TB，与图像 A 在重叠部分的像素值求平均值，以优化图像缝合的边界。如此，便可得到最终缝合好的拼接图像。

综上所述，我们把图像拼接的全过程总结为以下 4 步：

（1）计算两幅图像的特征点；

（2）将两幅图像的特征点进行匹配；

（3）根据匹配的特征点对，利用 RANSAC 算法计算图像变换矩阵；

（4）将图像进行拼接。

8.4 代码实现

在本节中，我们将编程实现图像拼接。先导入第 7 章中编写的 SIFT 相关函数，并在此基础按照 8.3 节中讲述的流程实现 RANSAC 算法。

```python
from utils import *
# 利用 RANSAC 算法剔除无效点
def compute_affine_xform(corners1, corners2, matches):

    # 设置最大迭代次数
    iteration = 50
    M_list = []

    # 存放每一次模型的正常样本个数
    inlier_num_list = []
    for _ in range(iteration):

        # 随机选择 4 个特征点对来拟合模型
        sample_index = random.sample(range(len(matches)), 4)
        x1_s, y1_s = corners1[matches[sample_index[0]][0]]
        x1_t, y1_t = corners2[matches[sample_index[0]][1]]
        x2_s, y2_s = corners1[matches[sample_index[1]][0]]
        x2_t, y2_t = corners2[matches[sample_index[1]][1]]
        x3_s, y3_s = corners1[matches[sample_index[2]][0]]
        x3_t, y3_t = corners2[matches[sample_index[2]][1]]
        x4_s, y4_s = corners1[matches[sample_index[3]][0]]
        x4_t, y4_t = corners2[matches[sample_index[3]][1]]

        # 编写矩阵 A
        A = np.array([[x1_s, y1_s, 1, 0, 0, 0,
                       -x1_t*x1_s, -x1_t*y1_s, -x1_t],
                      [0, 0, 0, x1_s, y1_s, 1,
                       -y1_t*x1_s, -y1_t*y1_s, -y1_t],
                      [x2_s, y2_s, 1, 0, 0, 0,
                       -x2_t*x2_s, -x2_t*y2_s, -x2_t],
                      [0, 0, 0, x2_s, y2_s, 1,
                       -y2_t*x2_s, -y2_t*y2_s, -y2_t],
                      [x3_s, y3_s, 1, 0, 0, 0,
                       -x3_t*x3_s, -x3_t*y3_s, -x3_t],
                      [0, 0, 0, x3_s, y3_s, 1,
                       -y3_t*x3_s, -y3_t*y3_s, -y3_t],
                      [x4_s, y4_s, 1, 0, 0, 0,
                       -x4_t*x4_s, -x4_t*y4_s, -x4_t],
                      [0, 0, 0, x4_s, y4_s, 1,
                       -y4_t*x4_s, -y4_t*y4_s, -y4_t]
                      ])

        # 求解 A 的特征向量
        _,_, v = np.linalg.svd(A)

        # 取最小特征值对应的特征向量作为最终的结果
        M = np.reshape(v[-1], (3, 3))

        inlier_num = 0
        # 统计正常样本个数
        for (index1, index2) in matches:
            # coord 是齐次坐标系的坐标
```

```python
            coord1 = [corners1[index1][0], corners1[index1][1], 1]
            coord2 = [corners2[index2][0], corners2[index2][1], 1]
            # 计算将 coord1 齐次变换之后的坐标
            mapcoor = np.dot(M, coord1)
            # 将齐次坐标系中的 w 置为 1
            mapcoor = mapcoor / mapcoor[-1]
            if np.linalg.norm(coord2 - mapcoor) < 5:
                inlier_num += 1

        # 将正常样本个数和对应的变换矩阵 M 记录在列表里
        M_list.append(M)
        inlier_num_list.append(inlier_num)

    # 获取列表中正常样本值最大的元素的下标
    best_index = np.argmax(inlier_num_list)
    # 获取对应的变换矩阵
    xform = M_list[best_index].astype(np.float64)

    # 统计属于模型异常样本的特征点对
    outlier_labels = []
    for (index1, index2) in matches:
        coord1 = [corners1[index1][0], corners1[index1][1], 1]
        coord2 = [corners2[index2][0], corners2[index2][1], 1]
        mapcoor = np.dot(xform, coord1)
        mapcoor = mapcoor/mapcoor[-1]
        if np.linalg.norm(coord2 - mapcoor) < 12:
            outlier_labels.append(1)
        else:
            outlier_labels.append(0)

    return xform, outlier_labels
```

为了在绘制时能够体现出异常点对，我们改写第 7 章中的 `draw_matches()` 函数。

```python
def draw_matches(image1, image2, corners1, corners2,
                matches, outliers=None):
    # 获得两幅图像的分辨率
    h1, w1 = image1.shape
    h2, w2 = image2.shape
    hres = 0
    if h1 >= h2:
        hres = int((h1 - h2) / 2)

    # 将两幅图像拼接成高度一致的图像，方便进行特征点对的比对
    match_image = np.zeros((h1, w1 + w2, 3), np.uint8)

    # 对 R、G、B 图像分别处理
    for i in range(3):
        match_image[: h1, : w1, i] = image1
        match_image[hres: hres + h2, w1: w1 + w2, i] = image2

    for i in range(len(matches)):
        m = matches[i]
```

```python
            # 获得匹配的特征点对在图中的坐标
            pt1 = (int(corners1[m[0]][0]), int(corners1[m[0]][1]))
            pt2 = (int(corners2[m[1]][0] + w1),
                   int(corners2[m[1]][1] + hres))
            # 将其圈出
            cv2.circle(match_image, pt1, 1, (0,255,0), 2)
            cv2.circle(match_image, (pt2[0], pt2[1]), 1, (0,255,0), 2)
            # 画线相连
            if outliers:
                cv2.line(match_image, pt1, pt2, (255, 0, 0))
            else:
                cv2.line(match_image, pt1, pt2, (0, 0, 255))
    else:
        hres = int((h2 - h1) / 2)

        # 将两幅图像拼接成高度一致的图像，方便进行特征点对的比对
        match_image = np.zeros((h2, w1 + w2, 3), np.uint8)

        # 对 R、G、B 图像分别处理
        for i in range(3):
            match_image[hres: hres + h1, : w1, i] = image1
            match_image[: h2, w1: w1 + w2, i] = image2

        for i in range(len(matches)):
            m = matches[i]
            # 获得匹配的特征点对在图中的坐标
            pt1 = (int(corners1[m[0]][0]),
                   int(corners1[m[0]][1] + hres))
            pt2 = (int(corners2[m[1]][0] + w1),
                   int(corners2[m[1]][1]))
            # 将其圈出
            cv2.circle(match_image, pt1, 1, (0,255,0), 2)
            cv2.circle(match_image, (pt2[0], pt2[1]), 1, (0,255,0), 2)
            # 画线相连
            if outliers:
                cv2.line(match_image, pt1, pt2, (255, 0, 0))
            else:
                cv2.line(match_image, pt1, pt2, (0, 0, 255))

    return match_image
```

然后，编写图像变换与缝合的相关函数。

```python
def stitch_images(image1, image2, xform):
    # 获取图像尺寸
    h1, w1, _ = image1.shape
    h2, w2, _ = image2.shape

    # 计算变换后的图像边界
    corners1 = np.float32([[0, 0], [0, h1], [w1, h1], [w1, 0]]).reshape(-1, 1, 2)
    corners2 = np.float32([[0, 0], [0, h2], [w2, h2], [w2, 0]]).reshape(-1, 1, 2)
```

```python
    dst_corners1 = cv2.perspectiveTransform(corners1, xform)
    all_corners = np.vstack((dst_corners1, corners2))
    x_min, y_min = np.int32(all_corners.min(axis=0).flatten())
    x_max, y_max = np.int32(all_corners.max(axis=0).flatten())

    # 计算新图像大小和平移矩阵
    new_w, new_h = x_max - x_min, y_max - y_min
    translation_matrix = np.array([[1, 0, -x_min], [0, 1, -y_min], [0, 0, 1]])
    new_xform = translation_matrix @ xform

    # 创建结果图像并进行透视变换
    result = np.zeros((new_h, new_w, 3), dtype=np.uint8)  # 初始化为黑色背景
    cv2.warpPerspective(image1, new_xform, (new_w, new_h),
                        dst=result, borderMode=cv2.BORDER_TRANSPARENT)

    # 创建 overlay 图层并填充右图
    overlay = np.zeros_like(result, dtype=np.uint8)
    y_start, x_start = max(-y_min, 0), max(-x_min, 0)
    overlay[y_start:y_start+h2, x_start:x_start+w2] = image2

    # 使用掩码缝合两幅图像
    mask = overlay > 0
    for c in range(3):  # 分通道处理，避免颜色通道混乱
        result[..., c] = np.where(mask[..., c], overlay[..., c], result[..., c])

    return result
```

接着，导入两幅图像 *A* 和 *B*，计算图像的变换矩阵。

```python
# 读取图像
img1 = cv2.imread('stitch1.jpg', cv2.IMREAD_COLOR)
img2 = cv2.imread('stitch2.jpg', cv2.IMREAD_COLOR)
gray1 = cv2.cvtColor(img1, cv2.COLOR_BGR2GRAY) / 255.0
gray2 = cv2.cvtColor(img2, cv2.COLOR_BGR2GRAY) / 255.0

g_images1, corners1, scales1, orientations1, layers1 = \
                                        detect_blobs(gray1)
g_images2, corners2, scales2, orientations2, layers2 = \
                                        detect_blobs(gray2)

# 计算两幅图像的特征点
descriptors1 = compute_descriptors(g_images1, corners1, scales1,
                                   orientations1, layers1)
descriptors2 = compute_descriptors(g_images2, corners2, scales2,
                                   orientations2, layers2)

# 匹配两幅图像中的特征点
matches = match_descriptors(descriptors1, descriptors2)

image1 = cv2.imread('stitch1.jpg', cv2.IMREAD_GRAYSCALE)
image2 = cv2.imread('stitch2.jpg', cv2.IMREAD_GRAYSCALE)
```

```
# xform为变换矩阵，outlier_labels为模型的异常样本
xform, outlier_labels = compute_affine_xform(corners1, corners2,
                                             matches)
# 展示两幅图像特征点的匹配
match_image = draw_matches(image1, image2, corners1, corners2,
                           matches, outliers=outlier_labels)

plt.imshow(match_image)
plt.axis('off')
plt.plot()
```

[]

最后，将其中一幅图像进行变换，并与另一幅图像拼接。

```
image = stitch_images(img1, img2, xform)

plt.imshow(image.astype(np.uint8))
plt.axis('off')
plt.plot()
```

[]

8.5 小结

本章介绍了基于 SIFT 特征检测与 RANSAC 算法的图像拼接方法。图像拼接的实际应用场

景很广，如无人机航拍、遥感图像等的后期处理。这些场景的视角通常很大，需要使用图像拼接技术将多次拍摄的图像拼接成一幅大图，继而进行后续的图像处理。"祝融号"火星车就是通过图像拼接技术拍摄了火星上的全景图。

8.6 拓展阅读

使用最小二乘法求解

$$\min_p \|Ap\|^2 \quad \text{s.t.} \quad \|\overline{p}\|_2 = 1$$

已知

$$\|Ap\|^2 = (Ap)^\top (Ap) = p^\top A^\top A p \quad \text{s.t.} \quad \|p\|^2 = p^\top p = 1$$

那么，可以构建一个损失函数 $l(p)$ 来迭代找到满足方程组的解：

$$\min_p \left\{ l(p) = p^\top A^\top A p + \lambda \left(p^\top p - 1 \right) \right\}$$

对 p 求导，可得

$$A^\top A p + \lambda p = 0$$

显然，矩阵 $A^\top A$ 的最小特征值 λ 对应的特征向量 p 是此方程组的近似解。

习题

（1）为什么需要至少 4 对特征点对才能拟合一个射影变换？

（2）进行图像拼接时，可以使用 SIFT 算法提取特征点并进行初步匹配，再利用 RANSAC 算法剔除错误匹配，求解单应性矩阵，并将一幅图像变换到另一幅图像的坐标系下，最后进行拼接。使用提供的 stitch1.jpg 和 stitch2.jpg，设计实验，比较有/无 RANSAC 算法对拼接结果的影响。

（3）使用 RANSAC 算法拟合模型，假设每次迭代需要至少抽取 3 个数据样本来拟合模型，并且数据样本中大约 50% 是正常样本。基于上述假设，如果要求拟合得到正确模型的概率为 99%，那么至少需要多少次迭代？

（4）在对两幅图像进行拼接的最后，需要将两幅图像进行缝合，缝合部分的像素值是通过对两幅图像重叠部分的像素值求平均得到的。然而在实际应用中，考虑到图像对比度、曝光度等因素的变化，直接求平均值会让拼接后的图像有明显的缝合边界。是否有更好的拼接方法？

（5）给定射影变换的单应性矩阵 $\begin{bmatrix} 1 & 0 & 2 \\ 1 & 0 & 1 \\ 0 & -2 & 2 \end{bmatrix}$ 和坐标为 (10, −2) 的点 A 及坐标为 (2, 2) 的点 B，求对点 A 和点 B 做射影变换后的坐标。

第 9 章

图像分割

9.1 简介

平面设计师在对图像进行处理时,往往需要提取图像中的某一个物体(如图 9-1 所示),这种技术被形象地称为"抠图"。"抠图"是图像分割的一个实际应用。在计算机视觉领域,图像分割(image segmentation)是最古老的,也是被研究得最多的一个问题。根据是否基于人为给定的语义监督,图像分割可分为无监督图像分割(unsupervised image segmentation)和有监督图像分割(supervised image segmentation)。本章将聚焦无监督图像分割,而有监督图像分割(包括语义分割和实例分割等)应归类于图像识别问题,将在后续章节介绍。无监督图像分割,其目的是把图像划分成若干互不相交的区域,使得具有相似特征的像素被划分到同一区域,具有不同特征的像素被划分到不同的区域(如图 9-2 所示)。这一目标完全通过挖掘图像内在结构信息实现,而不基于人为标注的语义类别,所以无监督图像分割是一个普适性的问题,其结果可以为

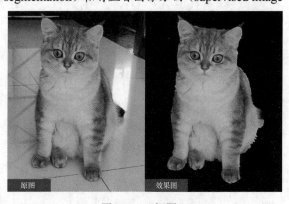

图 9-1 "抠图"

解决高层视觉识别任务(如语义分割、目标检测、实例分割等)提供基础或者初始条件。

图 9-2 无监督图像分割示例

在本章中，我们将介绍两种代表性的无监督图像分割算法——基于 k 均值的图像分割算法和基于归一化割的图像分割算法。

9.2 图像分割算法

本章聚焦无监督图像分割，因此我们首先要知道什么是无监督学习（unsupervised learning）。无监督学习是机器学习的一种类型，其特点是每个用于训练的样本只有其本身的信息，而没有任何标签信息，即没有"监督"信息。聚类（clustering）就是一种常用的无监督学习的方法，是指根据在数据中发掘出的样本与样本之间的关系，将数据进行分簇，使簇内的数据相互之间是相似的（相关的），而不同簇中的数据是不同的（不相关的）。簇内相似性越大，簇间差距越大，说明聚类效果越好。作为一种无监督学习的方法，聚类是许多领域常用的机器学习技术。图像分割的本质就是对像素进行聚类，所以图像分割算法一般是基于聚类算法的。

9.2.1 基于 k 均值聚类的图像分割算法

k 均值（k-means）[1][2]是一种在机器学习和数据分析领域广泛使用的聚类算法。它旨在将数据集划分为 k 个不同的、不重叠的子集或簇，每个数据样本归属于距离其最近的簇。具体而言，k 均值算法通过以下几个关键步骤进行迭代操作。

（1）初始化：从数据集中随机选择 k 个数据样本，并将其视为初始簇中心。

（2）分配：将每个数据样本分配给与其距离最近的簇中心所属的簇。

（3）更新：当所有数据样本分配完毕，计算每个簇中所有数据样本的均值，并将其作为新的簇中心。

（4）重复：重复分配和更新步骤，直到簇中心不再发生显著变化，或达到预设的迭代次数。

k 均值算法因其计算简单和收敛速度快而受到广泛应用，它不仅应用于传统的数据分析，还广泛应用于图像处理领域。如果将图像的像素视作数据点，并使用 k 均值算法对其进行聚类，就可以实现图像分割。那么，对于一幅图像，应该如何定义像素的信息呢？我们知道，每个像素包含 R、G、B 这 3 个通道的数值（如图 9-3 所示），因此可以以 RGB 值为特征对像素进行聚类。

图 9-3 以 RGB 值为特征对像素进行聚类（另见彩插图 8）

我们来动手编写 k 均值算法，并利用 RGB 值对像素进行聚类，完成图像分割。先导入一幅图像。

```python
from sklearn.cluster import KMeans
from matplotlib.image import imread
import matplotlib.pyplot as plt
import numpy as np
from PIL import Image

# 导入一幅图像
image = imread('segmentation.jpeg')[:,:,:3]
# 将 RGB 值统一到 0 ~ 1
if np.max(image)>1:
    image = image / 255

X = image.reshape(-1, image.shape[2])
# 利用 k-means 算法进行聚类
segmented_imgs = []

# 设定聚类中心个数
n_cluster= 4
kmeans = KMeans(n_clusters=n_cluster, random_state=42).fit(X)
print(np.unique(kmeans.labels_))
```

```
[0 1 2 3]
```

```python
# 为每个类别赋予一个对应的颜色，用于展示
def decode_segmap(label_mask, plot=False):
    label_colours = np.asarray([[79, 103, 67], [143, 146, 126],
                                [129, 94, 64], [52, 53, 55],
                                [96, 84, 70], [164, 149, 129]])
    r = label_mask.copy()
    g = label_mask.copy()
    b = label_mask.copy()
    # 为每个类别赋予对应的 R、G、B 值
    for ll in range(0, 6):
        r[label_mask == ll] = label_colours[ll, 0]
        g[label_mask == ll] = label_colours[ll, 1]
        b[label_mask == ll] = label_colours[ll, 2]

    rgb = np.zeros((label_mask.shape[0], label_mask.shape[1], 3))
    rgb[:, :, 0] = r
    rgb[:, :, 1] = g
    rgb[:, :, 2] = b

    return rgb


# 获得预测的标签
segmented_img = kmeans.cluster_centers_[kmeans.labels_]
segmented_imgs = decode_segmap(kmeans.labels_.reshape(
                    image.shape[0],image.shape[1]))
```

```python
# 展示结果
plt.imshow(image[:,:,:3])
plt.title('Original image')
plt.axis('off')
plt.show()

plt.imshow(segmented_imgs.astype(np.uint8))
plt.title('{} centers'.format(n_cluster))
plt.axis('off')
plt.show()
```

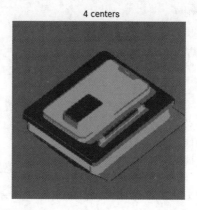

（另见彩插图9）

观察实验结果不难发现，仅用 RGB 值作为特征可能会在分割时出现一些离散的点。实际上，由于图像的像素本身就蕴含着坐标信息，除了可以选择 RGB 值作为像素的特征，也可以将坐标信息纳入其中。在特征中纳入坐标信息，便可以将图像中这些离散的点分割到周围的物体中。这种做法既考虑了颜色的相似性，也考虑了空间的离散程度。

我们再次尝试图像分割，并比较设置不同个数的聚类中心对图像分割的影响。

```python
image = imread('segmentation.jpeg')[:,:,:3]
# 将 RGB 值统一到 0~1
if np.max(image)>1:
    image = image / 255


sp = image.shape
# 增加 x、y 坐标的信息
# 设定一个权值，对坐标信息加权
weight = 2
y = weight * np.array([[i for i in range(sp[1])]
                       for j in range(sp[0])]) / sp[0] / sp[1]
x = weight * np.array([[j for i in range(sp[1])]
                       for j in range(sp[0])])/ sp[0] / sp[1]
image = np.append(image, x.reshape(sp[0], sp[1], 1), axis=2)
image = np.append(image, y.reshape(sp[0], sp[1], 1), axis=2)
```

```python
X = image.reshape(-1, image.shape[2])
segmented_imgs = []

# 将k分别设置为6、5、4、3、2
n_colors = (6, 5, 4, 3, 2)
for n_cluster in n_colors:
    kmeans = KMeans(n_clusters=n_cluster, random_state=42).fit(X)
    segmented_img = kmeans.cluster_centers_[kmeans.labels_]
    segmented_imgs.append(decode_segmap(
        kmeans.labels_.reshape(image.shape[0],
                               image.shape[1])).astype(np.uint8))

# 展示结果
plt.figure(figsize=(12,8))
plt.subplot(231)
plt.imshow(image[:,:,:3])
plt.title('Original image')
plt.axis('off')

for idx,n_clusters in enumerate(n_colors):
    plt.subplot(232+idx)
    plt.imshow(segmented_imgs[idx])
    plt.title('{} centers'.format(n_clusters))
    plt.axis('off')
```

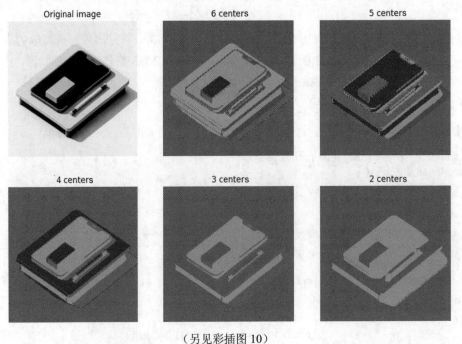

（另见彩插图10）

与没有加入坐标信息的图像分割的结果对比可以发现，加入坐标信息后，图像的分割变得更加平滑。除此之外，从实验结果可以明显地看出，随着 k 的增加，图像分割也越来越精细。实际上，k 值的选择非常重要，合适的 k 值可以帮助我们有效地进行图像分割。

9.2.2 基于图切割的图像分割算法

基于图切割的图像分割算法利用了图论领域的理论和方法。通常做法是将待分割的图像映射为带权无向图 $G=(\mathcal{V},\mathcal{E})$，其中，$\mathcal{V}=\{v_1,v_2,\cdots,v_n\}$ 是顶点的集合，$\mathcal{E}$ 为边的集合。图中的顶点 $v_i \in \mathcal{V}$ 对应图像中的像素，边 $e \in \mathcal{E}$ 连接着一对相邻的像素，边的权重 $w(v_i,v_j)$ 表示相邻像素在灰度、颜色或纹理方面的非负相似度，其中，v_i 和 v_j 之间的边 $<v_i,v_j> \in \mathcal{E}$。因此，图像的分割问题转化为图切割问题，每个子图对应原图像中被分割的区域，如图 9-4 所示。

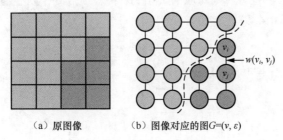

（a）原图像　　（b）图像对应的图 $G=(v,\varepsilon)$

图 9-4　图像分割与图切割

如何对图进行切割呢？与 k 均值算法的核心思想相同，我们希望切割后的子图内的顶点之间的相似度最大，而子图与子图之间的顶点对的相似度最小。我们以将一幅图像切割成两个子图为例（如图 9-5 所示），把 $G=(\mathcal{V},\mathcal{E})$ 的顶点分成两个子集 $\mathcal{A}$、$\mathcal{B}$，满足 $\mathcal{A} \cup \mathcal{B} = \mathcal{V}$，$\mathcal{A} \cap \mathcal{B} = \varnothing$。我们定义 $\mathrm{cut}(\mathcal{A},\mathcal{B}) = \sum_{u \in \mathcal{A}, v \in \mathcal{B}, <u,v> \in \varepsilon} w(u,v)$。最小割（minimum cut，min-cut）[3] 算法通过最小化 $\mathrm{cut}(\mathcal{A},\mathcal{B})$ 使两个子图之间的边的权重和最小。

然而，利用 min-cut 切割图时，实际的切割情况往往如图 9-6 所示，结果并不理想。

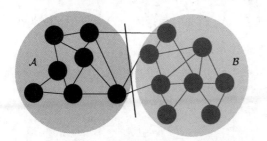

图 9-5　min-cut 切割图中节点

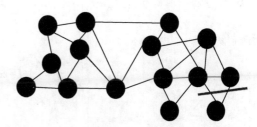

图 9-6　min-cut 可能存在的问题

这种情况很容易解释，因为 min-cut 是通过最小化 $\mathrm{cut}(\mathcal{A},\mathcal{B})$ 实现的图切割，当其中一个子图只存在一个顶点时，$\mathrm{cut}(\mathcal{A},\mathcal{B})$ 很有可能是最小的。为了解决这种极端的切割情况，归一化割（normalized cut，Ncut）[4] 算法应运而生。

归一化割算法通过最小化下式对顶点进行切割：

$$\mathrm{Ncut}(\mathcal{A},\mathcal{B}) = \frac{\mathrm{cut}(\mathcal{A},\mathcal{B})}{\mathrm{assoc}(\mathcal{A},\mathcal{V})} + \frac{\mathrm{cut}(\mathcal{A},\mathcal{B})}{\mathrm{assoc}(\mathcal{B},\mathcal{V})}$$

其中，$\mathrm{assoc}(\mathcal{A},\mathcal{V})$ 表示 $\mathcal{A}$ 中所有顶点与图中所有顶点相连的边的权重和，即

$$\text{assoc}(\mathcal{A}, \mathcal{V}) = \sum_{u \in \mathcal{A}, v \in \mathcal{V}, <u,v> \in \varepsilon} w(u,v)$$

不难发现，如果集合 $\mathcal{A}$ 只包含一个点，$\text{assoc}(\mathcal{A}, \mathcal{V})$ 与 $\text{cut}(\mathcal{A}, \mathcal{B})$ 是相等的，此时 $\text{Ncut}(\mathcal{A}, \mathcal{B})$ 较大；而当集合 $\mathcal{A}$ 包含多个点时，$\text{assoc}(\mathcal{A}, \mathcal{V})$ 的值就比 $\text{cut}(\mathcal{A}, \mathcal{B})$ 大，此时 $\text{Ncut}(\mathcal{A}, \mathcal{B})$ 就比较小。这也是为什么归一化割可以避免 min-cut 出现的问题。

为了更好地表示 $\text{Ncut}(\mathcal{A}, \mathcal{B})$，如图 9-7 所示，用一个二值向量 $\boldsymbol{x}[x_i \in \{-1,1\}]$ 表示顶点的分布情况。若顶点处于黑色位置，则对应的 x_i 值为 1；若顶点处于灰色位置，则对应的 x_i 值为 -1。如此，可以将 $\text{Ncut}(\mathcal{A}, \mathcal{B})$ 改写为

$$\text{Ncut}(\mathcal{A}, \mathcal{B}) = \frac{\sum_{(x_i>0, x_j<0)} -w_{ij} x_i x_j}{\sum_{x_i>0} d_i} + \frac{\sum_{(x_i<0, x_j>0)} -w_{ij} x_i x_j}{\sum_{x_i<0} d_i}$$

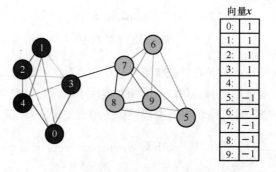

(a) 两类顶点　　(b) 每个顶点对应的值

图 9-7　用向量表示顶点的聚类

其中，i、j 分别表示顶点；$w_{ij}=w(i,j)$；$d_i = \sum_j w(i,j)$。令 $\boldsymbol{D}$ 为对角矩阵，$D_{ii} = d_i$；令 $\boldsymbol{W}$ 为权重矩阵，$W_{ij} = w_{ij}$。令

$$\boldsymbol{y} = \frac{1}{2}[(\boldsymbol{1}+\boldsymbol{x}) - b(\boldsymbol{1}-\boldsymbol{x})]$$

其中，$b = \dfrac{\sum_{x_i>0} d_i}{\sum_{x_i<0} d_i}$，有

$$\min_{\boldsymbol{x}} \text{Ncut}(\boldsymbol{x}) = \min_{\boldsymbol{y}} \frac{\boldsymbol{y}^\mathrm{T}(\boldsymbol{D}-\boldsymbol{W})\boldsymbol{y}}{\boldsymbol{y}^\mathrm{T}\boldsymbol{D}\boldsymbol{y}}$$

通过下式可以求得上述优化问题的最优解：

$$(\boldsymbol{D}-\boldsymbol{W})\boldsymbol{y} = \lambda \boldsymbol{D}\boldsymbol{y}$$

即

$$\boldsymbol{D}^{-\frac{1}{2}}(\boldsymbol{D}-\boldsymbol{W})\boldsymbol{D}^{-\frac{1}{2}} \boldsymbol{D}^{\frac{1}{2}}\boldsymbol{y} = \lambda \boldsymbol{D}^{\frac{1}{2}}\boldsymbol{y}$$

令 $z = D^{\frac{1}{2}} y$，则有

$$D^{-\frac{1}{2}}(D-W)D^{-\frac{1}{2}} z = \lambda z$$

很明显，这里 z 和 λ 分别是 $D^{-\frac{1}{2}}(D-W)D^{-\frac{1}{2}}$ 的特征向量和特征值。因此，只需求解该特征值即可。需要注意，以最小的特征值对应的特征向量作为切割依据会将图中所有顶点聚为一类，没有任何意义，因此我们要的切割点是第二小的特征值对应的特征向量。

归一化割算法的计算过程可以总结为以下几步。

（1）输入图像，以像素作为顶点构建图，并定义边的权重表达式。这里，我们定义权重函数为

$$W_{ij} = \exp\left(\frac{-\|I_i - I_j\|_2^2}{\sigma_I^2}\right) * \begin{cases} \exp\left(\dfrac{-\|x_i - x_j\|_2^2}{\sigma_x^2}\right), & \|x_i - x_j\|_2 < r \\ 0, & \text{其他} \end{cases}$$

其中，σ_I、σ_x 和 r 是 3 个超参数。

（2）计算权重矩阵 W 和对角矩阵 D。

（3）计算 $D^{-\frac{1}{2}}(D-W)D^{-\frac{1}{2}}$ 的特征值和特征向量，并确定第二小的特征值所对应的特征向量。

下面，我们将编程实现归一化割算法。我们先输入原图像。

```
import numpy as np
import cv2
from PIL import Image
import matplotlib.pyplot as plt

sample_img = cv2.imread('segmentation.jpeg', cv2.IMREAD_GRAYSCALE).astype(
                        np.float32) / 255
plt.imshow(sample_img, cmap='gray')
```

<matplotlib.image.AxesImage at 0x162442580>

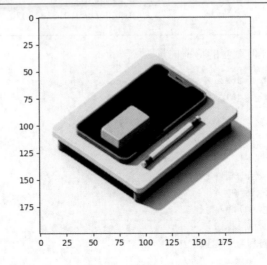

然后，编写权重矩阵。

```python
def cal_dist_weighted_matrix(size, r, sig_X):
    h, w = size
    X_matrix = np.zeros((h*w, h*w))
    for i in range(h*w):
        for j in range(h*w):
            i_row, i_col = i // w, i % w
            j_row, j_col = j // w, j % w
            dist = np.power(i_row - j_row, 2) + \
                np.power(i_col - j_col, 2)

            if np.sqrt(dist) < r:
                X_matrix[i, j] = np.exp(-dist / sig_X)
    return X_matrix


def set_weighted_matrix(img, sig_I=0.01, sig_X=5, r=10):
    vec_img = img.flatten()
    F_matrix = np.power(vec_img[None, :] - vec_img[:, None], 2)
    F_matrix /= sig_I
    F_matrix = np.exp(-F_matrix)

    X_matrix = cal_dist_weighted_matrix(img.shape, r, sig_X)
    return F_matrix * X_matrix


weighted_matrix = set_weighted_matrix(sample_img)

weighted_matrix
```

```
[[1.        0.8137098 0.44657341 ... 0.         0.         0.        ]
 [0.8137098 1.        0.81873075 ... 0.         0.         0.        ]
 [0.44657341 0.81873075 1.        ... 0.         0.         0.        ]
 ...
 [0.        0.        0.        ... 1.         0.81747264 0.44863849]
 [0.        0.        0.        ... 0.81747264 1.         0.81873075]
 [0.        0.        0.        ... 0.44863849 0.81873075 1.        ]]
```

接着，求解每个特征值对应的特征向量。

```python
from scipy import sparse
from scipy.sparse.linalg import eigs, svds
import skimage

def n_cuts(W, image):
    n = W.shape[0]
    s_D = sparse.csr_matrix((n, n))
    d_i = W.sum(axis=0)
    for i in range(n):
        s_D[i, i] = d_i[i]
    s_W = sparse.csr_matrix(W)
```

```
# print(s_W.shape)
s_D_nhalf = np.sqrt(s_D).power(-1)
# print(s_D.shape)

L = s_D_nhalf @ (s_D - s_W) @ s_D_nhalf
# print(L.shape)

_, eigenvalues, eigenvectors = svds(L, which='SM')
print(eigenvectors.shape)

for i in range(1, 5):
    print(eigenvectors[i].shape)
    Partition = eigenvectors[i] > \
        np.sum(eigenvectors[i])/len(eigenvectors[i])
    print(Partition.shape)
    skimage.io.imshow(Partition.reshape(image.shape))
    plt.title('Ncut')
    plt.show()
```

最后，展示相应的分割结果。

```
n_cuts(weighted_matrix, sample_img)
```

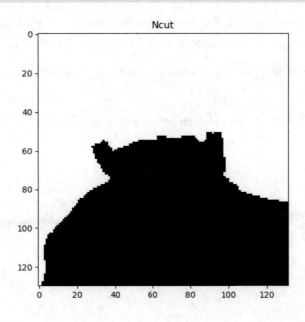

9.3 小结

  本章介绍了无监督图像分割方法。尽管无监督图像分割方法的结果看上去不那么理想，但是这些结果可以作为基于有监督学习的图像语义理解（如目标检测和实例分割）的基础或是辅助工作。到目前为止我们介绍的方法都是基于无监督学习的，并未涉及图像的语义。在接下来的章节中，我们会把目光聚焦在基于有监督学习的图像语义理解上。

> **习题**
>
> （1）设计并实现一种动态选择 k 值的方法，使得 k 均值算法能够自动确定最优的 k 值进行图像分割。讨论所设计方法的有效性。
>
> （2）在一幅图像上添加高斯噪声，然后使用 k 均值算法对图像进行分割。观察并讨论基于 k 均值的图像分割算法在处理噪声图像时的效果。
>
> （3）为了减少 Ncut 算法的计算负担，我们可以将输入图像切割为小的子图。基于这一思路实现加速的 Ncut 算法，并使用提供的 segmentation.jpeg 测试改进后算法的速度提升。
>
> （4）对于 Ncut 算法，如果结合图像的边缘信息，能设计出更有效的权重矩阵 W 吗？使用提供的 segmentation.jpeg 测试使用不同的权重矩阵对结果的影响。
>
> （5）在 9.2.2 节中，我们使用 Ncut 算法把一幅图像切割成两个子图。使用提供的 segmentation.jpeg，基于 Ncut 算法把图像切割成多个子图。

9.4 参考文献

[1] JAIN A K, DUBES R C. Algorithms for clustering data[M]. Prentice-Hall, Inc., 1988.

[2] MACQUEEN J. Some methods for classification and analysis of multivariate observations[C]// Berkeley Symposium on Mathematical Statistics and Probability, 1967, 1(14):281-297.

[3] STOER M, WAGNER F. A simple min-cut algorithm[J]. Journal of the ACM, 1997, 44(4): 585-591.

[4] SHI J, MALIK J. Normalized cuts and image segmentation[J]. IEEE Transactions on Pattern Analysis and Machine Intelligence, 2000, 22(8):888-905.

第三部分

视觉识别

第 10 章

图像分类

10.1 简介

扫码观看视频课程

在前面的章节中,我们介绍了一系列图像处理算法。这些图像处理算法能够帮助我们从图像中提取所需的信息,为后续的计算机视觉任务打下了基础。从本章开始,我们将进入计算机视觉领域中视觉识别的部分。视觉识别的目标是希望计算机对图像的识别结果与人类对图像的识别结果一致。因此视觉识别通常需要一个(机器)学习的过程。自 2012 年深度学习崛起,视觉识别领域的任务绝大部分是基于深度学习的方法来完成的。因此在视觉识别这一部分,我们将主要介绍基于深度学习的视觉识别算法。

图像分类(image classification)是视觉识别的最基本的问题之一,对这个问题的研究也是研究其他视觉识别问题的基础。图像分类,顾名思义,就是根据一定的分类规则,将图像划分到预定义的类别中。如图 10-1 所示,简单的图像分类就是分别给这些图像打上"猫""骆驼""老虎"等标签。用数学语言来描述图像分类问题,即定义图像空间 $\mathbb{I}$ 和预定义的类别集合 $\mathcal{C}$,给定数据集 $\mathcal{D} = \{(\boldsymbol{I}^{(n)}, y^{(n)})\}_{n=1}^{N}$,其中,$\boldsymbol{I}^{(n)} \in \mathbb{I}$ 是数据集中的第 n 幅图像,$y^{(n)} \in \mathcal{C}$ 是其对应的标签;图像分类的任务是从 $\mathcal{D}$ 中学习得到一个从图像空间到类别集合的映射 $f: \mathbb{I} \to \mathcal{C}$,从而给定任意一幅图像 $\boldsymbol{I}$,可以用学习得到的映射函数 f 预测其标签,即 $\hat{y} = f(\boldsymbol{I})$。通常,这个学习过程需要建模条件概率 $\mathrm{P}(y|\boldsymbol{I})$,则 $\hat{y} = f(\boldsymbol{I}) = \arg\max_{y \in \mathcal{C}} \mathrm{P}(y|\boldsymbol{I})$。

猫　　　　　　　骆驼　　　　　　　老虎

图 10-1　图像分类示例

传统的图像分类流程如图 10-2 所示。先从用于训练的图像中提取图像表征(image representation),并结合对应的标签信息训练一个图像分类的模型(分类器)。对于每一幅测试图像,采用同样的表征提取过程得到其表征,并利用训练得到的分类器预测其所属类别。

图像表征的提取是图像分类中关键的一步。机器学习中不同分类器的性能差别不大，因此图像表征的好坏直接决定了图像分类性能的高低。传统图像表征提取算法主要基于手工设计的图像特征向量，如第 7 章介绍的 SIFT 特征就是一种最典型的手工设计的图像特征向量。传统图像表征中的集大成者是视觉词袋模型（bag of features，BoF）[1-4]，由 Andrew Zisserman 等人受文本检索领域的词袋模型（bag of words model）启发而提出。该表征模型先从图像中检测并提取出多个特征点，之后利用聚类算法对这些特征点的特征向量进行聚类得到"词典"，在此基础上通过构建好的词典对每幅图像中的特征向量进行编码，从而构建每幅图像的表征，即视觉词袋模型表征。传统的图像分类过程可以基于视觉词袋模型表征训练图像分类器。可以看到，传统的图像表征提取与图像分类器的训练是分开进行的（如图 10-2 所示），手工设计的图像表征往往会过早地丢失有用的信息，而分类的结果又无法反馈给图像表征的提取阶段，因此分类性能会受一定的限制。

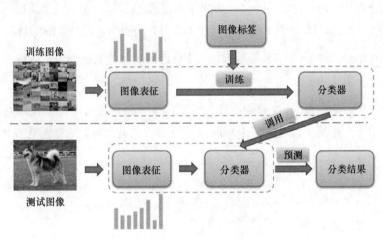

图 10-2　图像分类流程

（图中训练图像素材源自 MS COCO 数据集，测试图像素材源自 ImageNet 数据集）

随着深度学习的崛起，通过深度卷积神经网络（deep convolutional neural network，DCNN）联合图像表征学习和分类器学习逐渐成为主流，因为通过联合学习可以使分类的结果与图像表征的提取相互影响，从而大幅提升图像分类的性能。第一个深度卷积神经网络由 Yann LeCun 于 1989 年提出[5]，用于手写字符的识别。随后在 1998 年，他改进了这个网络。改进后的网络被称为 LeNet-5[6]，已具有所有现代卷积神经网络的元素。2012 年，Geoffrey Hinton 带领他的学生构建了 AlexNet[7]模型。AlexNet 是一个 8 层的卷积神经网络，在 ImageNet 图像分类比赛中取得冠军，从此开启了图像分类的深度学习时代。2015 年，微软亚洲研究院的研究员何恺明等人提出了 ResNet[8]。ResNet 是一种可以堆叠上千层的卷积神经网络，它刷新了 ImageNet 图像分类比赛的最好成绩，从此深度学习开始统治整个视觉识别领域。

在本章中，我们将分别介绍基于传统的视觉词袋模型的图像分类算法和基于深度卷积网络 ResNet 的图像分类算法。在介绍算法之前，我们需要先了解一些图像分类常用的数据集及度量（metric）。

10.2 数据集和度量

在图像分类任务中,我们通常会选择以下几种数据集进行模型的训练与测试。

(1) MNIST[9]:MNIST 是一个手写数字的数据集,每个样本都是一幅黑白图像,对应的标签为数字 0~9 中的一个。它包含了 60000 幅训练图像和 10000 幅测试图像。

(2) Caltech-101[10]:Caltech-101 由李飞飞等于 2003 年发布。该数据集包含 102 个类别(101 个目标类别和 1 个背景类别),9144 幅图像用于训练和测试。

(3) CIFAR-10[11]:CIFAR-10 是由 Geoffrey Hinton 和他的学生 Alex Krizhevsky、Ilya Sutskever 整理的一个用于识别常见类别的小型数据集,它包含 10 个类别,50000 幅训练图像和 10000 幅测试图像。

(4) ImageNet[12]:ImageNet 是一个大规模图像识别数据集,由李飞飞团队从 2007 年开始通过各种方式收集而成。ImageNet 数据集包含了 2 万多个类别,超过 1400 万幅图像。

本章使用 Caltech-101 作为实验的数据集,随机选择 60%的数据作为训练样本,在剩下的数据中,随机选择 50%作为验证样本、另外 50%作为测试样本。

在图像分类中,通常以 top-k 错误率作为模型的度量指标之一。对于 n 幅测试图像样本,若模型预测的前 k 个类别中包含真实类别的测试图像的数量为 m,则该模型的 top-k 错误率定义为

$$\text{top-}k\ 错误率 = \left(1 - \frac{m}{n}\right) \times 100\%$$

我们在本章使用 top-1 错误率作为度量指标。

10.3 基于视觉词袋模型的图像分类算法

视觉词袋模型是一种提取图像表征的方法,它可大致分为以下 4 步:

(1) 从训练图像集中提取特征,形成特征库;
(2) 对特征库中的特征向量进行聚类,构建"视觉词典";
(3) 用所学到的视觉词典对每幅图像的特征进行编码;
(4) 基于特征编码对图像进行表征。

具体地,首先,从给定的训练图像中提取特征,通常,可以提取图像的 SIFT 特征。根据在第 7 章中所学的内容,每个 SIFT 特征描述符是一个 128 维的向量。将从训练图像集提取的所有 SIFT 特征收集到一起,形成一个图像特征库。然后,通过聚类(如 k 均值聚类)将这些图像特征聚成 k 个聚类中心,这些聚类中心被称为"视觉单词",所有视觉单词构成的集合即为视觉词典。在图 10-3 所示的视觉词典中,每一小块表示一个视觉单词。

图 10-3 对特征向量聚类，构建视觉词典（插图素材源自参考文献[15]）

接着，利用视觉词典对图像特征进行编码。图像的每个特征都可以在词典中找到一个与其最相似的视觉单词来表示，我们称这个过程为"将特征分配（assign）给与之最相似的视觉单词"。一个视觉单词被分配的次数越多，表明这个视觉单词表示的语义在图像中出现得越多。如图 10-4 所示，可以用直方图来统计一幅图像中的视觉单词出现的频率。最后，使用这一信息形成图像的表征。

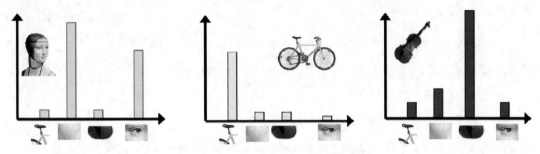

图 10-4 基于特征编码构建图像表征

基于图像的表征，再训练一个常见的多分类器（如 SVM），便可以实现图像分类。下面，我们将编程实现基于视觉词袋模型的图像分类算法。我们先导入必要的库，并导入 Caltech-101 数据集。

```python
from PIL import Image
import cv2
import numpy as np
import os
from sklearn.model_selection import train_test_split
from sklearn.kernel_approximation import AdditiveChi2Sampler
import random
import math
from imutils import paths
```

```python
# 图像数据
data = []
# 图像对应的标签
labels = []
# 存储标签信息的临时变量
labels_tep = []
# 数据集的地址
# 自行下载数据集，并将数据集放在代码的同级目录下
image_paths = list(paths.list_images('./caltech-101'))

for image_path in image_paths:
    # 获取图像类别
```

```python
        label = image_path.split(os.path.sep)[-2]
        # 读取每个类别的图像
        image = cv2.imread(image_path)
        # 将图像通道从 BGR 转换为 RGB
        image = cv2.cvtColor(image, cv2.COLOR_BGR2RGB)
        # 统一输入图像的尺寸
        image = cv2.resize(image, (200,200), interpolation=cv2.INTER_AREA)
        data.append(image)
        labels_tep.append(label)

name2label = {}
tep = {}
for idx, name in enumerate(labels_tep):
    tep[name] = idx
for idx, name in enumerate(tep):
    name2label[name] = idx
for idx, image_path in enumerate(image_paths):
    labels.append(name2label[image_path.split(os.path.sep)[-2]])

data = np.array(data)
labels = np.array(labels)
```

然后，将数据集划分成训练集、验证集和测试集。

```python
(x_train, X, y_train, Y) = train_test_split(data, labels,
        test_size=0.4, stratify=labels, random_state=42)
(x_val, x_test, y_val, y_test) = train_test_split(X, Y,
        test_size=0.5, random_state=42)
print(f"x_train examples: {x_train.shape}\n\
      x_test examples: {x_test.shape}\n\
      x_val examples: {x_val.shape}")
```

```
x_train examples: (5486, 200, 200, 3)
x_test examples: (1829, 200, 200, 3)
x_val examples: (1829, 200, 200, 3)
```

接着，构建视觉词典。为了得到视觉词典，先要提取输入图像的表征，这里使用 SIFT 算法对图像进行处理。

```python
# 构建一个词典，存储每个类别的 SIFT 信息
vec_dict = {i:{'kp':[], 'des':{}} for i in range(102)}

sift = cv2.SIFT_create()
for i in range(x_train.shape[0]):
    # 对图像归一化
    tep = cv2.normalize(x_train[i], None, 0, 255,
                        cv2.NORM_MINMAX).astype('uint8')
    # 计算图像的 SIFT 特征
    kp_vector, des_vector = sift.detectAndCompute(tep, None)
    # 将特征点和描述符信息存储到词典中
    vec_dict[y_train[i]]['kp'] += list(kp_vector)
    for k in range(len(kp_vector)):
```

```
                    # des 使用 kp_vector 将其一一对应
                    vec_dict[y_train[i]]['des'][kp_vector[k]] = des_vector[k]
```

为了保持类别之间的平衡，为每个类别选取相同个数的特征用于之后的聚类。先统计每个类别的 SIFT 图像特征个数，找到拥有最少特征个数的类别，然后以该类别的特征个数为标准个数，从每个类别的特征中筛选出标准个数的特征进行后续的聚类任务。

```
# 设置特征点的标准个数
bneck_value = float("inf")

# 以最少特征点的个数作为 bneck_value 的数值
for i in range(102):
    if len(vec_dict[i]['kp']) < bneck_value:
        bneck_value = len(vec_dict[i]['kp'])

# 按照每个类别的 SIFT 特征点的响应值的降序排序
for i in range(102):
    kp_list = vec_dict[i]['kp'] = sorted((vec_dict[i]['kp']),
                                          key=lambda x: x.response,
                                          reverse=True)


# 为每个类别选择同样多的特征点用于聚类，特征点的标准个数为 bneck_value
vec_list=[]
for i in range(bneck_value):
    vec_list.append(vec_dict[0]['des'][vec_dict[0]['kp'][i]])

for i in range(1, 102):
    for j in range(bneck_value):
        vec_list.append(vec_dict[i]['des'][vec_dict[i]['kp'][j]])

vec_list = np.float64(vec_list)
```

使用 k 均值聚类算法将这些特征聚类，得到的聚类中心组成视觉词典。这里，将聚类中心个数设置为 200。

```
from sklearn.cluster import KMeans
N_clusters = 200
kmeans = KMeans(n_clusters=N_clusters, random_state=0).fit(vec_list)
```

利用视觉词典对图像中的特征进行编码，并利用直方图统计编码的结果，最后将直方图归一化，得到图像的表征。注意，这种基于整幅图像特征编码的直方图统计表征会丢失图像特征的位置信息，即任意地改变特征的位置，其词袋模型表征是不变的。为了克服这个问题，我们引入空间金字塔匹配（spatial pyramid matching，SPM）[1]算法提升词袋模型的表征能力。SPM 先对图像进行不同层次的划分（如图 10-5 所示），在每个层次中，图像被划分成若干块（块数分别为 1×1、2×2、4×4），然后对每一层中划分的图像块都通过上述词袋模型构建直方图表征，最后将所有层次的图像块的直方图连接起来组成一个向量，即为整幅图像的表征。

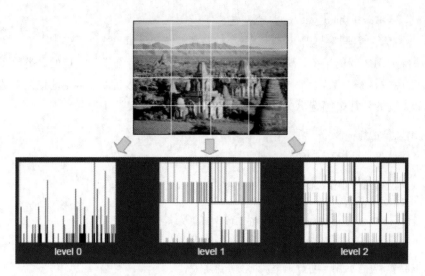

图 10-5 空间金字塔匹配对图像进行划分（插图素材源自 Svetlana Lazebnik 个人主页）

```python
def extract_SIFT(img):
    sift = cv2.SIFT_create()
    descriptors = []
    for disft_step_size in DSIFT_STEP_SIZE:
        keypoints = [cv2.KeyPoint(x, y, disft_step_size)
                for y in range(0, img.shape[0], disft_step_size)
                    for x in range(0, img.shape[1], disft_step_size)]

        descriptors.append(sift.compute(img, keypoints)[1])

    return np.concatenate(descriptors, axis=0).astype('float64')


# 获取图像的 SPM 特征
def getImageFeaturesSPM(L, img, kmeans, k):
    W = img.shape[1]
    H = img.shape[0]
    h = []
    for l in range(L+1):
        w_step = math.floor(W/(2**l))
        h_step = math.floor(H/(2**l))
        x, y = 0, 0
        for _ in range(2**l):
            x = 0
            for _ in range(2**l):
                desc = extract_SIFT(img[y:y+h_step, x:x+w_step])
                predict = kmeans.predict(desc)
                histo = np.bincount(predict,
                        minlength=k).reshape(1,-1).ravel()
                weight = 2**(l-L)
                h.append(weight*histo)
                x = x + w_step
```

```
            y = y + h_step

    hist = np.array(h).ravel()
    hist /= np.sum(hist)
    return hist
```

使用 SPM 分别提取训练集和测试集图像的特征。

```
# SPM 的一些超参数
pyramid_level = 2
DSIFT_STEP_SIZE = [4, 8]

hist_vector = []
for i in range(x_train.shape[0]):
    tep = cv2.normalize(x_train[i], None, 0,
                        255, cv2.NORM_MINMAX).astype('uint8')
    # 提取图像的 SPM 特征
    hist_SPM = getImageFeaturesSPM(pyramid_level, tep,
                                   kmeans, N_clusters)
    # 将提取的特征加入直方图中
    hist_vector.append(hist_SPM)
hist_vector = np.array(hist_vector)
hist_test_vector = []
for i in range(x_test.shape[0]):
    tep = cv2.normalize(x_test[i], None, 0,
                        255, cv2.NORM_MINMAX).astype('uint8')
    hist_SPM = getImageFeaturesSPM(pyramid_level, tep,
                                   kmeans, N_clusters)
    hist_test_vector.append(hist_SPM)
hist_test_vector = np.array(hist_test_vector)
```

训练一个 SVM 分类器，进行图像分类。

```
from sklearn import svm

# transform 使用一种特征映射的方法
transformer = AdditiveChi2Sampler()
transformer = transformer.fit(np.concatenate(
    [hist_vector, hist_test_vector], axis=0))

# 构建 SVM 分类器
classifier = svm.LinearSVC()
# 将训练的直方图进行特征映射
hist_vector = transformer.transform(hist_vector)

# 对数据进行拟合
classifier.fit(hist_vector, y_train)
```

```
LinearSVC()
```

最后，在测试集上对分类器进行评估，并计算 top-1 错误率。

```
# 将测试的直方图进行特征映射
hist_test_vector = transformer.transform(hist_test_vector)

# 计算 top-1 错误率
top1_error = classifier.predict(hist_test_vector)-y_test
tep = len(top1_error[top1_error != 0])
print('Top-1 Error', tep/len(y_test))
```

```
Top-1 Error 0.3001640240568617
```

可以发现，利用词袋模型在 Caltech-101 数据集上进行图像分类，top-1 错误率约为 30%。当然，也可以通过其他的方式在现有基础上降低模型的 top-1 错误率，可以使用 Dense SIFT[13][14] 替换 SIFT 从图像中提取特征。Dense SIFT 算法是对 SIFT 算法的改进版本，它先对输入图像分块处理，再对每一块进行 SIFT 运算并提取特征。

10.4 基于深度卷积网络的图像分类算法

2012 年，随着 AlexNet 的横空出世，基于深度卷积神经网络的方法逐渐成为计算机视觉领域的主流方法。对于图像分类任务，利用深度卷积神经网络可以实现从图像到分类标签的端到端预测，不再需要分阶段的表征提取与分类器训练。

ResNet 网络是 2015 年由微软亚洲研究院研究员何恺明等人提出的，斩获了当年 ImageNet 大规模视觉识别竞赛的图像分类任务和目标检测任务两个第一名。在 ResNet 提出之前，所有的神经网络都是由卷积层和池化层的叠加组成的（关于神经网络的相关知识，可参阅《动手学深度学习》）。人们认为卷积层和池化层的层数越多，获取的图像表征信息越强，学习效果就越好。但在实际的实验中研究人员发现，随着卷积层和池化层的叠加，不但没有出现学习效果越来越好的情况，反而出现了梯度消失和梯度爆炸，以及退化问题。在神经网络的反向传播中，每向前传播一层，都要乘以每一层的误差梯度，若误差梯度是一个小于 1 的数，当网络层数越来越多时，梯度会越来越小，出现梯度消失；若误差梯度是一个大于 1 的数，当网络层数越来越多时，梯度会越来越大，出现梯度爆炸。通过数据的预处理及在网络中使用批量标准化（batch normalization，BN）层可以解决梯度消失或梯度爆炸问题。退化问题是指层数更多的网络在训练集和测试集上的表现不如层数少的网络。针对退化问题，ResNet 引入了残差块（如图 10-6 所示），增加了恒等映射作为短路连接（shortcut connection），跨越几个层，将输入添加到输出。

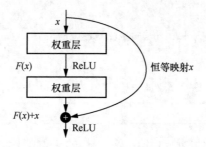

图 10-6　ResNet 残差块（插图源自参考文献[8]）

ResNet 的架构如图 10-7 所示。

层级名称	输出大小	18层	34层	50层	101层	152层
conv 1	112×112	7×7, 64, 步长2				
conv2_x	56×56	3×3最大池化层, 步长2				
		$\begin{bmatrix}3\times3, 64\\3\times3, 64\end{bmatrix}\times2$	$\begin{bmatrix}3\times3, 64\\3\times3, 64\end{bmatrix}\times3$	$\begin{bmatrix}1\times1, 64\\3\times3, 64\\1\times1, 256\end{bmatrix}\times3$	$\begin{bmatrix}1\times1, 64\\3\times3, 64\\1\times1, 256\end{bmatrix}\times3$	$\begin{bmatrix}1\times1, 64\\3\times3, 64\\1\times1, 256\end{bmatrix}\times3$
conv3_x	28×28	$\begin{bmatrix}3\times3, 128\\3\times3, 128\end{bmatrix}\times2$	$\begin{bmatrix}3\times3, 128\\3\times3, 128\end{bmatrix}\times4$	$\begin{bmatrix}1\times1, 128\\3\times3, 128\\1\times1, 512\end{bmatrix}\times4$	$\begin{bmatrix}1\times1, 128\\3\times3, 128\\1\times1, 512\end{bmatrix}\times4$	$\begin{bmatrix}1\times1, 128\\3\times3, 128\\1\times1, 512\end{bmatrix}\times8$
conv4_x	14×14	$\begin{bmatrix}3\times3, 256\\3\times3, 256\end{bmatrix}\times2$	$\begin{bmatrix}3\times3, 256\\3\times3, 256\end{bmatrix}\times6$	$\begin{bmatrix}1\times1, 256\\3\times3, 256\\1\times1, 1024\end{bmatrix}\times6$	$\begin{bmatrix}1\times1, 256\\3\times3, 256\\1\times1, 1024\end{bmatrix}\times23$	$\begin{bmatrix}1\times1, 256\\3\times3, 256\\1\times1, 1024\end{bmatrix}\times36$
conv5_x	7×7	$\begin{bmatrix}3\times3, 512\\3\times3, 512\end{bmatrix}\times2$	$\begin{bmatrix}3\times3, 512\\3\times3, 512\end{bmatrix}\times3$	$\begin{bmatrix}1\times1, 512\\3\times3, 512\\1\times1, 2048\end{bmatrix}\times3$	$\begin{bmatrix}1\times1, 512\\3\times3, 512\\1\times1, 2048\end{bmatrix}\times3$	$\begin{bmatrix}1\times1, 512\\3\times3, 512\\1\times1, 2048\end{bmatrix}\times3$
	1×1	平均池化层，1000个神经元且使用softmax激活函数的全连接层				
FLOPS		1.8×10^9	3.6×10^9	3.8×10^9	7.6×10^9	11.3×10^9

图 10-7　ResNet 架构（插图源自参考文献[8]）

我们以使用 ResNet18 进行图像分类为例进一步说明 ResNet 的架构。将一幅分辨率为 224 像素×224 像素的 RGB 图像输入 ResNet，ResNet 通过 conv1 层网络对其进行卷积，得到一个空间分辨率为 112 像素×112 像素、通道数为 64 的特征图。回顾在第 2 章中介绍的二维卷积，可以知道，由于 conv1 层中卷积的步长设置为 2，因此得到的特征图的空间分辨率只有输入图像的 1/4。通道数为 64 的特征图是怎么来的？我们在第 2 章中介绍了用一个 $k\times k$ 卷积核对输入图像做卷积，会得到一个通道数为 1 的特征图。那么，通道数为 64 的特征图就是用 64 个 $k\times k$ 卷积核对输入图像做卷积，然后将得到的 64 个通道数为 1 的特征图沿特征维度拼接得到的。注意，特征图也可以看成一幅图像，所以，我们可以通过卷积来改变特征图的通道数，即特征维度。一般来说，对一个通道数为 t、空间分辨率为 $H\times W$ 的特征图，使用 s 个卷积核同时对该特征图进行卷积，便可输出一个通道数为 s 的特征图。由此可见，通过卷积可以完成对特征图特征维度的升维和降维，这个性质非常有用。在 conv1 层之后，ResNet 依次通过 4 个模块，每个模块都将特征图的空间分辨率缩小 1/4，最终 conv5_x 的输出是一个 512 通道的 7 像素×7 像素的特征图。在此之后，将特征图依次输入全局平均池化层和一个具有 1000 个神经元且使用 softmax 激活函数的全连接层。全连接层将一个任意通道数的特征图映射到一个维度为类别数目的向量，该向量表示模型预测的类别的概率分布。最终，可以根据这一概率分布，预测图像的类别。

为了更深入地了解 ResNet，我们动手编写 ResNet34 网络。

```
import torch as t
from torch import nn
from torch.nn import functional as F

# 残差块
```

```python
class ResidualBlock(nn.Module):
    # 深度学习中的图像和利用模型提取的特征图往往有很多通道（channel）
    # 如 RGB 图像的通道为 3，即 R 通道、B 通道与 G 通道
    def __init__(self, inchannel, outchannel, stride=1, shortcut=None):
        super(ResidualBlock, self).__init__()
        # 观察图 10-6，不难发现残差块可大致分为左右两部分
        # 左边是一系列的网络层级，右边是一个短路连接
        # 定义左边
        self.left = nn.Sequential(
            # 对应图 10-6 中第一个权重层
            nn.Conv2d(inchannel, outchannel, 3, stride, 1, bias=False),
            nn.BatchNorm2d(outchannel),

            # 对应图 10-6 中的 ReLU
            nn.ReLU(inplace=True),

            # 对应图 10-6 中第二个权重层
            nn.Conv2d(outchannel, outchannel, 3, 1, 1, bias=False),
            nn.BatchNorm2d(outchannel))

        # 定义右边
        self.right = shortcut

    # forward()函数在网络结构中起到举足轻重的作用，它决定着网络如何对数据进行传播
    def forward(self, x):
        out = self.left(x)
        # 构建残差块
        residual = x if self.right is None else self.right(x)
        out += residual

        return F.relu(out)


# 在这一模块中，将实现 ResNet34，其对应的架构可查看图 10-7
class ResNet(nn.Module):
    def __init__(self, num_classes=102):
        super(ResNet, self).__init__()
        # 前几层图像转换
        self.pre = nn.Sequential(
            nn.Conv2d(3, 64, 7, 2, 3, bias=False),
            nn.BatchNorm2d(64),
            nn.ReLU(inplace=True),
            nn.MaxPool2d(3, 2, 1),
        )

        # 重复的网络层分别有 3、4、6、3 个残差块
        self.layer1 = self._make_layer(64, 128, 3)
        self.layer2 = self._make_layer(128, 256, 4, stride=2)
        self.layer3 = self._make_layer(256, 512, 6, stride=2)
        self.layer4 = self._make_layer(512, 512, 3, stride=2)
```

```python
        # 分类用的全连接层，将一个多通道的特征图映射到一个维度为类别数目的向量
        self.fc = nn.Linear(512, num_classes)

    def _make_layer(self, inchannel, outchannel, block_num, stride=1):
        # 定义短路连接
        shortcut = nn.Sequential(
            nn.Conv2d(inchannel, outchannel, 1, stride, bias=False),
            nn.BatchNorm2d(outchannel))

        layers = []

        # 给当前网络层添加残差块
        layers.append(ResidualBlock(inchannel, outchannel,
                                    stride, shortcut))

        for i in range(1, block_num):
            layers.append(ResidualBlock(outchannel, outchannel))

        return nn.Sequential(*layers)

    def forward(self, x):
        x = self.pre(x)

        x = self.layer1(x)
        x = self.layer2(x)
        x = self.layer3(x)
        x = self.layer4(x)

        x = F.avg_pool2d(x, 7)
        x = x.view(x.size(0), -1)

        return self.fc(x)
```

使用 nn.Covn2d() 函数实现卷积操作，该函数定义如下。

```
nn.Conv2d(
        in_channels,          # 输入的通道数
        out_channels,         # 输出的通道数
        kernel_size,          # 卷积核的大小
        stride=1,             # 卷积核移动的步长
        padding=0             # 卷积核补零的层数
        )
```

下面，我们将编写基于 ResNet34 的图像分类任务。先导入必要的库。

```python
import torch.optim as optim
import torch
import torch.optim
import torch.utils.data as Data
import torchvision.transforms as transforms
```

```python
import torchvision.datasets as datasets
import torchvision.models
from torch.utils.data import DataLoader, Dataset
import matplotlib.pyplot as plt
```

一般而言，在进行深度学习时，为了让深度网络学习的信息更加鲁棒，都会对图像进行"数据增强"。简单来说，数据增强是指在数据量比较固定的情况下，通过对原有的数据进行灰度、裁切、旋转、镜像、明度、色调、饱和度等一系列变换，增加数据量，以提高神经网络的性能。我们在实验中也对图像数据进行了增强。

```python
# 定义训练图像增强（变换）的方法
train_transform = transforms.Compose(
    [transforms.ToPILImage(),
    # transforms.Resize((224, 224)),
    transforms.ToTensor(),
    transforms.Normalize(mean=[0.485, 0.456, 0.406],
                         std=[0.229, 0.224, 0.225])])
```

把 Caltech-101 数据集封装成类，并生成训练集类、验证集类以及测试集类。

```python
# 数据集
class ImageDataset(Dataset):
    def __init__(self, images, labels=None, transforms=None):
        self.X = images
        self.y = labels
        self.transforms = transforms

    def __len__(self):
        return (len(self.X))

    # 用于深度学习训练构建的数据类中，__getitem__()函数非常重要
    # __getitem__()决定着数据如何传入模型
    # 在下面的代码中，可以发现，当 transforms 非空时，
    # 数据将先经过 transforms 进行数据增强，再返回进行后续操作
    def __getitem__(self, i):
        data = self.X[i][:]

        if self.transforms:
            data = self.transforms(data)

        if self.y is not None:
            return (data, self.y[i])
        else:
            return data

# 生成不同的类用于训练、验证及测试
train_data = ImageDataset(x_train, y_train, train_transform)
val_data = ImageDataset(x_val, y_val, val_transform)
test_data = ImageDataset(x_test, y_test, val_transform)
```

将生成的类传入数据加载器。在训练深度网络时，通常使用数据加载器将数据传入网络。

数据加载器非常像一个迭代器，每次返回 batch_size 幅图像与对应的标签。为什么不一次返回所有的图像呢？batch_size 又是什么呢？

batch_size 表示单次传递给程序用以训练的数据个数。一般情况下，由于 GPU 资源以及内存的限制，无法将数据集中所有的图像数据输入模型进行训练，因此需要设置一个参数 batch_size，每次传入一部分数据进行训练，这样可以减少内存的消耗，还可以提高训练的速度，因为每次完成训练后模型都会变得更加精确。例如训练集中有 5486 幅图像，batch_size=100，那么模型会先调用训练集中的前 100 幅图像，即第 1~100 个数据来训练模型。当训练完成之后，再使用第 101~200 个数据训练，直至训练集中的数据全部输入模型为止。

在实验中，我们设置 batch_size 为 2048。如果你的计算资源不充分，可以将其调小一些。

```
BATCH_SIZE = 2048

trainloader = DataLoader(train_data, batch_size=BATCH_SIZE, shuffle=True)
valloader = DataLoader(val_data, batch_size=BATCH_SIZE, shuffle=True)
testloader = DataLoader(test_data, batch_size=BATCH_SIZE, shuffle=False)
```

加载 ResNet34 模型，这里将直接调用已经封装好的库。

```
# 根据当前设备选择使用 CPU 或者 GPU 训练
device = torch.device('cuda' if torch.cuda.is_available() else 'cpu')


# 加载 ImageNet 预训练的模型
model = torchvision.models.resnet34(pretrained='imagenet')
num_ftrs = model.fc.in_features
model.fc = nn.Linear(num_ftrs, 102)
model.to(device)

# 多个 GPU 并行训练
model = nn.DataParallel(model)
```

注意，在上述代码中出现了参数 pretrained，这是神经网络中的一个重要操作——预训练。大多数情况下，能够用于训练模型的算力和数据都很有限，因此我们希望能够尽量重复利用已经训练好的神经网络以节约训练和数据资源。如果在执行预测任务时，能够找到一个曾经执行过相似任务并被训练得很好的大型架构，那就可以使用这个大型架构中位置较浅的那些层来构筑自己的网络。借用已经训练好的模型来构筑新架构的技术就叫作预训练（pretrain）。具体而言，可以直接借用训练好的模型上的权重来初始化我们的模型。这里使用 ImageNet 数据集预训练的网络参数初始化 ResNet34。

定义训练时需要用到的优化器和损失函数。

```
# 定义优化器
optimizer = optim.Adam(model.parameters(), lr=1e-4)
# 定义损失函数
criterion = nn.CrossEntropyLoss()
```

关于优化器的相关知识可参阅《动手学深度学习》。使用常见的交叉熵损失来计算模型预测的标签与真实标签的误差，其定义如下：

$$\ell = -\frac{1}{N}\sum_{n=1}^{N}\log p(y^{(n)}\mid \boldsymbol{I}^{(n)})$$

接下来，编写训练模型、验证模型和测试模型 top-1 错误率的函数。

```python
# 定义训练函数
def fit(model, dataloader):
    
    model.train()
    
    # 初始化模型损失以及模型 top-1 错误率
    running_loss = 0.0
    running_top1_error = 0
    
    # 开始迭代
    for i, data in enumerate(dataloader):
        
        # 准备好训练的图像和标签，每次传入的数据量为 batch_size
        x, y = data[0].to(device), data[1].to(device)
        # 需要在开始进行反向传播之前将梯度设置为零
        # 因为 PyTorch 会在随后的反向传播中累积梯度
        optimizer.zero_grad()
        
        # 将数据传入模型，获得输出的预测标签
        outputs = model(x)
        
        # 将预测标签与真实标签比较，计算损失
        loss = criterion(outputs, y)
        
        # 记录当前损失
        running_loss += loss.item()
        
        # 记录当前 top-1 错误率
        _, preds = torch.max(outputs.data, 1)
        running_top1_error += torch.sum(preds != y)
        
        # 反向传播
        loss.backward()
        optimizer.step()
    
    
    loss = running_loss / len(dataloader.dataset)
    top1_error = running_top1_error / len(dataloader.dataset)
    
    print(f"Train Loss: {loss:.4f}, Train Top-1 Error: {top1_error:.4f}")
    
    return loss, top1_error

# 定义验证函数，可以通过验证集对模型的参数进行调整
def validate(model, dataloader):
```

```python
    model.eval()

    # 初始化模型损失以及模型 top-1 错误率
    running_loss = 0.0
    running_top1_error = 0
    with torch.no_grad():
        for i, data in enumerate(dataloader):
            # 流程同训练
            x, y = data[0].to(device), data[1].to(device)
            outputs = model(x)
            loss = criterion(outputs, y)

            running_loss += loss.item()
            _, preds = torch.max(outputs.data, 1)
            correct += torch.sum(preds == y)

        loss = running_loss / len(dataloader.dataset)
        top1_error = running_top1_error / len(dataloader.dataset)
        print(f'Val Loss: {loss:.4f}, Val Top-1 Error: {top1_error:.4f}')

        return loss, top1_error

# 定义测试函数，评估模型的效果
def test(model, dataloader):
    top1_error = 0
    total = 0
    with torch.no_grad():
        for data in dataloader:
            x, y = data[0].to(device), data[1].to(device)
            outputs = model(x)
            _, predicted = torch.max(outputs.data, 1)
            total += y.size(0)
            top1_error += torch.sum(predicted == y)
    return top1_error, total
```

开始训练模型。

```python
# 开始对模型进行训练

# 设定迭代的轮次
epochs = 25
# 设定训练以及验证的损失与 top-1 错误率
train_loss , train_top1_error = [], []
val_loss , val_top1_error = [], []

print(f"Training on {len(train_data)} examples, \
      validating on {len(val_data)} examples...")

# 开始迭代
for epoch in range(epochs):
    # 输出迭代信息
```

```python
        print(f"\nEpoch {epoch+1} of {epochs}")
        train_epoch_loss, train_epoch_top1_error = fit(model, trainloader)
        val_epoch_loss, val_epoch_top1_error = validate(model, valloader)
        train_loss.append(train_epoch_loss)
        train_top1_error.append(train_epoch_top1_error.cpu())
        val_loss.append(val_epoch_loss)
        val_top1_error.append(val_epoch_top1_error.cpu())

# 可以保存训练的模型
# torch.save(model.state_dict(), model.pth")
```

```
Training on 5486 examples, validating on 1829 examples...

Epoch 1 of 25
Train Loss: 0.0024, Train Top-1 Error: 0.9160  Val Loss: 0.0019, Val Top-1 Error: 0.6900
Epoch 2 of 25
Train Loss: 0.0017, Train Top-1 Error: 0.6172  Val Loss: 0.0015, Val Top-1 Error: 0.5648
Epoch 3 of 25
Train Loss: 0.0014, Train Top-1 Error: 0.4686  Val Loss: 0.0013, Val Top-1 Error: 0.4855
Epoch 4 of 25
Train Loss: 0.0012, Train Top-1 Error: 0.2531  Val Loss: 0.0011, Val Top-1 Error: 0.4106
Epoch 5 of 25
Train Loss: 0.0009, Train Top-1 Error: 0.2789  Val Loss: 0.0010, Val Top-1 Error: 0.3302
Epoch 6 of 25
Train Loss: 0.0008, Train Top-1 Error: 0.2087  Val Loss: 0.0008, Val Top-1 Error: 0.2477
Epoch 7 of 25
Train Loss: 0.0006, Train Top-1 Error: 0.1518  Val Loss: 0.0007, Val Top-1 Error: 0.2078
Epoch 8 of 25
Train Loss: 0.0005, Train Top-1 Error: 0.1059  Val Loss: 0.0006, Val Top-1 Error: 0.1613
Epoch 9 of 25
Train Loss: 0.0004, Train Top-1 Error: 0.0694  Val Loss: 0.0005, Val Top-1 Error: 0.1263
Epoch 10 of 25
Train Loss: 0.0003, Train Top-1 Error: 0.0436  Val Loss: 0.0004, Val Top-1 Error: 0.1039
Epoch 11 of 25
Train Loss: 0.0002, Train Top-1 Error: 0.0250  Val Loss: 0.0004, Val Top-1 Error: 0.0897
Epoch 12 of 25
Train Loss: 0.0002, Train Top-1 Error: 0.0131  Val Loss: 0.0003, Val Top-1 Error: 0.0798
Epoch 13 of 25
Train Loss: 0.0001, Train Top-1 Error: 0.0067  Val Loss: 0.0003, Val Top-1 Error: 0.0672
Epoch 14 of 25
Train Loss: 0.0001, Train Top-1 Error: 0.0042  Val Loss: 0.0003, Val Top-1 Error: 0.0689
Epoch 15 of 25
Train Loss: 0.0001, Train Top-1 Error: 0.0027  Val Loss: 0.0002, Val Top-1 Error: 0.0645
Epoch 16 of 25
Train Loss: 0.0001, Train Top-1 Error: 0.0015  Val Loss: 0.0002, Val Top-1 Error: 0.0640
Epoch 17 of 25
Train Loss: 0.0000, Train Top-1 Error: 0.0011  Val Loss: 0.0002, Val Top-1 Error: 0.0640
Epoch 18 of 25
Train Loss: 0.0000, Train Top-1 Error: 0.0013  Val Loss: 0.0002, Val Top-1 Error: 0.0623
Epoch 19 of 25
Train Loss: 0.0000, Train Top-1 Error: 0.0007  Val Loss: 0.0002, Val Top-1 Error: 0.0601
```

```
Epoch 20 of 25
Train Loss: 0.0000, Train Top-1 Error: 0.0004  Val Loss: 0.0002, Val Top-1 Error: 0.0590
Epoch 21 of 25
Train Loss: 0.0000, Train Top-1 Error: 0.0004  Val Loss: 0.0002, Val Top-1 Error: 0.0596
Epoch 22 of 25
Train Loss: 0.0000, Train Top-1 Error: 0.0002  Val Loss: 0.0002, Val Top-1 Error: 0.0585
Epoch 23 of 25
Train Loss: 0.0000, Train Top-1 Error: 0.0002  Val Loss: 0.0002, Val Top-1 Error: 0.0574
Epoch 24 of 25
Train Loss: 0.0000, Train Top-1 Error: 0.0002  Val Loss: 0.0002, Val Top-1 Error: 0.0580
Epoch 25 of 25
Train Loss: 0.0000, Train Top-1 Error: 0.0000  Val Loss: 0.0002, Val Top-1 Error: 0.0580
```

绘制并观察 top-1 错误率曲线和损失函数曲线。

```python
# 绘制 top-1 错误率曲线
plt.figure(figsize=(10, 7))
# 训练集的 top-1 错误率曲线
plt.plot(train_top1_error, label='train top-1 error')
# 验证集 top-1 错误率曲线
plt.plot(val_top1_error, label='validation top-1 error')
plt.xlabel('Epoch')
plt.ylabel('top-1 Error')
plt.legend()

# 绘制损失函数曲线
plt.figure(figsize=(10, 7))
plt.plot(train_loss, label='train loss')
plt.plot(val_loss, label='validation loss')
plt.xlabel('Epoch')
plt.ylabel('Loss')
plt.legend()
```

```
<matplotlib.legend.Legend at 0x7ff9ae7ba350>
```

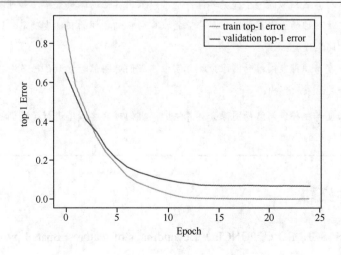

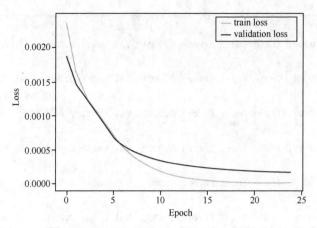

最后，对模型的 top-1 错误率进行评估。

```
top1_error, total = test(model, testloader)
print('Top-1 Error of the network on test images: %0.3f %%' \
      % (100 * top1_error / total))
```

```
Top-1 Error of the network on test images: 6.889 %
```

10.5 小结

本章介绍了视觉识别中最基本的问题之一——图像分类。本章先后讲解了基于手工设计图像表征（视觉词袋模型）的图像分类算法和基于深度卷积神经网络的图像分类算法。在后续的章节中，我们将介绍如何把基于深度卷积神经网络的图像分类算法推广到其他的视觉识别问题中。

> **习题**
>
> （1）在视觉词袋模型中，视觉词典的大小，即视觉单词的个数由超参数 k 决定。如果 k 设置得过小或者过大，对视觉词袋模型的图像表征能力有何影响？
>
> （2）在本章介绍的视觉词袋模型中，对每个图像特征的编码采用的是最近邻编码，即将这个特征分配给视觉词典中与其最相似的一个视觉单词。也可以采用其他的编码策略，如可以将这个特征分配给视觉词典中与其最相似的 n 个视觉单词，分配的权重由它们之间的相似度确定。试着实现基于最近邻编码策略的视觉词袋模型。
>
> （3）在基于深度卷积神经网络的图像分类算法中，我们对图像数据做了很多增强。试着通过实验验证数据增强对分类结果的影响。
>
> （4）在基于深度卷积神经网络的图像分类算法中，我们对网络模型进行了预训练。试着通过实验验证预训练对分类结果的影响。

10.6 参考文献

[1] LAZEBNIK S, SCHMID C, PONCE J. Beyond bags of features: Spatial pyramid matching for

recognizing natural scene categories[C]//IEEE Conference on Computer Vision and Pattern Recognition, 2006, 2:2169-2178.

[2] SIVIC, ZISSERMAN. Video Google: A text retrieval approach to object matching in videos[C]// IEEE International Conference on Computer Vision, 2003, 2:1470-1477.

[3] O'HARA S, DRAPER B A. Introduction to the bag of features paradigm for image classification and retrieval[EB/OL]. (2011-01-17)[2023-09-24].

[4] TSAI C F. Bag-of-words representation in image annotation: A review[J/OL]. International Scholarly Research Notices, 2012(1), [2012-11-29].

[5] LECUN Y, BOSER B, DENKER J S, et al. Backpropagation applied to handwritten zip code recognition[J]. Neural Computation, 1989, 1(4):541-551.

[6] LECUN Y, BOTTOU L, BENGIO Y, et al. Gradient-based learning applied to document recognition[J]. Proceedings of the IEEE, 1998, 86(11):2278-2324.

[7] KRIZHEVSKY A, SUTSKEVER I, HINTON G E. Imagenet classification with deep convolutional neural networks[J]. Advances in Neural Information Processing Systems, 2012, 25:1097-1105.

[8] HE K, ZHANG X, REN S, et al. Deep residual learning for image recognition[C]//IEEE Conference on Computer Vision and Pattern Recognition, 2016:770-778.

[9] LECUN Y. The MNIST database of handwritten digits[OL]. (1998)[2023-11-21].

[10] LI F, FERGUS R, PERONA P. Learning generative visual models from few training examples: An incremental bayesian approach tested on 101 object categories[C]//IEEE Conference on Computer Vision and Pattern Recognition Workshop, 2004:178.

[11] KRIZHEVSKY A, HINTON G. Learning multiple layers of features from tiny images[R]. Toronto: University of Toronto, 2009.

[12] DENG J, DONG W, SOCHER R, et al. Imagenet: A large-scale hierarchical image database[C]//IEEE Conference on Computer Vision and Pattern Recognition, 2009:248-255.

[13] LIU C, YUEN J, TORRALBA A, et al. Sift flow: Dense correspondence across different scenes[C]//10th European Conference on Computer Vision, 2008:28-42.

[14] LIU C, YUEN J, TORRALBA A. Sift flow: Dense correspondence across scenes and its applications[J]. IEEE Transactions on Pattern Analysis and Machine Intelligence, 2010, 33(5):978-994.

[15] WAN C, SHEN X, ZHANG Y, et al. Meta convolutional neural networks for single domain generalization[C]//IEEE/CVF Conference on Computer Vision and Pattern Recognition, 2022:4682-4691.

第 11 章

语义分割

11.1 简介

语义分割（semantic segmentation）是计算机视觉领域的一个基础问题，也是一项具有挑战性的视觉识别任务。简单来说，语义分割的目标是为一幅图像的每个像素预测一个标签，可以说它是一种像素级的"图像分类"，如图 11-1 所示。需要注意的是，与在第 9 章中介绍的无监督图像分割不同，语义分割得到的分割是具有语义性的，每个分割对应于给定的标注集中的一个类别。如图 11-2 所示，其中粉红色和玫红色的分割分别对应于"人"和"马"这两个类别。用数学语言来描述语义分割问题，即定义图像空间 $\mathbb{I}$ 和预定义的类别集合 $\mathcal{C}$，给定数据集 $\mathcal{D} = \{(\boldsymbol{I}^{(n)}, \boldsymbol{Y}^{(n)})\}_{n=1}^{N}$，其中，$\boldsymbol{I}^{(n)} \in \mathbb{I}$ 是数据集中的第 n 幅图像，$\boldsymbol{Y}^{(n)}$ 是这幅图像对应的标签图（label map），标签图中的第 i 个元素 $y_i^{(n)} \in \mathcal{C}$ 是第 n 幅图像的第 i 个像素的标签；语义分割的任务是从 $\mathcal{D}$ 中学习得到一个从图像空间到标签图空间的映射 $f: \mathbb{I} \to \mathcal{Y}$，其中，$\forall n, \boldsymbol{Y}^{(n)} \in \mathcal{Y}$，从而给定任意一幅测试图像 $\boldsymbol{I}$，可以用学习得到的映射函数 f 预测其标签，即 $\hat{\boldsymbol{Y}} = f(\boldsymbol{I})$。与图像分类类似，这个学习过程需要建模条件概率 $P(\boldsymbol{Y} \mid \boldsymbol{I})$，则 $\hat{\boldsymbol{Y}} = f(\boldsymbol{I}) = \arg\max_{\boldsymbol{Y} \in \mathcal{Y}} P(\boldsymbol{Y} \mid \boldsymbol{I})$。语义分割能够提供像素级的类别信息，因此在实际场景中有很多应用，如自动驾驶、缺陷检测、医学影像辅助诊断等。

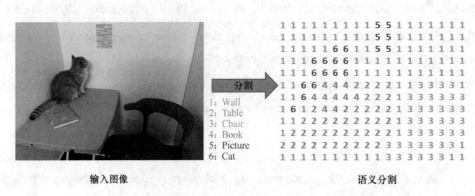

图 11-1 语义分割是一种像素级的图像分类（另见彩插图 11）

图 11-2 语义分割示例（插图素材源自 PASCAL VOC 2012 数据集）（另见彩插图 12）

在本章中，我们将在基于深度学习的图像分类的基础上实现语义分割。

11.2 数据集和度量

用于语义分割评测的标准数据集主要有如下 3 个。

（1）PASCAL VOC[1]：PASCAL VOC 数据集是 PASCAL VOC 挑战赛官方使用的数据集。该数据集包含 20 类约 1 万幅图像，每幅图像都有完整的标签。

（2）Cityscapes[2]：Cityscapes 数据集采集自德国及其邻国的 50 个城市，包括了春、夏、秋 3 个季节的街区场景。该数据集分为两卷，其中一卷包含 5000 幅带有高质量像素级标签的图像，共有 19 个类别。

（3）ADE20K[3]：ADE20K 数据集是 MIT 发布的场景理解数据集，包含 2 万多幅标记完整的图像，共超过 3000 个类别。

在语义分割中，通常采用平均交并比（mean intersection over union，mIoU）作为评测指标。令 c 表示真实类别，l 表示预测类别（$c,l \in \mathcal{C}$），则 mIoU 定义如下：

$$\text{mIoU} = \frac{1}{|\mathcal{C}|} \sum_{c \in \mathcal{C}} \frac{n_{cc}}{\sum_{l \in \mathcal{C}} n_{cl} + \sum_{l \in \mathcal{C}} n_{lc} - n_{cc}}$$

其中，$|\mathcal{C}|$ 表示集合中元素的个数；n_{cl} 表示将 c 预测为 l；n_{lc} 表示将 l 预测为 c；n_{cc} 表示将 c 正确预测为 c。

11.3 全卷积网络

我们知道语义分割实际上是进行逐像素的分类，因此，一个最为直观的语义分割方法便是训练一个可以对每个像素进行分类的 CNN 模型。如图 11-3 所示，以图像的每个像素为中心裁剪一个固定大小的图像块（image patch），并将其类别标签设为该像素在标签图上对应的类别标签，以此构建训练数据集对 CNN 模型进行训练。接着，使用训练后的 CNN 模型对这些图像块进行分类。在对图像上的每个像素进行类别预测后，便得到整幅图像的语义分割结果，如图 11-3 最右侧图所示。

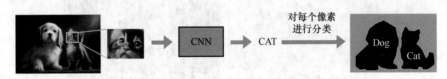

图 11-3　一个直观的语义分割模型

上述的方法虽然直观，但在实际中却存在许多问题。

（1）由于一幅图像中可能存在成千上万像素，且相邻像素的图像块有大部分重叠，使得这一方法计算量大、计算效率低。

（2）与整幅图像相比，图像块显得比较小，而且只能提取图像局部的特征，这使得分类的性能受限。

（3）整个过程不是端到端的，它需要有预处理和后处理的环节。

为了应对这些问题，2015 年 Jonathan Long 等人提出了一种全新的分割网络——全卷积网络（fully convolutional network，FCN）[4]。与传统的 CNN 网络（如 AlexNet 等）不同，在 FCN 中，网络输出的全连接层被替换为卷积核大小为 1×1 的卷积层，如图 11-4 所示。根据第 10 章的内容，对于图像分类，可以使用全连接层将卷积层输出的多通道图像特征图映射成一个维度为 $|\mathcal{C}|$ 的向量，该向量中每个元素的值表示属于对应类别的置信度，如此便可以实现一幅图像的分类。然而在语义分割中，需要对一幅图像的每个像素进行分类，因此全连接层并不适用。为了实现端到端的预测，使用一个 1×1 卷积层替换全连接层，将卷积层输出的多通道特征图映射成一个空间分辨率不变的通道数为 $|\mathcal{C}|$ 的类别置信度图。这样，卷积层输出的特征图上的每个空间位置都对应一个维度为 $|\mathcal{C}|$ 的向量，表示该位置对应的原图区域属于 $\mathcal{C}$ 中每个类别的置信度，如此便可实现图像的语义分割。我们把类别置信度图叫作热图（heatmap），属于某类的置信度越高，热度就越高。调整热图的空间分辨率，使其和原图一致，便可以得到所需的语义分割的结果。

不过，在图 11-4 中依旧可以发现两个明显的问题：随着卷积的进行，特征图越来越小，最终输出的热图要比原图小很多；由于最终输出的热图较小，其蕴含的边界信息也变得十分的粗糙，无法精准地勾勒出原图中物体的轮廓。为了解决上述两个问题，FCN 网络引入了两种有效的架构：上采样（upsampling）和跳跃连接（skip-connection）。

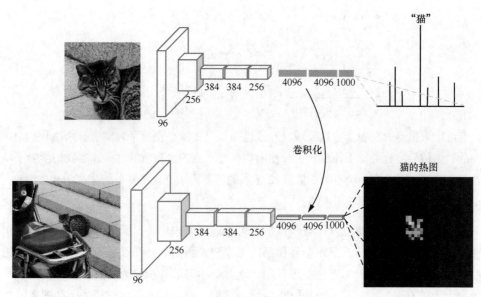

图 11-4　用 1×1 卷积层替换所有的全连接层

11.3.1 上采样

为解决输出的热图分辨率比原图小的问题，FCN 对特征图进行上采样，使其和原图的空间分辨率保持一致。上采样一般可以通过双线性插值法实现。如图 11-5 所示，设 g 是一个二维信号，若已知 g 在点 Q_{11}（坐标为 (x_1, y_1)）、Q_{12}（坐标为 (x_1, y_2)）、Q_{21}（坐标为 (x_2, y_1)）、Q_{22}（坐标为 (x_2, y_2)）处的值，要求 g 在点 P（坐标为 (x, y)）的值。求值的过程实际上就是双线性插值的过程。首先在 x 方向上进行插值：

$$g(x, y_1) \approx \frac{x - x_1}{x_2 - x_1}[g(Q_{21}) - g(Q_{11})] + g(Q_{11}) = \frac{x_2 - x}{x_2 - x_1}g(Q_{11}) + \frac{x - x_1}{x_2 - x_1}g(Q_{21})$$

$$g(x, y_2) \approx \frac{x - x_1}{x_2 - x_1}[g(Q_{22}) - g(Q_{12})] + g(Q_{12}) = \frac{x_2 - x}{x_2 - x_1}g(Q_{12}) + \frac{x - x_1}{x_2 - x_1}g(Q_{22})$$

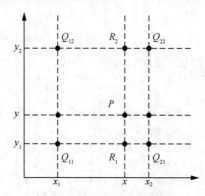

图 11-5　双线性插值法举例

然后在 y 方向上进行插值：

$$g(x,y) \approx g(x,y_1) + \frac{y-y_1}{y_2-y_1}[g(x,y_2)-g(x,y_1)]$$

$$= \frac{y_2-y}{y_2-y_1}g(x,y_1) + \frac{y-y_1}{y_2-y_1}g(x,y_2)$$

$$= \frac{1}{(x_2-x_1)(y_2-y_1)}[x_2-x \quad x-x_1]\begin{bmatrix}g(Q_{11}) & g(Q_{12})\\g(Q_{21}) & g(Q_{22})\end{bmatrix}\begin{bmatrix}y_2-y\\y-y_1\end{bmatrix}$$

如此，便可以求出点 P 的值。可以发现，双线性插值其实就是在两个方向上分别进行插值，而每个方向的"插值"过程类似于计算一个线性函数在某一点的函数值的过程。当我们学会了双线性插值之后，便可以对一幅分辨率为 2 像素×2 像素的图像上采样，将其分辨率变为 4 像素×4 像素，如图 11-6 所示。

观察上述数学形式，可以发现双线性插值可以通过卷积实现。因此可以用深度网络中的卷积层实现特征图的上采样，只是这个卷积层的卷积核是固定的。那么是否可以用可学习的卷积核来实现特征图上采样呢？当然也是可以的。这种可学习的卷积称为转置卷积或反卷积，是一个步长小于 1 的卷积。实际上，当卷积的步长 $s<1$ 时，对图像进行卷积相当于在图像的相邻像素间插入 $\frac{1}{s}-1$ 个零再进行步长为 1 的卷积。如图 11-7 所示，对输入图像做步长为 0.5 的卷积实现对其上采样：首先要在图像的每两个相邻像素间插入一个值为零的像素，并在边界以 2 像素×2 像素补零；然后，对其做步长为 1，卷积核为 3×3 的卷积。最终将图像从 2 像素×2 像素上采样到 5 像素×5 像素。在实际操作中，对特征图的每个通道依次进行上采样，得到最终的结果。

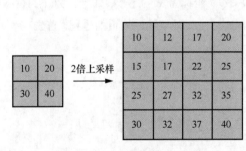

图 11-6　对一幅图像上采样

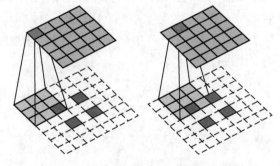

图 11-7　通过转置卷积的方式实现上采样

（插图素材源自参考文献[5]）

在代码中，通过调用以下函数实现转置卷积。

```python
import torch
torch.nn.ConvTranspose2d(
    in_channels=3,          # 输入数据的通道数
    out_channels=3,         # 输出数据的通道数
    kernel_size=3,          # 卷积核的大小
    stride=2,               # 卷积步长
    padding=0,              # 原图周围需要填充的像素
    output_padding=0,       # 输出特征图边缘需要填充的像素，一般不设置
    groups=1,               # 分组卷积的组数，一般默认设置为 1
    bias=True               # 卷积偏置，一般设置为 False，设置为 True 可以增加模型的泛化能力
)
```

```
ConvTranspose2d(3, 3, kernel_size=(3, 3), stride=(2, 2))
```

由于是转置卷积，因此实际的步长为 1/**stride**。同时，在实际操作中，卷积核的参数可以通过学习得到，也可以利用双线性插值将其固定。利用双线性插值固定卷积核权重的代码如下：

```
# 利用双线性插值法设置卷积核权重
def bilinear_kernel(in_channels, out_channels, kernel_size):

    # 找到卷积核正中心的位置
    factor = (kernel_size + 1) // 2
    if kernel_size % 2 == 1:
        center = factor - 1
    else:
        center = factor - 0.5
    # np.ogrid()函数构建一个二维矩阵
    og = np.ogrid[:kernel_size, :kernel_size]
    print('og', og)

    # 构建卷积核权重
    filt = (1 - abs(og[0] - center) / factor) * (1 - abs(og[1] - center) / factor)
    print('filt:\n', filt)

    weight = np.zeros((in_channels, out_channels,
                        kernel_size, kernel_size), dtype='float32')
    weight[range(in_channels), range(out_channels),:,:] = filt

    return torch.from_numpy(weight)
```

以一个简单的例子进一步说明上述代码中的部分变量。

```
import numpy as np
bilinear_kernel(1, 1, 3)
```

```
og [array([[0],
       [1],
       [2]]), array([[0, 1, 2]])]
filt [[0.25 0.5  0.25]
 [0.5  1.   0.5 ]
 [0.25 0.5  0.25]]
```

```
tensor([[[[0.2500, 0.5000, 0.2500],
          [0.5000, 1.0000, 0.5000],
          [0.2500, 0.5000, 0.2500]]]])
```

11.3.2 跳跃连接

对于传统的分类网络，由于主干网络最后一层输出的特征图空间分辨率太低（如图 11-4），上采样之后预测得到的标签图会很粗糙，无法精准地勾勒出原图中物体的轮廓。一般情况下，浅层卷积层的特征图较大，能够精确定位物体的边界，但是语义性不够；深层卷积层的特征图较小，但是语义性强。有什么办法能在得到较大的特征图的同时，也能使特征图拥有丰富的语义信息呢？FCN 通过跳跃连接将网络中不同层级的卷积层特征融合，解决了该问题。如图 11-8

所示,我们可以将中间不同层级的特征图连接起来,连接后的特征图包含了局部的与全局的信息,也包含了浅层的与深层的信息。通过跳跃连接,构建既具有很强语义性,又包含精确物体位置信息的特征图,从而实现精准的语义分割。

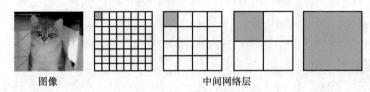

图 11-8　融合中间卷积层的特征,这些特征包含了局部的与全局的信息,也包含了浅层的与深层的信息

具体而言,如图 11-9 所示,从 FCN 的主干网络可以得到空间分辨率分别是原图 1/2、1/4、1/8、1/16 和 1/32 的 5 个特征图。连接特征图的方式有多种,根据连接的特征图层级的不同,FCN 有不同的变种,包括 FCN-8s、FCN-16s 和 FCN-32s。不同层级的特征图不但空间分辨率不一样,通道数也不一样,因此在对它们进行连接时,需要先将它们的通道数调整成一致。如何在不改变特征图的空间分辨率的情况下改变特征图的通道数?没错,我们刚刚介绍过的 1×1 卷积正好可以实现这个功能。我们用 1×1 卷积将不同层级的特征图的通道数都调整为 $|\mathcal{C}|$。对于主干网络池化层 5(pool5)输出的特征图,在通过 1×1 卷积调整完通道数后,直接对其进行 32 倍上采样,得到与原图相同空间分辨率的特征图,这样的模型被称为 FCN-32s;我们也可以将主干网络池化层 5 输出的特征图进行 2 倍上采样后,与主干网络池化层 4(pool4)输出的特征图进行逐元素相加(element-wise sum),再将相加后的特征图进行 16 倍上采样,得到与原图相同空间分辨率的特征图,这样的模型被称为 FCN-16s;同样,我们还可以将上述相加后的特征图先进行 2 倍上采样,然后与主干网络池化层 3(pool3)输出的特征图逐元素相加得到新的特征图,再将这个特征图进行 8 倍上采样,得到与原图相同空间分辨率的特征图,这样的模型被称为 FCN-8s。

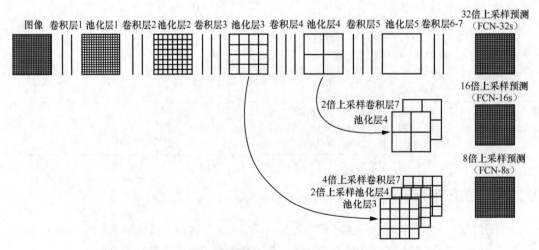

图 11-9　FCN 中的跳跃连接(插图源自参考文献[4])

为了更好地说明这一过程,我们来看 FCN-8s 的代码实现。这里,我们选择 ResNet101 作为模型的主干网络。

```python
from torchvision import models

# 使用 ResNet101 作为主干网络，模型使用 ImageNet 预训练
pretrained_net = models.resnet101(pretrained='imagenet')

import torch.nn as nn

# FCN-8s 模型
class FCN8s(nn.Module):
    def __init__(self, num_classes):
        super(FCN8s, self).__init__()
        # 这里使用 children() 调用 ResNet101 的部分网络
        # 该深度特征图的大小为输入图像的 1/8
        self.stage1 = nn.Sequential(*list(pretrained_net.children())[:-4])
        # 该深度特征图的大小为输入图像的 1/16
        self.stage2 = list(pretrained_net.children())[-4]
        # 该深度特征图的大小为输入图像的 1/32
        self.stage3 = list(pretrained_net.children())[-3]

        # 调整 stage3 输出的通道数
        self.scores1 = nn.Conv2d(2048, num_classes, 1)
        # 调整 stage2 输出的通道数
        self.scores2 = nn.Conv2d(1024, num_classes, 1)
        # 调整 stage1 输出的通道数
        self.scores3 = nn.Conv2d(512, num_classes, 1)

        # 8 倍上采样
        self.upsample_8x = nn.ConvTranspose2d(
            num_classes, num_classes, 16, 8, 4, bias=False)
        self.upsample_8x.weight.data = bilinear_kernel(
            num_classes, num_classes, 16) # 使用双线性 kernel

        # 2 倍上采样
        self.upsample_2x = nn.ConvTranspose2d(
            num_classes, num_classes, 4, 2, 1, bias=False)
        self.upsample_2x.weight.data = bilinear_kernel(
            num_classes, num_classes, 4) # 使用双线性 kernel

    def forward(self, x):
        x = self.stage1(x)
        # s1 1/8
        s1 = x

        x = self.stage2(x)
        # s2 1/16
        s2 = x

        x = self.stage3(x)
        # s3 1/32
        s3 = x

        # 调整 pool5 输出特征图的通道数
```

```
        s3 = self.scores1(s3)
        # 进行 2 倍上采样
        s3 = self.upsample_2x(s3)

        # 调整 pool4 输出特征图的通道数
        s2 = self.scores2(s2)
        # 融合 pool5、pool4 的特征图
        s2 = s2 + s3

        # 调整 pool3 输出特征图的通道数
        s1 = self.scores3(s1)
        # 将 s2 2 倍上采样
        s2 = self.upsample_2x(s2)
        # 融合特征图
        s = s1 + s2

        # 8 倍上采样得到与原图大小一致的特征图
        s = self.upsample_8x(s2)
        return s
```

通过以上代码可以加深对 FCN 的理解。通过上采样得到的特征图具有和原图相同的空间分辨率，基于该特征图可以进行逐像素的类别预测，这样可以逐像素计算预测标签和真实标签之间的交叉熵损失函数以训练 FCN：

$$\ell(\mathcal{D}) = -\frac{1}{N}\sum_{n=1}^{N}\sum_{i}\log(P(y_i^{(n)}\mid \boldsymbol{I}^{(n)}))$$

其中，$P(y_i^{(n)}\mid \boldsymbol{I}^{(n)})$ 表示训练数据集 $\mathcal{D}$ 中第 n 幅图像熵的第 i 个像素对应的标签被 FCN 预测为 $y_i^{(n)}\in\mathcal{C}$ 的概率。

现在总结一下用 FCN 进行语义分割的流程：首先利用主干网络对图像进行特征提取，主干网络的不同层级可以输出空间分辨率不同的特征图；然后用 1×1 的卷积层将不同层级的特征图的通道数调整为 $|\mathcal{C}|$；接着用跳跃连接融合不同层级的特征图，并通过上采样将特征图的空间分辨率增大到与原图一致；最后基于上采样后的特征图进行逐像素的类别预测。FCN 进行语义分割的整体流程框架如图 11-10 所示。

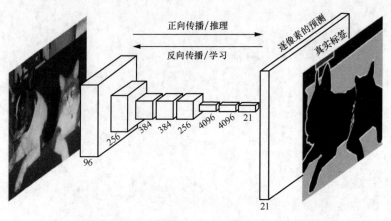

图 11-10　FCN 进行语义分割的整体流程框架（插图源自参考文献[4]）

11.4 FCN 代码实现

下面,我们将编程实现 FCN。先导入所需要的库。

```python
import os
import random
import cv2
import d2l.torch as d2l
from PIL import Image
import matplotlib.pyplot as plt

import torch.nn.functional as F
from torch.utils.data import DataLoader
from torch.utils.data import Dataset
from torch.autograd import Variable
from torchvision.transforms import transforms as tfs
```

我们使用 PASCAL VOC 作为实验的数据集。

```python
# 数据集地址
# 可自行下载数据集
voc_root = './voc/VOCdevkit/VOC2012'


# 定义 PASCAL VOC 类
class VOCSegDataset(Dataset):
    def __init__(self, train, crop_size, transforms):
        # 定义数据大小
        self.crop_size = crop_size
        # 定义数据增强类型
        self.transforms = transforms

        # 读取数据以及对应标签
        data_list, label_list = read_images(voc_root, train=train)
        self.data_list = self._filter(data_list)
        self.label_list = self._filter(label_list)
        print('Read'+str(len(self.data_list))+'images')

    def _filter(self, images):
        return [im for im in images if
                (Image.open(im).size[1] >= self.crop_size[0] and
                 Image.open(im).size[0] >= self.crop_size[1])]
    # 定义数据如何进行传输
    def __getitem__(self,idx):
        img = self.data_list[idx]
        label = self.label_list[idx]
        # 读取图像
        img = cv2.imread(img)
        # 将图像通道从 BGR 转换成 RGB
        img = cv2.cvtColor(img, cv2.COLOR_BGR2RGB)
```

```python
            label = cv2.imread(label)
            # 因为标签与像素一一对应，因此也需要将其进行转换
            label = cv2.cvtColor(label, cv2.COLOR_BGR2RGB)
            # 进行数据增强
            img,label = self.transforms(img, label, self.crop_size)
            return img, label

    def __len__(self):
        return len(self.data_list)
```

实现上述类中出现的部分函数。

```python
# 实现上述数据集类的方法

# 读取数据集
def read_images(root, train=True):
    txt_filename = root + "/ImageSets/Segmentation/" \
        + ('train.txt' if train else 'val.txt')
    with open(txt_filename, 'r') as f:
        images = f.read().split()
    data = [os.path.join(root, 'JPEGImages', i + '.jpg')
                                    for i in images]
    label = [os.path.join(root, 'SegmentationClass', i+'.png')
                                    for i in images]
    return data, label


# 进行随机裁剪
def rand_crop(data, label, height,width):
    h, w, _ = data.shape
    top = random.randint(0, h - height)
    left = random.randint(0, w - width)
    # 裁剪数据
    data = data[top:top + height, left:left + width]
    # 裁剪标签
    label = label[top:top + height, left:left + width]
    return data, label


# 为图像增强时的像素建立对应的标签
def image2label(im):
    data = np.array(im, dtype='int32')
    idx = (data[:,:,0] * 256 + data[:,:,1]) * 256 + data[:,:,2]
    return np.array(cm2lbl[idx], dtype='int64')


# 定义数据增强方法
def img_transforms(im, label, crop_size):
    im,label = rand_crop(im, label, *crop_size)
    im_tfs = tfs.Compose([
```

```python
        tfs.ToTensor(),
        tfs.Normalize([0.485, 0.456, 0.406], [0.229, 0.224, 0.225])
    ])
    im = im_tfs(im)
    label = image2label(label)
    label = torch.from_numpy(label)
    return im, label


# 删除双线性插值函数中的输出
def bilinear_kernel(in_channels, out_channels, kernel_size):
    factor = (kernel_size + 1) // 2
    if kernel_size % 2 == 1:
        center = factor - 1
    else:
        center = factor - 0.5
    og = np.ogrid[:kernel_size, :kernel_size]
    filt = (1 - abs(og[0] - center) / factor) * \
           (1 - abs(og[1] - center) / factor)
    weight = np.zeros((in_channels, out_channels,
                      kernel_size, kernel_size), dtype='float32')
    weight[range(in_channels), range(out_channels),:,:] = filt
    return torch.from_numpy(weight)
```

定义一些需要用到的全局变量（如类别信息等），并开始加载数据集，构建数据加载器。

```python
# PASCAL VOC 的类别
classes = ['background','aeroplane','bicycle','bird','boat',
           'bottle','bus','car','cat','chair','cow','diningtable',
           'dog','horse','motorbike','person','potted plant',
           'sheep','sofa','train','tv/monitor']

# colormap 的数量与类别数对应，每种类别都有其独一无二的颜色，便于绘制图像时进行观察
colormap = [[0,0,0], [128,0,0], [0,128,0], [128,128,0], [0,0,128],
            [128,0,128], [0,128,128], [128,128,128], [64,0,0],
            [192,0,0], [64,128,0], [192,128,0], [64,0,128],
            [192,0,128], [64,128,128], [192,128,128], [0,64,0],
            [128,64,0], [0,192,0], [128,192,0], [0,64,128]]

# 读取数据和标签
data, label = read_images(voc_root)
num_classes = len(classes)

# 将 colormap 转换成类别
cm2lbl = np.zeros(256**3)
for i, cm in enumerate(colormap):
    cm2lbl[(cm[0]*256+cm[1])*256+cm[2]]=i

# 设置输入图像大小
input_shape = (320,480)
```

```
    voc_train = VOCSegDataset(True, input_shape, img_transforms)
    voc_test = VOCSegDataset(False, input_shape, img_transforms)
```

Read1114images
Read1078images

```
# 设置batch_size, 生成数据加载器
BATCH_SIZE = 64
train_data = DataLoader(voc_train, batch_size=BATCH_SIZE, shuffle=True)
test_data = DataLoader(voc_test, batch_size=BATCH_SIZE)
```

展示数据集中的部分图像与其对应的标签。

```
for i, (img, label) in enumerate(voc_train):
    plt.figure(figsize=(10, 10))
    plt.subplot(221)
    plt.imshow(img.moveaxis(0, 2))
    plt.subplot(222)
    plt.imshow(label)
    plt.show()
    plt.close()
    if i ==1:
        break
```

Clipping input data to the valid range for imshow with RGB data ([0..1] for floats or [0..255] for integers).

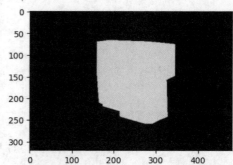

Clipping input data to the valid range for imshow with RGB data ([0..1] for floats or [0..255] for integers).

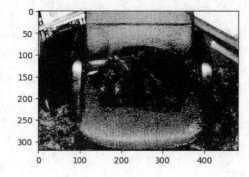
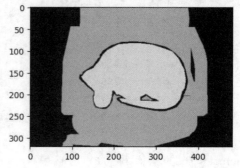

编写函数计算 mIoU。

```python
def _fast_hist(label_true, label_pred, n_class):
    mask = (label_true >= 0) & (label_true < n_class)
    hist = np.bincount(n_class * label_true[mask].astype(int) + label_pred[mask],
                       minlength=n_class ** 2).reshape(n_class, n_class)
    return hist


def mIoU(label_trues, label_preds, n_class):
    # 计算mIoU
    hist = np.zeros((n_class, n_class))

    for lt, lp in zip(label_trues, label_preds):
        hist += _fast_hist(lt.flatten(), lp.flatten(), n_class)

    iu = np.diag(hist) / (hist.sum(axis=1) +
                          hist.sum(axis=0) - np.diag(hist))
    mean_iu = np.nanmean(iu)

    return mean_iu
```

加载 FCN-8s 模型，并对其进行训练。

```python
device = device = torch.device('cuda' if torch.cuda.is_available()
                               else 'cpu')

# 加载模型
model = FCN8s(num_classes)
model.to(device)
model = nn.DataParallel(model)

# 设置优化器
optimizer = torch.optim.SGD(model.parameters(), lr=1e-2,
                            weight_decay=1e-4)

# 设置损失函数
criterion = nn.NLLLoss()

# 由于没有验证集，每训练完一次模型便在测试集上进行测试

# 不显示无关信息
np.seterr(divide='ignore',invalid='ignore')


Epoch = 120
for epoch in range(Epoch):

    # 训练损失
    train_loss = 0
    # 训练mIoU
```

```python
train_mean_iu = 0

# 开始训练
model = model.train()

for data in train_data:
    x = data[0].to(device)
    y = data[1].to(device)

    # 梯度清零
    optimizer.zero_grad()

    # 获得模型预测概率分布
    outputs = model(x)
    # 获得模型预测的标签，大小为(b,n,h,w)
    outputs = F.log_softmax(outputs, dim=1)

    # 计算损失
    loss = criterion(outputs, y)

    # 反向传播
    loss.backward()
    optimizer.step()

    # 记录损失
    train_loss += loss.item()

    # 获得预测标签
    label_pred = outputs.max(dim=1)[1].data.cpu().numpy()
    label_true = y.data.cpu().numpy()

    for lbt, lbp in zip(label_true, label_pred):
        # 返回每幅图像的 pred 和 gt 标签，计算 mIoU
        mean_iu = mIoU(lbt, lbp, num_classes)
        train_mean_iu += mean_iu


# 测试损失
eval_loss = 0
# 测试 mIoU
eval_mean_iu = 0

# 进行模型测试
model = model.eval()

for data in test_data:
    x_test = data[0].to(device)
    y_test = data[1].to(device)
    outputs_test = model(x_test)
    outputs_test = F.log_softmax(outputs_test, dim=1)
```

```python
            loss = criterion(outputs_test, y_test)
            eval_loss += loss.item()

            label_pred = outputs_test.max(dim=1)[1].data.cpu().numpy()
            label_true = y_test.data.cpu().numpy()

            for lbt, lbp in zip(label_true, label_pred):
                mean_iu = mIoU(lbt, lbp, num_classes)
                eval_mean_iu += mean_iu

        epoch_str = ('Epoch: {}, Train Loss: {:.5f}, Train Mean IU: {:.5f},\
            Valid Loss: {:.5f}, Valid Mean IU: {:.5f} '.format(
                epoch, train_loss / len(train_data),
                train_mean_iu / len(voc_train),
                eval_loss / len(test_data),
                eval_mean_iu / len(voc_test)))

        print(epoch_str)
```

为了方便，在这里不展示具体的训练信息输出。我们随机选择一些图像，并展示其真实标签与 FCN-8s 模型预测的标签。

```python
# 将预测的标签映射到 colormap 上
cm = np.array(colormap).astype('uint8')

def predict(im, label):
    im = Variable(im.unsqueeze(0)).cuda()
    out = model(im)
    pred = out.max(1)[1].squeeze().cpu().data.numpy()
    pred = cm[pred]
    return pred, cm[label.numpy()]

_, figs = plt.subplots(10, 3, figsize=(12, 10))

for i in range(10):
    x, y = voc_test[i]
    x.to(device)
    y.to(device)
    pred, label = predict(x, y)
    figs[i, 0].imshow(Image.open(voc_test.data_list[i]))
    figs[i, 0].axes.get_xaxis().set_visible(False)
    figs[i, 0].axes.get_yaxis().set_visible(False)
    figs[i, 1].imshow(label)
    figs[i, 1].axes.get_xaxis().set_visible(False)
    figs[i, 1].axes.get_yaxis().set_visible(False)
    figs[i, 2].imshow(pred)
    figs[i, 2].axes.get_xaxis().set_visible(False)
    figs[i, 2].axes.get_yaxis().set_visible(False)
```

11.5 小结

本章介绍了语义分割的相关知识。我们介绍了分割网络与分类网络的区别，在此基础上讲解了用于语义分割的网络 FCN，之后动手实现了 FCN 的相应功能并在 PASCAL VOC 数据集上进行了训练和测试。作为计算机视觉的重要研究内容之一，语义分割为后续的图像语义理解，如目标检测、实例分割等奠定了一定的基础。

> **习题**
>
> （1）在 FCN 中，融合主干网络不同层级输出的特征图是通过跳跃连接后逐像素相加。还能想到别的融合方式吗？动手实现你想到的融合方式，并和原来的融合方式进行比较。
>
> （2）如果不同类别的像素数差别很大，采用本章中介绍的逐像素交叉熵损失函数训练 FCN 做语义分割可能存在什么问题？如果存在问题，应该如何修改逐像素交叉熵损失函数？
>
> （3）在 11.1 节中，我们说语义分割需要建模条件概率 $P(Y|I)$，但是在 FCN 中建模的是每个像素的条件概率 $P(y_i|I)$。这是为了规避 Y 的求解空间太大所采取的一种近似求解。这种近似会导致 FCN 的分割结果出现什么问题？
>
> （4）在第 9 章中，我们介绍了无监督图像分割。无监督图像分割中的思想或者方法是否有助于改进 FCN，提升语义分割的结果？给出解决思路，并动手实现予以验证。

11.6 参考文献

[1] EVERINGHAM M, VAN GOOL L, WILLIAMS C K I, et al. The pascal visual object classes (voc) challenge[J]. International Journal of Computer Vision, 2010, 88:303-338.

[2] CORDTS M, OMRAN M, RAMOS S, et al. The cityscapes dataset for semantic urban scene understanding[C]//IEEE Conference on Computer Vision and Pattern Recognition, 2016:3213-3223.

[3] ZHOU B, ZHAO H, PUIG X, et al. Semantic understanding of scenes through the ade20k dataset[J]. International Journal of Computer Vision, 2019, 127:302-321.

[4] LONG J, SHELHAMER E, DARRELL T. Fully convolutional networks for semantic segmentation [C]//IEEE Conference on Computer Vision and Pattern Recognition, 2015: 3431-3440.

[5] DUMOULIN V, VISIN F. A guide to convolution arithmetic for deep learning[EB/OL]. (2016-03-23)[2024-09-25]. arXiv: 1603.07285.

第 12 章

目标检测

12.1 简介

扫码观看视频课程

目标检测（object detection）是计算机视觉中的一个核心问题，其目的是识别图像中每个目标的类别并且对它们进行定位。定位（localization）即确定目标的位置和尺寸，通常需要勾勒出目标轮廓的包围盒（bounding box），确定该包围盒的中心点坐标及宽和高。用数学语言来描述目标检测的问题，即定义图像空间 $\mathbb{I}$ 和预定义的类别集合 $\mathcal{C}$，给定数据集 $\mathcal{D} = \{(\boldsymbol{I}^{(n)}, \mathcal{Y}^{(n)})\}_{n=1}^{N}$，其中，$\boldsymbol{I}^{(n)} \in \mathbb{I}$ 是数据集中的第 n 幅图像，$\mathcal{Y}^{(n)} = \{<c^{(n,m)}, \boldsymbol{b}^{(n,m)}>\}_{m=1}^{M^{(n)}}$ 是其对应的目标包围盒标签，$M^{(n)}$ 是这幅图像中目标的个数，二元组 $<c^{(n,m)}, \boldsymbol{b}^{(n,m)}>$ 是这幅图像中第 m 个目标的包围盒标签，$c^{(n,m)} \in \mathcal{C}$ 是类别标签，$\boldsymbol{b}^{(n,m)} = (b_x, b_y, b_h, b_w)^{(n,m)}$ 是一个四元组，表示包围盒坐标（由于该四元组 $\boldsymbol{b}^{(n,m)}$ 表示了一个唯一确定的包围盒，我们称之为包围盒的坐标，本章提到的包围盒坐标均指代该四元组），包括包围盒中心点坐标 (b_x, b_y) 以及包围盒的高 b_h 和宽 b_w；图像分类的任务是从 $\mathcal{D}$ 中学习得到一个从图像空间到包围盒集合的映射 $f : \mathbb{I} \rightarrow \mathcal{Y}$，从而给定任意一幅测试图像 $\boldsymbol{I}$，可以用学习得到的映射函数 f 预测该图像中目标包围盒集合：$\hat{\mathcal{Y}} = f(\boldsymbol{I})$。

图 12-1 展示了一个目标检测的例子，图中的"人""玩具"和"椅子"被识别出来，它们的包围盒也被勾勒出来。由于目标检测的输出是包围盒这种形状规则的矩形，在工业领域中对下游业务适用性高，所以得到广泛应用，例如辅助驾驶系统中的感知模块的输出就是检测到的目标的包围盒。在本章中，我们将介绍基于深度学习的目标检测方法，并动手实现相应的目标检测框架。

图 12-1　目标检测示例

12.2 数据集和度量

常用于目标检测的数据集包括：PASCAL VOC、MS COCO 和 ImageNet，其中 PASCAL VOC 和 ImageNet 数据集在之前的章节中已经介绍过，此处不再赘述。

MS COCO（Microsoft common objects in context）数据集是一个广泛用于计算机视觉任务的大型数据集，于 2014 年由微软发布。它主要用于目标检测、分割、关键点检测和图像描述生成等任务。MS COCO 数据集的目标是为了推动计算机视觉技术在更复杂的场景中的发展。MS COCO 数据集有以下特点。

（1）图像数量多：数据集包含了约 20 万幅标注过的图像，以及约 13 万幅未标注的图像。

（2）类别和来源丰富：图像涵盖了 80 个类别的物体，如动物、交通工具、家具等，同时图像来源丰富，包括从网络上抓取的图像、街景图像和室内图像等。

（3）场景复杂：数据集中的图像包含了各种复杂的场景，如拥挤的市场、交通堵塞的道路等，这对计算机视觉模型提出了较高的挑战。

最常用的目标检测评价指标是全类平均精度（mean average precision，mAP）。从 mAP 的命名可以看出，这是一个定义在每个类别上的精度指标。因此在定义 mAP 之前，需要先定义一个目标是否被检测到的准则。如图 12-2 所示，对于图像中的一个目标，令其真实的（ground-truth）包围盒内部的像素集合为 $\mathcal{A}$，一个预测的包围盒内部的像素集合为 $\mathcal{B}$，通过这两个包围盒内像素集合的交并比（intersection over union，IoU）来定义两个包围盒的重合度，其中，$\text{IoU}(\mathcal{A},\mathcal{B}) = \dfrac{\mathcal{A} \cap \mathcal{B}}{\mathcal{A} \cup \mathcal{B}}$，即图 12-2（a）中灰色部分的面积除以图 12-2（b）中灰色部分的面积。注意，这里 IoU 的定义与第 11 章中对 IoU 的定义在数学上等价，在目标检测中，IoU 也称为 Box IoU。给定一个阈值 θ，如果 $\text{IoU}(\mathcal{A},\mathcal{B}) > \theta$，则认为 $\mathcal{B}$ 所属的预测包围盒命中了该目标；反之，则认为 $\mathcal{B}$ 所属的预测包围盒并未命中该目标。根据这个基于 IoU 的准则，给定一种类别，对每个预测类别为该给定类别的预测包围盒，如果它内部的像素集合与某个类别标签为该给定类别的真实包围盒内部的像素集合之间的 IoU 大于给定阈值，则这个预测包围盒是真阳性（true positive，TP）；如果其内部的像素集合与任意一个类别标签为该给定类别的真实包围盒内部的像素集合的 IoU 都小于给定阈值，那么这个预测包围盒是假阳性（false positive，FP）；如果一个类别标签为该给定类别的真实包围盒中的目标没有被任何预测包围盒命中，那么这是假阴性（false negative，FN）。这样，对每幅图像的检测结果，可以计算出对于该给定类别的查全率（recall），即正确检测相对于所有真实包围盒的比例，以及查准率（precision，也称为精度），即正确检测相对于所有预测包围盒的比例：

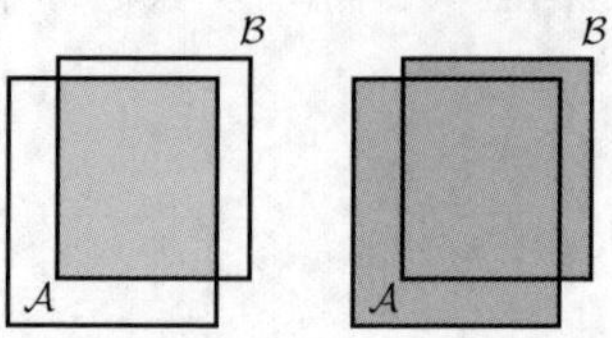

$$\text{recall} = \dfrac{\text{TP}}{\text{TP} + \text{FN}}$$

$$\text{precision} = \dfrac{\text{TP}}{\text{TP} + \text{FP}}$$

（a）真实的包围盒　（b）预测的包围盒

图 12-2　通过 IoU 度量两个包围盒的重合度

注意，由于预测包围盒是否命中真实包围盒中的目标由 IoU 阈值决定，通过调整 IoU 阈值，会得到不同的查全率和查准率。通过将 IoU 的阈值从 0 慢慢调大至 1，可以得到一个序列的查全率和查准率对。那么，基于这样一个查全率和查准率对的序列，可以做出一条查准率-查全率（precision-recall，PR）曲线，如图 12-3 所示。PR 曲线与两坐标轴所围成的区域的面积定义为平均精度（average precision，AP），而 mAP 是指各个类别 AP 的平均值。

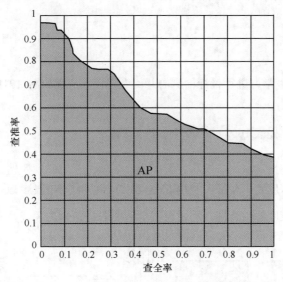

图 12-3　查准率-查全率（PR）曲线，曲线与两坐标轴所围成的区域的面积定义为平均精度（AP）

12.3　目标检测模型

虽然在 2012 年 Geoffrey Hinton 和他的学生提出了 AlexNet（见第 11 章），证明了深度卷积神经网络在图像分类上的突出性能，开启了计算机视觉的深度学习时代，但是在接下来的一两年里，研究人员并没有找到能够有效解决目标检测这一视觉识别任务的深度学习模型。这是因为，目标检测过程通常基于滑动窗口（sliding window）的策略，即用窗口（这种窗口就是一种预测包围盒）在图像上滑动，滑动到一个位置，就通过一个分类器去判断该位置窗口内是否存在目标。由于目标大小是未知的，这种滑动窗口策略需要在图像上每个位置尝试多种尺寸的窗口，每幅图总共需要尝试的窗口数可能高达数十万甚至数百万。如果用卷积神经网络作为窗口分类器，那么一幅图像的处理时长可能都需要数小时。这种处理速度是无法接受的。

是否有办法提升这种基于滑动窗口的目标检测速度呢？2014 年，Ross Girshick 等人给出了解决方案——区域卷积神经网络（region convolutional neural network，R-CNN）[1]。他们提出，不必遍历所有位置所有尺寸的窗口，只需要找到可能存在目标的候选窗口，然后用卷积神经网络对这些候选窗口做分类就可以了。那么，如何找到可能存在目标的候选窗口呢？在 2010 年左右，候选目标检测（object proposal detection）[2] 的问题被提出，即不关心目标的类别是什么，只从图像中快速找到可能存在目标的区域即可，这些区域称为候选区域（region proposal）。候选区域所属的包围盒即是候选窗口（通常候选区域是矩形区域，这种情况下候选区域就是候选窗口，本章默认这两者等价）。候选区域可能存在目标的置信度称为 objectness。基于候选目标检测可以找到可能存在目标的候选窗口，而这些候选窗口的数量远远小于所有滑动窗口的数量。这便是 R-CNN 改善检测速度的基本思想。2014 年，R-CNN 在 PASCAL VOC 检测数据集上以绝对优势获得第一名，为目标检测开启了一个新的里程碑。随后 Girshick 等人又对 R-CNN 做了进一步改进和优化，提出了 Fast R-CNN[3] 和 Faster R-CNN[4]，不但进一步提升了检测速度，也提升了检测精度。

12.3.1 R-CNN

R-CNN 是基于深度学习进行目标检测的开山之作，其流程如图 12-4 所示。可大致分为以下几个步骤：

（1）从输入图像中提取 1000~2000 个候选区域；

（2）利用深度卷积神经网络（CNN）提取每个候选区域的特征；

（3）基于提取的深度卷积特征，利用 SVM 分类器对每个候选区域进行目标类别识别；

（4）基于提取的深度卷积特征，利用包围盒回归器修正候选区域的位置与尺寸。

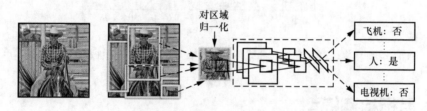

图 12-4　R-CNN 流程（插图素材源自参考文献[1]）

R-CNN 是基于深度学习的方法，所以包括训练和测试两个阶段。R-CNN 的这两个阶段大体上遵循上述的步骤，但也略有不同。接下来，我们分别详细介绍 R-CNN 的训练阶段和测试阶段。

在训练阶段，首先利用候选目标检测方法，如 Selective Search[5]，在每幅训练图像上提取 1000~2000 个候选区域；接着，把所有候选区域归一化成相同的空间分辨率，如 227 像素×227 像素，然后训练一个 CNN 用于提取这些候选区域的特征；此阶段中用到的 Selective Search 是一种经典的候选目标检测方法。它通过第 9 章中介绍的图像分割方法得到图像中的一些分割区域，然后基于区域特征，如颜色、亮度和纹理等，分层次合并区域，从图像中提取出可能包含目标的候选区域。

用于提取候选区域特征的 CNN 一般是常用的主干网络，如 AlexNet、VGG、ResNet 等。这些主干网络已在 ImageNet 数据集完成预训练，在 R-CNN 的训练阶段需要对其进行再训练。训练时，需要先对每个候选区域赋予其类别标签 $u \in \mathcal{C}$。令第 n 幅训练图像 $\mathcal{I}^{(n)}$ 中的一个候选区域内的像素集合为 $\mathcal{R}$，首先找到与该候选区域重合度最高的真实包围盒：$m^* = \arg\max_m \mathrm{IoU}(\mathcal{R}, \mathcal{B}^{(n,m)})$，其中 $\mathcal{B}^{(n,m)}$ 表示真实包围盒 $b^{(n,m)}$ 内的像素集合，该候选区域的类别标签 u 通过如下准则确定：

$$u = \begin{cases} c^{(n,m^*)}, & \text{IoU}(\mathcal{R}, \mathcal{B}^{(n,m^*)}) > 0.5 \\ 0, & \text{其他} \end{cases}$$

$u = 0$ 说明该候选区域对应的是背景，因为没有任何一个真实包围盒和它的重合度足够大。对每个候选区域赋予类别标签后，便可以基于该赋予的类别标签以图像分类为目标训练主干网络（训练方法参见 10.4 节中介绍的图像分类算法）。训练结束后，利用训练好的主干网络提取每个候选区域的特征。最后，基于主干网络提取的特征对每个类别训练一个 SVM 分类器，用于每个候选区域的类别标签预测。

除此之外，R-CNN 中还引入了包围盒回归器，对候选区域的位置和尺寸进行调整。对位置及尺寸进行调整的原因是候选区域的初始位置往往与真实包围盒存在偏差。图 12-5 展示了一个直观的例子：实线框表示目标玩具的真实包围盒，虚线框为预测的包围盒，需要对虚线框进行调整，才能使其最终的位置及尺寸与实线框更接近。具体而言，对上述候选区域，令其包围盒的坐标为 $r = (r_x, r_y, r_h, r_w)$，其中，(r_x, r_y) 表示该预测包围盒中心点的坐标，r_h 和 r_w 分别表示该候选区域的高和宽，与其重合度最高的真实包围盒为 $\boldsymbol{b} = (b_x^{(n,m^*)}, b_y^{(n,m^*)}, b_h^{(n,m^*)}, b_w^{(n,m^*)})$（为了符号的简洁性，在后续的表达中我们省略上标 (n, m^*)）。该候选区域所属的包围盒 r 相对于真实包围盒 $\boldsymbol{b}$ 需要回归的包围盒的坐标偏移量 $\boldsymbol{v} = (v_x, v_y, v_h, v_w)$ 定义为

$$v_x = \frac{b_x - r_x}{r_w}$$

$$v_y = \frac{b_y - r_y}{r_h}$$

$$v_h = \log \frac{b_h}{r_h}$$

$$v_w = \log \frac{b_w}{r_w}$$

图 12-5　预测包围盒（虚线框）和真实包围盒（实线框）

由定义可知，该包围盒的坐标偏移量包括候选区域中心点与真实包围盒中心点的相对坐标差 v_x 和 v_y 以及高和宽的缩放比例对数 v_h 和 v_w。该回归任务可以通过一个线性回归器实现。令利用训练好的主干网络提取得到的该候选区域特征为 $\Phi(r)$，则可以用 $\boldsymbol{w}^\mathrm{T} \Phi(r)$ 拟合该候选区域所属的包围盒相对于真实包围盒的坐标偏移量 $\boldsymbol{v}$，其中 $\boldsymbol{w}$ 是可学习的参数。该包围盒回归任务的损失函数定义为

$$L = \| \boldsymbol{w}^\mathrm{T} \Phi(r) - \boldsymbol{v} \|^2 + \| \boldsymbol{w} \|^2$$

R-CNN 测试阶段的步骤和训练阶段类似。给定一幅测试图像，同样也是用候选目标检测方法提取 1000～2000 个候选区域，然后将它们的空间分辨率归一化到 227 像素×227 像素。接着用训练好的主干网络提取这些候选区域的特征。基于提取的候选区域特征，用训练好的 SVM 分类器和包围盒回归器分别预测每个候选区域的目标类别和微调其位置及尺寸。因为通常检测得到的预测包围盒的数量非常多，其中存在很多误检，所以测试阶段比训练阶段多一个关键步骤——非极大值抑制（NMS），用以去除冗余的预测包围盒：对于每个类别，先挑选出置信度

最大的预测包围盒（该置信度可以是 SVM 分类器输出的类别概率），设其内部像素集合为 $\mathcal{A}$，并计算与其他预测包围盒内部像素集合（如 $\mathcal{B}$）之间的重合度 $IoU(\mathcal{A}, \mathcal{B})$。若 $IoU(\mathcal{A}, \mathcal{B})$ 大于给定的阈值，则删去 $\mathcal{B}$ 所属的预测包围盒。然后挑选出下一个置信度最大的预测包围盒，重复上述过程，如此遍历所有剩下的类别为该目标类别的预测包围盒，便得到该类别的最终检测结果，如图 12-6 所示。

图 12-6　利用 NMS 去除冗余的预测包围盒（另见彩插图 13）

12.3.2　Fast R-CNN

R-CNN 的思路虽然很直接，但很明显也存在着许多问题：

（1）对于每幅图像中的每个候选区域都要利用主干网络计算一次特征，而一幅图像通常有 2000 个候选区域，计算效率低；

（2）候选区域之间重叠较多，进行特征提取时存在重复计算；

（3）R-CNN 的训练阶段包含多个训练过程（主干网络的训练、SVM 分类器及包围盒回归器的训练），而这些训练过程并不是端到端的，即目标类别分类和包围盒回归的结果无法反馈给前端的主干网络用以更新网络参数。

为解决这些问题，Ross Girshick 于 2015 年提出了 Fast R-CNN[3]。Fast R-CNN 的设计更为紧凑，极大提高了目标检测速度。使用 VGG16 作为主干网络时，与 R-CNN 相比，Fast R-CNN 在 PASCAL VOC 2007 上的训练时间从 84 h 缩短到 9.5 h，每幅图像的测试时间从 47 s 缩短到 0.32 s。

相较于 R-CNN，Fast R-CNN 有两个重大改进：

（1）不再对每个候选区域单独提取特征，而是在提取整幅图像的特征图后，直接从特征图提取每个候选区域的特征，避免了多次用主干网络计算特征的过程；

（2）Fast R-CNN 的候选区域特征提取与分类器及回归器的训练是一个端到端的过程，分类和回归的结果可以反馈给主干网络用以更新网络参数。

实现这两个改进的关键是引入一个感兴趣区域（region of interest，ROI）特征提取器。所谓

ROI，是图像上的候选区域映射在特征图上的对应区域。这个特征提取器需要从整幅图像的特征图中提取每个 ROI 的特征（从而根据候选区域和 ROI 的映射关系，得到每个候选区域的特征），且不同空间分辨率的 ROI 需要具有统一的特征维度，以方便接入后续的分类器和回归器进行训练。Fast R-CNN 中提出的候选区域特征提取器叫作 ROI 池化。简单来说，ROI 池化层将每个 ROI 均匀分成 $M \times N$ 个子窗口，然后对每个子窗口内的特征进行池化。设整幅图像的特征图中特征向量的维度为 d，则不论 ROI 的空间分辨率为多少，通过 ROI 池化层产生的 ROI 特征图的维度统一为 $M \times N \times d$。

具体来说，Fast R-CNN 整体流程如图 12-7 所示，可分为 3 个步骤：

（1）从输入图像提取候选区域；

（2）利用主干网络计算整幅输入图像的特征图；

（3）通过 ROI 池化从整幅图像的特征图直接提取每个候选区域的特征，用于候选区域目标类别分类与包围盒回归。

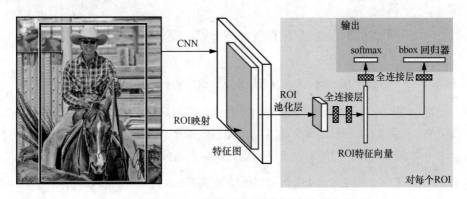

图 12-7　Fast R-CNN 流程（插图素材源自参考文献[3]）

由于 ROI 池化是在整幅图像的特征图上进行的，实现这个操作需要计算得到候选区域和 ROI 之间的映射关系，这先要了解主干网络（如 ResNet 或 VGG 等）中卷积层和池化层的操作对特征图空间分辨率的影响。例如，一幅图像在经过一个步长为 2 的卷积层或池化层后，输出的特征图的宽度和高度分别是原图像的宽度和高度的 $\frac{1}{2}$。依此类推，一幅图像在经过 l 个步长为 2 的卷积层或池化层后，输出的特征图的宽度和高度则分别是原图像的宽度和高度的 $\frac{1}{2^l}$。由此可知，当前特征图与原始输入图像相比，空间分辨率会存在一个比例关系，称为空间下采样因子（spatial downsampling factor）。例如，在使用 VGG16 作为主干网络时，其最后一个卷积层输出的特征图的空间下采样因子 $S = 32$（因为下采样了 5 次）。对于一个给定的原始图像上的候选区域，可以通过以下计算过程找到在特征图中对应的 ROI。

设原始图像中的候选区域的左上角坐标为 (x_1, y_1)，右下角坐标为 (x_2, y_2)。先将原始坐标除以空间下采样因子 S，然后对左上角坐标向下取整，并对右下角坐标向上取整，分别得到取整的坐标 $\left(\left\lfloor \frac{x_1}{S} \right\rfloor, \left\lfloor \frac{y_1}{S} \right\rfloor\right)$ 和 $\left(\left\lceil \frac{x_2}{S} \right\rceil, \left\lceil \frac{y_2}{S} \right\rceil\right)$。取整是因为除以空间下采样因子可能会导致坐标为非整

数。这里我们举一个实际的例子，假设原始候选区域的左上角坐标和右下角坐标分别为(50,50)和(200,200)，并且空间下采样因子为16，如图12-8所示，对应在特征图中区域的左上角坐标和右下角坐标即为$\left(\frac{50}{16},\frac{50}{16}\right)$和$\left(\frac{200}{16},\frac{200}{16}\right)$（图中虚线框），那么取整后的坐标分别为$\left(\left\lfloor\frac{50}{16}\right\rfloor,\left\lfloor\frac{50}{16}\right\rfloor\right)$和$\left(\left\lceil\frac{200}{16}\right\rceil,\left\lceil\frac{200}{16}\right\rceil\right)$。根据取整后的坐标，可以找到特征图中与原始图像中的候选区域对应的映射区域。在上述例子中，经过取整，特征图中的映射区域的左上角坐标为(3,3)，右下角坐标为(13,13)，即映射区域为实线框所示区域。

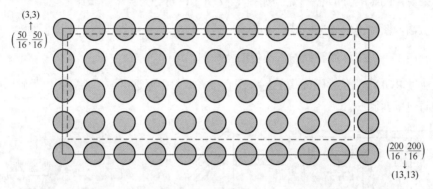

图 12-8　对特征图中候选区域的坐标进行取整

基于上述计算过程得到特征图中的映射区域后，便可以通过 ROI 池化层来提取这些区域的特征。接下来，如图 12-7 所示，每个 ROI 特征图通过两个全连接层后得到一个 ROI 特征向量；最后，基于 ROI 特征向量，对给定候选区域进行目标类别分类和包围盒回归。

与 R-CNN 一样，Fast R-CNN 也包括训练和测试两个阶段。在训练阶段，对于每个 ROI，需要为其赋予一个真实类别标签 u 和包围盒回归偏移量 v，采用的赋予方式与 R-CNN 中的相同。Fast R-CNN 中定义该 ROI 上的损失函数为

$$L(q,u,t,v) = L_{cls}(q,u) + \lambda I(u) L_{loc}(t,v)$$

其中，q 是图 12-7 中 softmax 层对该 ROI 的类别分类输出，是一个定义在 $|\mathcal{C}|+1$（+1 表示背景类别）个类别上的概率分布；t 是图 12-7 中包围盒回归层对该 ROI 的包围盒回归偏移量输出；I 是一个指示函数（indicator function），在 $u \geq 1$ 时返回 1，否则返回 0，因为当候选区域被认为是背景类别时不需要进行候选区域的包围盒回归。

损失函数由两部分组成，一个是分类损失 L_{cls}，一个是包围盒回归损失 L_{loc}。其中，$L_{cls}(q,u) = -\log(q_u)$，$q_u$ 表示预测的分布 q 在真实类别 u 上的概率值。而 L_{loc} 是平滑 L1 范数（smooth L1 norm）损失，定义如下：

$$L_{loc}(t,v) = \sum_{j \in \{x,y,w,h\}} \text{smooth}_{L_1}(t_j - v_j)$$

其中，

$$\text{smooth}_{L_1}(x) = \begin{cases} 0.5x^2, & |x|<1 \\ |x|-0.5, & \text{其他} \end{cases}$$

Fast R-CNN 在测试阶段的步骤与训练阶段类似，也是包含上述 3 个步骤。与 R-CNN 的测试阶段类似，最后需要使用非极大值抑制来合并多个高度重叠的预测包围盒。

接下来，我们来学习 Fast R-CNN 中 ROI 池化这一核心模块的代码实现。

```python
import numpy as np

def ROI_pooling(feature_map, ROIs, output_size):
    # feature_map: 输入特征图, shape 为(H, W, C)
    # ROIs: 包含 ROI 的位置坐标和高、宽, shape 为(num_ROIs, 4)
    # output_size: ROI 池化后输出的大小

    # 将 ROI 位置坐标和高度、宽度转换为整数
    ROIs = np.round(ROIs).astype(np.int32)

    # 计算每个 ROI 的高度和宽度
    ROI_heights = ROIs[:, 2] - ROIs[:, 0]   # (num_ROIs,)
    ROI_widths = ROIs[:, 3] - ROIs[:, 1]    # (num_ROIs,)

    # 计算每个 ROI 的垂直步长和水平步长
    stride_y = ROI_heights / output_size[0]
    stride_x = ROI_widths / output_size[1]

    # 初始化输出数组
    pooled_ROIs = np.zeros((ROIs.shape[0], output_size[0], output_size[1],
                            feature_map.shape[2]))

    # 对每个 ROI 内的特征进行池化操作
    for i, ROI in enumerate(ROIs):
        # 获取 ROI 的坐标
        y1, x1, y2, x2 = ROI

        # 计算每个 ROI 的垂直池化步长和水平池化步长
        dy = (y2 - y1) / output_size[0]
        dx = (x2 - x1) / output_size[1]

        # 对每个通道的特征进行池化
        for c in range(feature_map.shape[2]):
            for y in range(output_size[0]):
                for x in range(output_size[1]):
                    # 计算当前子窗口的坐标
                    y_start = int(np.floor(y1 + y * dy))
                    x_start = int(np.floor(x1 + x * dx))
                    y_end = int(np.ceil(y_start + dy))
                    x_end = int(np.ceil(x_start + dx))

                    # 取出当前子窗口对应的特征图区域
                    patch = feature_map[y_start:y_end, x_start:x_end, c]

                    # 对当前子窗口进行池化
                    pooled_ROIs[i, y, x, c] = np.max(patch)

    return pooled_ROIs
```

12.3.3 Faster R-CNN

尽管 Fast R-CNN 相较于 R-CNN 在测试时间上实现了显著的提升，从每幅图像的 47 s 缩减至 0.32 s，测试速度提升了 146 倍，但需要注意的是，这个测试时间并未包含候选区域提取所用的时间。实际上，候选区域提取过程正是目标检测速度的瓶颈所在。

为了进一步提升目标检测的速度，任少卿、何恺明、Ross Girshick 和孙剑于 2015 年提出了 Faster R-CNN[4]。该方法通过引入候选区域网络（region proposal network，RPN）实现了高效的候选区域提取，将目标检测的测试时间缩短到每幅图像 0.2 s（包含候选区域提取过程），相较于 R-CNN 实现了近 250 倍的速度提升。相较于 Fast R-CNN，Faster R-CNN 通过 RPN 直接从图像的特征图生成若干候选区域，取代了之前传统的候选目标检测方法（如 Selective Search），实现了端到端的训练模式。简单地说，Faster R-CNN 可以被理解为"RPN + Fast R-CNN"，其整体流程如图 12-9 所示，主要包括以下两个步骤：

（1）通过 RPN 从输入图像中提取候选区域；

（2）基于 Fast R-CNN 的框架对这些候选区域进行目标类别分类与包围盒回归。

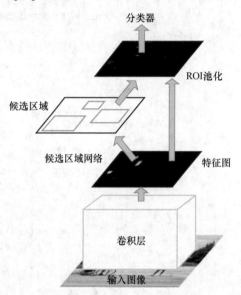

图 12-9　Faster R-CNN 流程
（插图素材源自参考文献[4]）

RPN 是 Faster R-CNN 中引入的核心模块，它采用轻量级的卷积神经网络作用于特征图上，利用卷积操作的滑动窗口特性，实现了滑动窗口检测策略，从而取代了传统的候选区域生成方法，其过程如图 12-10 所示。RPN 以主干网络中的卷积层输出的特征图为输入，利用轻量级的卷积神经网络在特征图上滑动，每滑动到一点处，将以当前点为中心的空间分辨率为 $s \times s$（一般 $s = 3$ 像素）的滑动窗口内的特征映射成一个维度为 d（通常，$d = 256$ 或者 512）的特征向量。该特征向量被输入到两个并行的全连接层——一个分类层和一个回归层，实现候选区域生成。注意，目前我们只提及了候选区域的位置，即当前滑动窗口的中心，而候选区域的尺寸仍然是未知的。为此，RPN 中引入了一个重要概念——锚框（anchor）。锚框是居中于当前滑动窗口的一个矩形区域，通过预定义的尺寸和高宽比确定其空间分辨率。这样，上述分类层输出两个分数，即当前锚框中存在目标的置信度和不存在目标的置信度；回归层输出 4 个包围盒的坐标偏移量参数，即当前锚框（锚框是矩形区域，也是一个包围盒）与其对应目标的真实包围盒之间的坐标偏移量。由于图像中的目标尺寸是未知的，为了实现多尺寸目标检测，RPN 在特征图的每个点生成多个候选区域，生成的候选区域个数 k 由预定义的锚框种类决定，即由基础空间分辨率的锚框种类决定。RPN 中通常采用 3 种锚框尺寸和 3 种锚框高宽比，所以总共有 $k = 9$ 种预定义的锚框。因为定义了 k 种锚框，上述的分类层和回归层分别在每个滑动窗口处输出 $2k$ 个置信度分数和 $4k$ 个包围盒的坐标偏移量参数。若主干网络卷积层输出的特征图的大小为 $H \times W$（一般约为 2400），其中 H 和 W 分别是特征图的高和宽，则该图像中锚框的总数为 $H \times W \times k$ 个。

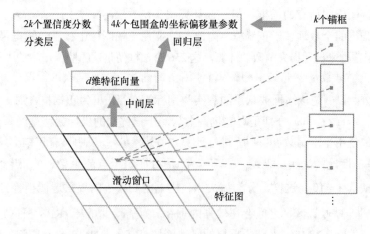

图 12-10　RPN 的网络结构（插图源自参考文献[4]）

Faster R-CNN 同样包括训练和测试两个阶段。在训练阶段，相比 Fast R-CNN 的训练阶段，Faster-CNN 增加了 RPN 的训练。类似于 R-CNN 和 Fast R-CNN 的训练过程，为了训练 RPN，需要给每个锚框赋予一个真实类别标签，该真实类别标签是一个二类标签，表示该锚框中是否存在需要检测的目标。真实类别标签的赋予仍然基于 IoU 的准则。满足以下两个条件之一，一个锚框就可以被赋予正的真实类别标签（该锚框为正锚框，其中存在需要检测的目标）：

（1）该锚框内部的像素集合与某个真实包围盒内部的像素集合之间的 IoU 是所有锚框中最大的；

（2）该锚框内部的像素集合与任意一个真实包围盒内部的像素集合之间的 IoU 大于 0.7。

通常来说，根据条件 2 已经足够确定一个锚框的真实类别标签为正标签，但在有些极端情况下，对一个真实包围盒，可能无法找到任何一个锚框满足条件 2，这时就需要条件 1 作为补充。如果一个锚框不满足上述任意一个条件，并且该锚框内部的像素集合与每个真实包围盒内部的像素集合之间的 IoU 都小于 0.3，那么这个锚框将被赋予负的真实类别标签（该锚框为负锚框，其中不存在需要检测的目标）。如果一个锚框既没有被赋予正标签，也没有被赋予负标签，那么这个锚框将不参与 RPN 的训练过程。

RPN 也为每个锚框指定了一个真实包围盒，用于后续包围盒回归任务。具体而言，首先计算每个真实包围盒内部的像素集合与所有锚框内部的像素集合的 IoU，找到最大 IoU 对应的真实包围盒与锚框，并将它们匹配；接着，对剩下未匹配的锚框，先寻找与其内部的像素集合 IoU 最大的像素集合对应的真实包围盒，若该 IoU 大于设定的阈值（一般为 0.5），则将该真实包围盒匹配给该锚框。反之，则不进行匹配。

在上述定义的基础上，对一幅图像而言，RPN 的损失函数定义如下：

$$L(q^i, u^i, t^i, v^i) = \frac{1}{N_{\text{cls}}} \sum_i L_{\text{cls}}(q^i, u^i) + \frac{\lambda}{N_{\text{reg}}} \sum_i u^i L_{\text{reg}}(t^i, v^i)$$

其中，i 是一个由这幅图像中锚框组成的小批次（mini-batch）中的锚框索引。理论上，该小批次可以包含这幅图像中所有的锚框，但这样计算损失函数会导致类别样本数量失衡，因为通常一幅图像中负锚框的个数远多于正锚框。为此，RPN 在一幅图像中按正负锚框最大比例为 1∶1 随机采样 256 个锚框来进行损失函数的计算，这 256 个锚框便是这幅图像产生的"小批次"。如果一幅图像中的正锚框数量少于 128，那么将使用负锚框对这一小批次进行填充。q^i 为该锚框为正锚框的预测分数，u^i 是该锚框被赋予的真实类别标签。若锚框为正锚框，则 $u^i=1$，反之若锚框为负锚框，$u^i=0$。t^i 和 v^i 分别是真实包围盒相对于该锚框的坐标偏移量的预测值和真实值。包围盒回归损失使用平滑函数 smooth_{L_1} 进行计算，另外，$u^i L_{\text{reg}}$ 表明只有正锚框才需要进行包围盒回归。N_{cls} 是小批次的大小，即 $N_{\text{cls}}=256$；N_{reg} 是特征图上点的总数，N_{reg} 近似为 2400；λ 是一个超参数，默认 $\lambda=10$，这样，分类损失和包围盒回归损失的权重近似相等。

RPN 产生的一些候选区域之间存在较高的重叠。为了减少冗余，RPN 根据它们的置信度分数采用非极大值抑制（NMS）来减少重叠的候选区域。其中，NMS 的 IoU 阈值固定为 0.7，这样，每幅图像大约会保留 2000 个候选区域。NMS 不但不会降低最终的检测准确性，还减少了候选区域的数量。在进行 NMS 后，RPN 选取分数排名靠前的 N 个候选区域用于 Fast R-CNN 的训练。由于 RPN 和 Fast R-CNN 的分别训练会以不同的方式影响主干网络的参数，因此 Faster R-CNN 采用了一种"四步交替训练"的方式实现训练时主干网络的参数共享，而不是学习两组单独的主干网络参数。四步交替训练流程如下。

（1）RPN 所接的主干网络参数由在 ImageNet 数据集上预训练好的主干网络参数初始化，并按上述过程训练 RPN 和与之所接的主干网络；

（2）Fast R-CNN 所接的主干网络参数同样由在 ImageNet 数据集上预训练好的主干网络参数初始化。然后使用第一步 RPN 生成的候选区域训练 Fast R-CNN 和与之所接的主干网络。注意，此时 RPN 和 Fast R-CNN 不共享主干网络的参数，即它们所接的主干网络的参数是不同的；

（3）使用 Fast R-CNN 所接的主干网络参数来初始化 RPN 所接的主干网络参数，并固定主干网络参数，微调只属于 RPN 的网络层级。此时，RPN 和 Fast R-CNN 共享主干网络；

（4）固定共享的主干网络的参数，微调只属于 Fast R-CNN 的网络层级。

Faster R-CNN 在测试阶段的步骤与训练阶段类似，也是包含了上述几个步骤。对一幅测试图像，Faster R-CNN 先利用 RPN 生成一系列候选区域，利用 NMS 对这些候选区域进行筛选，然后利用 Fast R-CNN 对这些候选区域进行包围盒的预测。

接下来我们来看 RPN 的代码实现中的一些细节。在代码中，RPN 被定义为 `RegionProposalNetwork`，输入是使用 CNN 主干网络提取训练图像得到的特征图，输出是该特征图上的候选区域。

12.4　RPN 代码整体框架

先概览 RPN 代码的整体框架。

```python
class RegionProposalNetwork(torch.nn.Module):
    """
    RPN 的实现。该网络负责生成候选区域
    这些区域随后被传给 Fast R-CNN 模块
    """

    def __init__(
        self,
        # 生成锚框的坐标的模块
        anchor_generator,
        # 用于对锚框进行正、负分类和包围盒回归的网络头
        head,
        # 锚框被判定为正锚框的 IoU 阈值,默认值为 0.7
        # 若锚框内部的像素集合与任意一个真实包围盒内部的像素集合的 IoU 都大于 fg_iou_thresh
        # 则认为该锚框中存在需要检测的目标
        fg_iou_thresh,
        # 锚框被判定为负锚框的 IoU 阈值,默认值为 0.3
        # 若锚框内部的像素集合与所有真实包围盒内部的像素集合的 IoU 都小于 bg_iou_thresh
        # 则认为该锚框中不存在需要检测的目标
        bg_iou_thresh,
        # 每幅图像采样的锚框数目
        batch_size_per_image,
        # 采样的正锚框的比例
        # 正锚框数=batch_size_per_image*positive_fraction
        positive_fraction,
        # NMS 前候选区域数目
        # 最多选取前 pre_nms_top_n 个候选区域
        pre_nms_top_n,
        # NMS 后候选区域数目
        # 最多选取前 post_nms_top_n 个候选区域送入 roi_head
        post_nms_top_n,
        # NMS 时,设定的阈值
        nms_thresh,
        # 最终返回分数大于该阈值的候选区域
        score_thresh=0
    ):
        super(RegionProposalNetwork, self).__init__()

        self.anchor_generator = anchor_generator
        self.head = head

        # 对锚框的坐标进行编码和解码的编解码器
        self.box_coder = det_utils.BoxCoder(weights=(1.0, 1.0, 1.0, 1.0))

        # 定义 IoU 的函数
        self.box_similarity = box_ops.box_iou

        # 定义用于锚框和真实包围盒匹配的匹配器
        self.proposal_matcher = det_utils.Matcher(
            fg_iou_thresh,
            bg_iou_thresh,
            allow_low_quality_matches=True,
```

```python
    )
    # 定义正负锚框采样器，确保正负样本均衡
    self.fg_bg_sampler = det_utils.BalancedPositiveNegativeSampler(
        batch_size_per_image, positive_fraction
    )

    self._pre_nms_top_n = pre_nms_top_n
    self._post_nms_top_n = post_nms_top_n
    self.nms_thresh = nms_thresh
    self.score_thresh = score_thresh
    # 定义去除面积过小的候选区域的阈值
    self.min_size = 1e-3

def pre_nms_top_n(self):
    # 返回训练或测试阶段前 NMS 操作的候选区域数量
    pass

def post_nms_top_n(self):
    # 返回训练或测试阶段后 NMS 操作的候选区域数量
    pass

def assign_targets_to_anchors(self, anchors, targets):
    # 为每个锚框赋予正、负标签和与其匹配的真实包围盒
    pass

def filter_proposals(self, proposals, objectness, image_shapes,
                     num_anchors_per_level):
    # 对候选区域进行筛选，得到高质量的候选区域
    pass

def compute_loss(self, objectness, pred_bbox_deltas, labels,
                 regression_targets):
    # 计算训练时的损失函数
    pass

def forward(self, images, features, targets=None):
    """
    RPN 的前向传播。输入图像和特征图，生成候选区域

    参数：
    - images: 输入的图像
    - features: 从每幅图像计算得到的不同网络层级输出的特征图，该变量的数据结构为字典
    - targets: 每幅图像中的真实包围盒。该参数可以为空，如果不为空，则需要提供每个真实包
               围盒的坐标

    返回：
    - boxes: RPN 预测的候选区域
    - losses: 训练时的损失，测试时该项为空
    """
    # 得到主干网络不同层级输出的特征图
    features = list(features.values())
```

```python
    # 预测每个锚框是否包含目标的置信度和与其匹配的真实包围盒相对该锚框的坐标偏移量
    objectness, pred_bbox_deltas = self.head(features)

    # 生成锚框的坐标
    anchors = self.anchor_generator(images, features)

    num_images = len(anchors)
    num_anchors_per_level_shape_tensors = [o[0].shape for o in objectness]
    num_anchors_per_level = [s[0] * s[1] * s[2] for s in num_anchors_per_
            level_shape_tensors]
    objectness, pred_bbox_deltas = concat_box_prediction_layers(objectness,
            pred_bbox_deltas)
    # 注意这里每层的 H、W 不全相同

    # 这里使用 pred_bbox_deltas.detach 阻断梯度传播
    # 在训练后续网络（Fast R-CNN）时可以保持 RPN 的参数不更新

    # 解码得到候选区域的包围盒的坐标
    proposals = self.box_coder.decode(pred_bbox_deltas.detach(), anchors)
    proposals = proposals.view(num_images, -1, 4)

    # 先按分数排序，选最大的前 pre_nms_top_n 个，并对越界的候选区域进行剪裁
    # 筛选候选区域并应用 NMS 去除冗余的候选区域
    boxes, scores = self.filter_proposals(proposals, objectness,
            images.image_sizes, num_anchors_per_level)

    losses = {}
    # 注意：只有在训练时才进行以下步骤
    if self.training:

        # 确保训练时提供了目标
        assert targets is not None
        # 为锚框赋予标签和与其匹配的真实包围盒
        labels, matched_gt_boxes = self.assign_targets_to_anchors(anchors,
                targets)

        # regression_targets 为真实包围盒相对于与之匹配的锚框的坐标偏移量
        # 对此偏移量进行编码
        regression_targets = self.box_coder.encode(matched_gt_boxes, anchors)

        # 计算损失函数
        loss_objectness, loss_rpn_box_reg = self.compute_loss(objectness,
                pred_bbox_deltas, labels, regression_targets)
        losses = {
            "loss_objectness": loss_objectness,
            "loss_rpn_box_reg": loss_rpn_box_reg,
        }
    return boxes, losses


def concat_box_prediction_layers(box_cls, box_regression):
```

```python
"""
将网络不同层级输出的特征图中的锚框的正、负分类和包围盒回归的结果进行拼接
"""
box_cls_flattened = []
box_regression_flattened = []

for box_cls_per_level, box_regression_per_level in zip(
    box_cls, box_regression
):
    N, AxC, H, W = box_cls_per_level.shape
    Ax4 = box_regression_per_level.shape[1]
    A = Ax4 // 4
    C = AxC // A
    box_cls_per_level = permute_and_flatten(
        box_cls_per_level, N, A, C, H, W
    )
    box_cls_flattened.append(box_cls_per_level)

    box_regression_per_level = permute_and_flatten(
        box_regression_per_level, N, A, 4, H, W
    )
    box_regression_flattened.append(box_regression_per_level)

box_cls = torch.cat(box_cls_flattened, dim=1).flatten(0, -2)
box_regression = torch.cat(box_regression_flattened, dim=1).reshape(-1, 4)

# box_cls:[N*levels*A*H*W,1]
# box_regression:[N*levels*A*H*W,4]
return box_cls, box_regression
```

观察上面的代码，不难发现 forward() 函数是最核心的部分。我们可以将其核心步骤提炼出来，变成下述伪代码：

```python
class RegionProposalNetwork(torch.nn.Module):
    "...省略部分模块..."
    def forward(self, images, features, targets=None):
        "...省略部分模块..."
        ###-------- 训练和测试阶段共用的代码模块 --------###
        # 预测每个锚框是否包含目标的置信度和与其匹配的真实包围盒相对该锚框的坐标偏移量
        objectness, pred_bbox_deltas = self.head(features)
        # 生成锚框的坐标
        anchors = self.anchor_generator(images, features)
        # 解码得到候选区域的包围盒的坐标
        proposals = self.box_coder.decode(pred_bbox_deltas.detach(), anchors)
        # 筛选候选区域并应用 NMS 去除冗余的候选区域
        boxes, scores = self.filter_proposals(proposals, objectness, images.
            image_sizes, num_anchors_per_level)

        ###-------- 只在训练阶段使用的代码模块 --------###
        if self.training:
            # 为锚框赋予标签和与其匹配的真实包围盒
            labels, matched_gt_boxes = self.assign_targets_to_anchors(anchors,
```

```
                    targets)
            # regression_targets 为真实包围盒相对于与之匹配的锚框的坐标偏移量
            # 对此偏移量进行编码
            regression_targets = self.box_coder.encode(matched_gt_boxes, anchors)
            # 计算损失函数
            loss_objectness, loss_rpn_box_reg = self.compute_loss(objectness,
                    pred_bbox_deltas, labels, regression_targets)
            losses = {
                "loss_objectness": loss_objectness,
                "loss_rpn_box_reg": loss_rpn_box_reg,
            }
        return boxes, losses
```

不难发现，RPN 的训练阶段和测试阶段都需要用到 head、anchor_generator、box_coder 和 filter_proposals 这 4 个模块，在训练时还需要使用 assign_targets_to_anchors 和 compute_loss 模块。首先，RPN 先从多尺度的特征图中生成 $2k$ 个置信度分数和 $4k$ 个包围盒的坐标偏移量参数（head 模块），即预测锚框是否包含目标的置信度和与之匹配的真实包围盒相对于该锚框的坐标偏移量。然后，PRN 生成一系列不同尺寸及高宽比的锚框的坐标（anchor_generator 模块），再利用预测的偏移量和生成锚框解码得到一系列候选区域（box_coder 模块），最后对这些候选区域进行筛选并进行 NMS 筛选（filter_proposals 模块），得到高质量的候选区域传递给后续的 Fast R-CNN 网络。

如果此时为测试阶段，RPN 直接返回最终筛选得到的候选区域即可；若此时为训练阶段，还需要为每个锚框赋予正、负标签和与其匹配的真实包围盒，并基于这些信息进行损失函数的计算。我们先介绍只在训练时需要进行的模块，再介绍训练和测试时都需要使用的模块。

12.4.1 训练模块

观察 RPN 代码中的 if self.training 部分。

```
class RegionProposalNetwork(torch.nn.Module):
    "...省略部分模块..."
    def forward(self, images, features, targets=None):
        "...省略部分模块..."
        if self.training:
            # 确保训练时提供了目标
            assert targets is not None
            # 为锚框赋予标签和与其匹配的真实包围盒
            labels, matched_gt_boxes = self.assign_targets_to_anchors
                    (anchors, targets)

            # regression_targets 为真实包围盒相对于与之匹配的锚框的坐标偏移量
            # 对此偏移量进行编码
            regression_targets = self.box_coder.encode(matched_gt_boxes,
                    anchors)

            loss_objectness, loss_rpn_box_reg = self.compute_loss(objectness,
                    pred_bbox_deltas, labels, regression_targets)
```

```
                    losses = {
                        "loss_objectness": loss_objectness,
                        "loss_rpn_box_reg": loss_rpn_box_reg,
                    }
            return boxes, losses
```

在训练时,RPN 首先为每个锚框赋予正、负标签并为其指定一个真实包围盒(self.assign_targets_to_anchors 模块),然后计算该真实包围盒相对于这一锚框的坐标偏移量(self.box_coder.encode 模块)。在此之后,RPN 对每个锚框计算分类损失与包围盒回归损失(self.compute_loss 模块)。我们先来观察 self.assign_targets_to_anchors 模块。

```python
class RegionProposalNetwork(torch.nn.Module):
    "...省略部分模块..."

    def assign_targets_to_anchors(self, anchors, targets):
        """
        为每个锚框赋予正、负标签和与其匹配的真实包围盒的坐标

        参数:
        - anchors: 锚框列表,其中每个元素对应一幅图像的锚框的包围盒
        - targets: 真实包围盒的列表,其中每个元素的数据结构是字典,包含键"boxes"和其对应的
                   真实包围盒

        返回:
        - labels: 每个锚框的标签,0 代表负锚框,1 代表正锚框,-1 代表忽略
        - matched_gt_boxes: 每个锚框匹配的真实包围盒
        """
        labels = []
        matched_gt_boxes = []
        for anchors_per_image, targets_per_image in zip(anchors, targets):
            gt_boxes = targets_per_image["boxes"]
            print(gt_boxes[0])
            match_quality_matrix = box_ops.box_iou(gt_boxes, anchors_per_image)

            matched_idxs = self.proposal_matcher(match_quality_matrix)
            # 对正锚框获取与之匹配的真实包围盒,负索引(-1, -2)通过 clamp 操作
            # 变为 0,即取第一个真实包围盒作为占位
            matched_gt_boxes_per_image = gt_boxes[matched_idxs.clamp(min=0)]

            # 标记正锚框
            labels_per_image = matched_idxs >= 0
            labels_per_image = labels_per_image.to(dtype=torch.float32)

            # 标记负锚框
            bg_indices = matched_idxs == self.proposal_matcher.
                    BELOW_LOW_THRESHOLD # 默认为-1
            labels_per_image[bg_indices] = torch.tensor(0.0)

            # 标记忽略的锚框
            inds_to_discard = matched_idxs == self.proposal_matcher.
                    BETWEEN_THRESHOLDS # 默认为-2
```

```python
            labels_per_image[inds_to_discard] = torch.tensor(-1.0)

            labels.append(labels_per_image)
            matched_gt_boxes.append(matched_gt_boxes_per_image)
    return labels, matched_gt_boxes

# 计算 IoU
def box_iou(boxes1, boxes2):
    """
    计算两组包围盒内部像素集合之间的交并比(IoU)

    参数:
    - boxes1: 第一组包围盒,形状为[N,4]
    - boxes2: 第二组包围盒,形状为[M,4]

    返回:
    - IoU 矩阵,形状为[N,M],代表 boxes1 中每个包围盒内部像素集合与 boxes2 中每个包围盒内部像
      素集合的 IoU
    """
    area1 = box_area(boxes1)
    area2 = box_area(boxes2)

    # 计算两组包围盒重叠区域的左上角坐标
    lt = torch.max(boxes1[:, None, :2], boxes2[:, :2])
    # 计算两组包围盒重叠区域的右下角坐标
    rb = torch.min(boxes1[:, None, 2:], boxes2[:, 2:])
    # 计算两组包围盒重叠区域的宽度和高度
    wh = (rb - lt).clamp(min=0)
    # 计算两组包围盒重叠区域的面积
    inter = wh[:, :, 0] * wh[:, :, 1]
    # 计算 IoU
    iou = inter / (area1[:, None] + area2 - inter)

    return iou
```

在这一步为每个锚框赋予了正、负类别标签和与其匹配的真实包围盒。RPN 的 self.proposal_matcher 定义为 Matcher 类。

```python
class Matcher(object):
    """
    首先为每个锚框寻找与其重合度最高的真实包围盒,重合度通过它们内部像素集合之间的 IoU 度量
    再根据 IoU 的值进一步为锚框赋予正、负类别标签
    """
    def __init__(self, high_threshold, low_threshold,
                 allow_low_quality_matches=False):
        """
        初始化匹配器

        参数:
        - high_threshold (float): 视为正锚框的 IoU 阈值
        - low_threshold (float): 视为负锚框的 IoU 阈值
        - allow_low_quality_matches (bool): 是否允许低质量匹配。当为 True 时,保证每个
```

```python
                                            真实包围盒至少匹配到一个锚框
        """
        # IoU 低于低阈值时的标签
        self.BELOW_LOW_THRESHOLD = -1
        # IoU 位于两个阈值之间的标签
        self.BETWEEN_THRESHOLDS = -2

        # 低阈值必须小于或等于高阈值
        assert low_threshold <= high_threshold

        self.high_threshold = high_threshold
        self.low_threshold = low_threshold
        self.allow_low_quality_matches = allow_low_quality_matches

    def __call__(self, match_quality_matrix):
        """
        执行匹配过程

        参数:
        - match_quality_matrix (Tensor): 每个真实包围盒内部的像素集合与每个锚框内部的
                                        像素集合之间的 IoU 的矩阵

        返回:
        - matches (Tensor): 每个锚框匹配到的真实包围盒索引, 负锚框为-1, 忽略的锚框为-2
        """

        # 寻找与每个锚框最匹配的真实包围盒
        matched_vals, matches = match_quality_matrix.max(dim=0)

        if self.allow_low_quality_matches:
            all_matches = matches.clone()
            # 临时值, 在筛选值较低的 IoU 的索引前先保存
        else:
            all_matches = None

        below_low_threshold = matched_vals < self.low_threshold
        between_thresholds = (matched_vals >= self.low_threshold) & \
                             (matched_vals < self.high_threshold)

        # 标记负锚框
        matches[below_low_threshold] = torch.tensor(self.BELOW_LOW_THRESHOLD)
        # 标记被忽略的锚框
        matches[between_thresholds] = torch.tensor(self.BETWEEN_THRESHOLDS)

        if self.allow_low_quality_matches:
            assert all_matches is not None
            self.set_low_quality_matches_(matches, all_matches,
                                          match_quality_matrix)

        return matches

    def set_low_quality_matches_(self, matches, all_matches,
                                 match_quality_matrix):
```

```python
"""
可能会出现一种情况：一个真实包围盒内部的像素集合与所有锚框内部的像素集合的 IoU 都小于阈值
即可能会存在某一个真实包围盒没有匹配到锚框
本函数可以避免这一情况的出现，确保每个真实包围盒都能匹配到一个锚框
"""
highest_quality_foreach_gt, _ = match_quality_matrix.max(dim=1)
gt_pred_pairs_of_highest_quality = torch.nonzero(
    match_quality_matrix == highest_quality_foreach_gt[:, None]
)

pred_inds_to_update = gt_pred_pairs_of_highest_quality[:, 1]
# 即使 IoU 低于低阈值，也保证每个真实包围盒至少匹配到一个锚框
matches[pred_inds_to_update] = all_matches[pred_inds_to_update]
```

这里还有一个细节需要注意：正锚框与负锚框的比例并不均衡，通常，负锚框数量远多于正锚框。因此，在训练时需要平衡两者的数量。可以通过采样的方式进行二者比例的控制，具体实现如下。

```python
class BalancedPositiveNegativeSampler(object):
    """
    采样数量平衡的正、负锚框
    """
    def __init__(self, batch_size_per_image, positive_fraction):
        """
        初始化采样器

        参数：
        - batch_size_per_image (int)：从每幅图像中采样的锚框样本总数
        - positive_fraction (float)：正锚框在所有样本中的比例
        """
        self.batch_size_per_image = batch_size_per_image
        self.positive_fraction = positive_fraction

    def __call__(self, matched_idxs):
        # type: List[Tensor]
        """
        对每幅图像执行正、负锚框的采样

        参数：
        - matched_idxs (List[Tensor])：每幅图像的锚框所匹配的真实包围盒的索引列表

        返回：
        - pos_idx (List[Tensor])：从每幅图像中采样的正锚框索引
        - neg_idx (List[Tensor])：从每幅图像中采样的负锚框索引
        """
        pos_idx = []
        neg_idx = []
        for matched_idxs_per_image in matched_idxs:
            # 确定正、负锚框
            positive = torch.nonzero(matched_idxs_per_image >= 1, as_tuple=False).squeeze(1)
            negative = torch.nonzero(matched_idxs_per_image == 0, as_tuple=False).squeeze(1)
```

```python
        # 确定正、负锚框的采样数量
        num_pos = min(positive.numel(), int(self.batch_size_per_image * self.
                      positive_fraction))
        num_neg = min(negative.numel(), self.batch_size_per_image - num_pos)

        # 对正、负锚框进行随机采样
        perm1 = torch.randperm(positive.numel(), device=positive.device)
                    [:num_pos]
        perm2 = torch.randperm(negative.numel(), device=negative.device)
                    [:num_neg]

        pos_idx_per_image = positive[perm1]
        neg_idx_per_image = negative[perm2]

        # 创建正、负锚框的索引
        pos_idx_per_image_mask = torch.zeros_like(matched_idxs_per_image,
                                                  dtype=torch.bool)
        neg_idx_per_image_mask = torch.zeros_like(matched_idxs_per_image,
                                                  dtype=torch.bool)

        pos_idx_per_image_mask[pos_idx_per_image] = True
        neg_idx_per_image_mask[neg_idx_per_image] = True

        pos_idx.append(pos_idx_per_image_mask)
        neg_idx.append(neg_idx_per_image_mask)

    return pos_idx, neg_idx
```

在明白了上述流程之后，我们理解 compute_loss 模块也就会比较容易了。

```python
class RegionProposalNetwork(torch.nn.Module):
    "...省略部分模块..."

    def compute_loss(self, objectness, pred_bbox_deltas, labels,
                    regression_targets):
        """
        计算 RPN 损失，包括锚框的正、负分类损失和包围盒回归损失

        参数:
        - objectness: 锚框中是否存在目标的置信度，即锚框的正、负分类分数，形状为[总锚框数, 1]
        - pred_bbox_deltas: 预测的包围盒的坐标偏移量，形状为[总锚框数, 4]
        - labels: 锚框的类别标签，0 为负锚框，1 为正锚框，形状为[总锚框数]
        - regression_targets: 真实包围盒相对于与之匹配的锚框的坐标偏移量，形状为[总锚框数, 4]

        返回:
        - objectness_loss: 正负分类的二值交叉熵损失
        - box_loss: 包围盒回归的 L1 损失
        """
        # 使用平衡正负锚框采样器选择参与损失计算的样本
        sampled_pos_inds, sampled_neg_inds = self.fg_bg_sampler(labels)

        # 将采样的正、负锚框索引转换为一维 Tensor
        sampled_pos_inds = torch.nonzero(torch.cat(sampled_pos_inds, dim=0),
```

```python
                            as_tuple=False).squeeze(1)
    sampled_neg_inds = torch.nonzero(torch.cat(sampled_neg_inds, dim=0),
                            as_tuple=False).squeeze(1)

    # 合并正、负锚框索引
    sampled_inds = torch.cat([sampled_pos_inds, sampled_neg_inds], dim=0)

    # 展平分数预测以便于索引
    objectness = objectness.flatten()

    # 合并正、负标签和回归偏移量
    labels = torch.cat(labels, dim=0)
    regression_targets = torch.cat(regression_targets, dim=0)

    # 计算锚框的包围盒回归损失，只针对正锚框
    box_loss = F.l1_loss(pred_bbox_deltas[sampled_pos_inds],
                    regression_targets[sampled_pos_inds],
                    reduction="sum") / sampled_inds.numel()

    # 计算分类损失，针对选定的正、负锚框
    objectness_loss = F.binary_cross_entropy_with_logits(
                    objectness[sampled_inds], labels[sampled_inds])

    return objectness_loss, box_loss
```

接下来，我们介绍 RPN 训练和测试阶段共用的代码模块。

12.4.2 head 模块

head 模块被封装在 RPNHead 类中。

```python
class RPNHead(nn.Module):
    """
    RPN 的头部，负责特征图中锚框的正、负分类和包围盒回归
    """

    def __init__(self, in_channels, num_anchors):
        """
        初始化 RPN 头部模块

        参数:
        - in_channels: 输入特征图的通道数
        - num_anchors: 每个位置上锚框的数量
        """
        super(RPNHead, self).__init__()

        # 保持特征图空间分辨率不变
        self.conv = nn.Conv2d(
            in_channels, in_channels, kernel_size=3, stride=1, padding=1
        )

        # 分别进行锚框的正、负分类与包围盒回归

        # 类别预测层，用于锚框的正、负分类。num_anchors 不乘 2 是因为采用二值交叉熵损失，每个
```

```python
        # 锚框的输出是单个分数
        self.cls_logits = nn.Conv2d(in_channels, num_anchors, kernel_size=1,
                                    stride=1)

        # 包围盒回归层，用于预测锚框的 4 个坐标偏移量参数
        self.bbox_pred = nn.Conv2d(
            in_channels, num_anchors * 4, kernel_size=1, stride=1
        )

        # 初始化卷积层参数
        for l in self.children():
            # 使用标准差为 0.01 的正态分布初始化权重
            torch.nn.init.normal_(l.weight, std=0.01)
            # 偏置初始化为 0
            torch.nn.init.constant_(l.bias, 0)

    def forward(self, x):
        """
        前向传播

        参数：
        - x: 输入的多尺度特征图列表，特征图的形状为[B, C, H, W]

        返回：
        - logits: 每幅特征图中每个锚框的分类分数，形状为[List[B, k, H, W]]
        - bbox_reg: 每幅特征图中每个锚框的坐标回归偏移量，形状为[List[B, k*4, H, W]]
        """
        logits = []
        bbox_reg = []
        for feature in x:
            # 用卷积层和激活层作用于输入特征图，得到输出的特征图
            t = F.relu(self.conv(feature))
            # 基于输出的特征图对每个锚框进行分类和包围盒回归

            # 分类得分，每个锚框一个得分
            logits.append(self.cls_logits(t))
            # 坐标偏移量，每个锚框 4 个值
            bbox_reg.append(self.bbox_pred(t))

        return logits, bbox_reg
```

通过代码可以知道，RPN 假设在一幅 $H \times W$ 的特征图中每个点的位置存在 k 个（代码里 k =num_anchors）锚框，并对这一共 $k \times H \times W$ 个锚框预测其分类的分数和包围盒的坐标回归偏移量。这里，H 和 W 分别是特征图对应的高和宽。那么 RPN 该如何生成锚框的坐标呢？这就需要使用 anchor_generator 模块。

12.4.3　anchor_generator 模块

anchor_generator 模块被封装在 AnchorGenerator 类中。

```python
class AnchorGenerator(nn.Module):
    """
```

```python
锚框坐标生成器,用于生成不同尺寸和高宽比的锚框的坐标
"""
def __init__(
    self,
    sizes=((128, 256, 512),),
    aspect_ratios=((0.5, 1.0, 2.0),),
):
    """
    初始化锚框生成器

    参数:
    - sizes: 锚框的尺寸
    - aspect_ratios: 锚框的高宽比
    """

    super(AnchorGenerator, self).__init__()

    # 确保 sizes 和 aspect_ratios 是正确的格式,方便后续处理
    if not isinstance(sizes[0], (list, tuple)):
        # 将每个尺寸转换为元组形式
        sizes = tuple((s,) for s in sizes)
    # 转换为[(128,), (256,), (512,)]

    if not isinstance(aspect_ratios[0], (list, tuple)):
        # 为每个尺寸复制相同的高宽比
        aspect_ratios = (aspect_ratios,) * len(sizes)

    # 每个尺寸必须对应一个高宽比设置
    assert len(sizes) == len(aspect_ratios)

    self.sizes = sizes
    self.aspect_ratios = aspect_ratios

    # 存放每种尺寸和高宽比组合下的锚框
    self.cell_anchors = [
        self.generate_anchors(size, aspect_ratio) for size, aspect_ratio in
            zip(sizes, aspect_ratios)
    ]

def generate_anchors(self, scales, aspect_ratios, dtype=torch.float32,
                    device="cpu"):
    """
    生成一组锚框的坐标,这些锚框的中心位于(0,0)
    """
    scales = torch.as_tensor(scales, dtype=dtype, device=device)
    # aspect_ratios 是高宽比
    aspect_ratios = torch.as_tensor(aspect_ratios, dtype=dtype, device=device)

    # h_ratios=sqrt(aspect_ratios), w_ratios=1/sqrt(aspect_ratios)时
    # h_ratios/w_ratios==aspect_ratios
    # 根据高宽比计算锚框的宽和高
    h_ratios = torch.sqrt(aspect_ratios)
    w_ratios = 1 / h_ratios
```

```python
            ws = (w_ratios[:, None] * scales[None, :]).view(-1)
            hs = (h_ratios[:, None] * scales[None, :]).view(-1)

            # x1,y1,x2,y2（左上角右下角），中心点为（0,0）
            # 生成中心在原点的锚框的坐标
            base_anchors = torch.stack([-ws, -hs, ws, hs], dim=1) / 2
            return base_anchors.round()

    def set_cell_anchors(self, dtype, device):
        # 初始化锚框
        self.cell_anchors = [cell_anchor.to(dtype=dtype, device=device)
                             for cell_anchor in self.cell_anchors]

    def grid_anchors(self, grid_sizes, strides):
        """
        在每个点处生成的锚框的坐标

        参数：
        - grid_size: 特征图的空间分辨率
        - strides: 锚框中心点移动的步长
        """
        anchors = []
        # 导入生成好的每种尺寸和高宽比组合的锚框
        cell_anchors = self.cell_anchors

        # 判断锚框是否为空
        assert cell_anchors is not None

        for size, stride, base_anchors in zip(grid_sizes, strides, cell_anchors):
            grid_height, grid_width = size
            stride_height, stride_width = stride
            device = base_anchors.device

            # 计算所有点处的锚框中心坐标偏移量
            shifts_x = torch.arange(0, grid_width, dtype=torch.float32, device=
                                    device) * stride_width
            shifts_y = torch.arange(0, grid_height, dtype=torch.float32, device=
                                    device) * stride_height
            shift_y, shift_x = torch.meshgrid(shifts_y, shifts_x)

            shift_x = shift_x.reshape(-1)
            shift_y = shift_y.reshape(-1)
            shifts = torch.stack((shift_x, shift_y, shift_x, shift_y), dim=1)

            # shifts 为偏移量：表示锚框中心点从(0,0)移到(shift_x,shift_y)
            # 将锚框平移到所有点处
            anchors.append((shifts.view(-1, 1, 4) + base_anchors.view(1, -1, 4)).
                           reshape(-1, 4))

        return anchors

    def forward(self, image_list, feature_maps):
```

```
"""
根据输入的图像列表和其对应的特征图列表，生成所有图像对应的特征图中的锚框的坐标

参数：
- image_list: 输入图像列表
- feature_maps: 特征图列表

返回：
- anchors: 锚框的坐标列表
"""

# 特征图的空间分辨率
grid_sizes = list([feature_map.shape[-2:] for feature_map in feature_maps])

# 输入图像的尺寸
image_size = image_list.tensors.shape[-2:]
dtype, device = feature_maps[0].dtype, feature_maps[0].device

# 计算步长
strides = [[int(image_size[0] / g[0]), int(image_size[1] / g[1])]
           for g in grid_sizes]

# 生成中心点在(0,0)的不同尺寸及高宽比的锚框
self.set_cell_anchors(dtype, device)
# 生成不同层级特征图中锚框的坐标
anchors_over_all_feature_maps = self.grid_anchors(grid_sizes, strides)

# 将不同层级特征图的中锚框的坐标合并
anchors = []
for _ in range(len(image_list.image_sizes)):
    anchors_in_image = [anchors_per_feature_map for anchors_per_feature_
                        map in anchors_over_all_feature_maps]
    anchors.append(anchors_in_image)
anchors = [torch.cat(anchors_per_image) for anchors_per_image in anchors]
return anchors
```

在这一模块中，需要设置锚框的高宽比及尺寸，并以特征图中每个点为中心生成一系列锚框的坐标。

在锚框初始化部分中，RPN 在不同层级特征图的点(0,0)处设置了一系列不同高宽比的锚框的坐标。这里，每幅特征图都对应一个锚框尺寸，尺寸表示生成锚框的基础空间分辨率大小，如 "size=128" 表示生成锚框的基础空间分辨率大小是 128 像素×128 像素。主干网络提取得到的图像特征是多尺度的，越深层级的特征图包含的语义信息越丰富，感受野也越大，更适合大尺寸目标的检测，因此在网络的最深层特征图中设置基础空间分辨率大的锚框；随着网络层级变浅，设置的锚框的基础空间分辨率也逐渐减小。在实际中，RPN 将锚框尺寸由大到小设置为 512 像素、256 像素和 128 像素。aspect_ratios 是高宽比，控制着生成锚框的形状。在代码中，可以直接将锚框的尺寸分别乘以 $\sqrt{aspect\_ratios}$ 和 $\frac{1}{\sqrt{aspect\_ratios}}$，再进行取整得到对应不同形状的锚框的高和宽。例如，当生成锚框的空间分辨率为 32 像素×32 像素，选

取的 `aspect_ratios` 为 0.5 时，生成锚框的高和宽分别为 23 像素和 45 像素。

在点(0,0)处生成锚框之后，需要将锚框的中心点平移到其他点处实现锚框坐标的生成。这里的难点在于如何将特征图的点位置与输入图像中的位置相对应，其核心代码如下。

```
shifts_x = torch.arange(0, grid_width, dtype=torch.float32, device=device) *
    stride_width
shifts_y = torch.arange(0, grid_height, dtype=torch.float32, device=device) *
    stride_height
shift_y, shift_x = torch.meshgrid(shifts_y, shifts_x)
```

其中，`grid_width` 和 `grid_height` 分别为特征图的宽和高；`stride_width` 和 `stride_height` 为步长参数，分别定义为输入图像的宽除以特征图的宽和输入图像的高除以特征图的高，它们的含义是当前特征图沿 x 轴或 y 轴方向移动一个栅格的距离对应在原图像中移动的距离。我们举一个例子来说明：假设输入图像的空间分辨率为 8 像素×8 像素，特征图的空间分辨率为 2 像素×2 像素，可以计算得到 `stride_width` 和 `stride_width` 的值都为 $8/2=4$，表示特征图中沿某一方向移动 1 像素对应在输入图像中沿该方向移动 4 像素。具体而言，定义特征图的点坐标分别为(0,0)、(0,1)、(1,0)和(1,1)并定义(0,0)处的点对应在输入图像中的位置为(0,0)，当锚框的中心点从(0,0)平移到(0,1)时，其对应在输入图像中的位置便从(0,0)平移到了(0,4)。不难得出，最终该特征图的(0,0)、(0,1)、(1,0)和(1,1)处生成的锚框的中心点对应在输入图像中的位置分别为(0,0)、(0,4)、(4,0)和(4,4)。通过上述分析，可以知道锚框的坐标其实是基于特征图和输入图像的对应关系在输入图像中确定的。因此，锚框的坐标是定义在输入图像的坐标系中的。

至此，RPN 在特征图的每个栅格点处已经生成好了锚框的坐标，在 head 模块中预测了每个锚框匹配的真实包围盒相对于该锚框的坐标偏移量。那么，该如何利用锚框的坐标和预测的坐标偏移量得到候选区域所属包围盒的坐标呢？这就需要使用 `box_coder` 模块。

12.4.4 `box_coder` 模块

在 `RegionProposalNetwork` 类的 `forward()` 函数中使用了 `box_coder` 模块。

```
# 解码得到候选区域的包围盒的坐标
proposals = self.box_coder.decode(pred_bbox_deltas.detach(), anchors)
```

```
# 真实包围盒的坐标编码
regression_targets = self.box_coder.encode(matched_gt_boxes, anchors)
```

先看一看 `box_coder` 模块是如何实现的。

```
class BoxCoder(object):
    """
    该模块对包围盒的坐标进行编码和解码
    """

    def __init__(self, weights, bbox_xform_clip=math.log(1000. / 16)):
        """
        初始化包围盒坐标编码器
```

```python
    参数：
    - weights: 编码和解码时使用的权重，用于平衡不同尺寸包围盒的影响
    - bbox_xform_clip: 编解码过程中限制坐标偏移量的最大值，防止过大的偏移量导致不稳定
    """

    self.weights = weights
    self.bbox_xform_clip = bbox_xform_clip

# encoder 模块
########################################################
def encode(self, reference_boxes, proposals):
    boxes_per_image = [len(b) for b in reference_boxes]
    reference_boxes = torch.cat(reference_boxes, dim=0)
    proposals = torch.cat(proposals, dim=0)
    targets = self.encode_single(reference_boxes, proposals)

    return targets.split(boxes_per_image, 0)

def encode_single(self, reference_boxes, proposals):
    """
    编码：计算包围盒（proposals）相对于参考包围盒（reference_boxes）的坐标偏移量
    参数：
    - reference_boxes: 参考包围盒的坐标
    - proposals: 需要被编码的包围盒的坐标

    返回：
    - 编码后的偏移量
    """
    dtype = reference_boxes.dtype
    device = reference_boxes.device
    weights = torch.as_tensor(self.weights, dtype=dtype, device=device)
    # 调用 encode_boxes 函数对包围盒进行编码
    targets = encode_boxes(reference_boxes, proposals, weights)
    return targets

# decoder 模块
########################################################
def decode(self, rel_codes, boxes):
    assert isinstance(boxes, (list, tuple))
    assert isinstance(rel_codes, torch.Tensor)
    boxes_per_image = [b.size(0) for b in boxes]

    concat_boxes = torch.cat(boxes, dim=0)
    box_sum = 0

    for val in boxes_per_image:
        box_sum += val

    if box_sum > 0:
        rel_codes = rel_codes.reshape(box_sum, -1)
```

```python
        # 根据参考包围盒对坐标偏移量进行解码得到预测包围盒的坐标
        pred_boxes = self.decode_single(rel_codes.reshape(box_sum, -1),
                                        concat_boxes)

        if box_sum > 0:
            pred_boxes = pred_boxes.reshape(box_sum, -1, 4)

        return pred_boxes

    def decode_single(self, rel_codes, boxes):
        """
        解码:根据参考包围盒的坐标和坐标偏移量计算得到预测的包围盒的坐标
        """
        boxes = boxes.to(rel_codes.dtype)

        widths = boxes[:, 2] - boxes[:, 0]
        heights = boxes[:, 3] - boxes[:, 1]
        ctr_x = boxes[:, 0] + 0.5 * widths
        ctr_y = boxes[:, 1] + 0.5 * heights

        wx, wy, ww, wh = self.weights
        dx = rel_codes[:, 0::4] / wx
        dy = rel_codes[:, 1::4] / wy
        dw = rel_codes[:, 2::4] / ww
        dh = rel_codes[:, 3::4] / wh

        # 这里的clamp是去除过大的预测包围盒,并不能保证预测包围盒完全不越界
        # 因此之后使用filter_proposal去除越界
        dw = torch.clamp(dw, max=self.bbox_xform_clip)
        dh = torch.clamp(dh, max=self.bbox_xform_clip)

        pred_ctr_x = dx * widths[:, None] + ctr_x[:, None]
        pred_ctr_y = dy * heights[:, None] + ctr_y[:, None]
        pred_w = torch.exp(dw) * widths[:, None]
        pred_h = torch.exp(dh) * heights[:, None]

        # 转换为(x1,y1,x2,y2)格式
        pred_boxes1 = pred_ctr_x - torch.tensor(0.5, dtype=pred_ctr_x.dtype) * \
                      pred_w
        pred_boxes2 = pred_ctr_y - torch.tensor(0.5, dtype=pred_ctr_y.dtype) * \
                      pred_h
        pred_boxes3 = pred_ctr_x + torch.tensor(0.5, dtype=pred_ctr_x.dtype) * \
                      pred_w
        pred_boxes4 = pred_ctr_y + torch.tensor(0.5, dtype=pred_ctr_y.dtype) * \
                      pred_h
        pred_boxes = torch.stack((pred_boxes1, pred_boxes2, pred_boxes3,
                                  pred_boxes4), dim=2).flatten(1)

        return pred_boxes
```

```python
###########################################################

@torch.jit.script
def encode_boxes(reference_boxes, proposals, weights):
    """
    编码：计算与某一锚框匹配的真实包围盒相对于该锚框的偏移量
    """
    # 这里是__init__时的权重向量，是为了平衡包围盒回归损失和分类损失，避免回归损失远小于分类损失

    wx = weights[0]
    wy = weights[1]
    ww = weights[2]
    wh = weights[3]

    proposals_x1 = proposals[:, 0].unsqueeze(1)
    proposals_y1 = proposals[:, 1].unsqueeze(1)
    proposals_x2 = proposals[:, 2].unsqueeze(1)
    proposals_y2 = proposals[:, 3].unsqueeze(1)

    reference_boxes_x1 = reference_boxes[:, 0].unsqueeze(1)
    reference_boxes_y1 = reference_boxes[:, 1].unsqueeze(1)
    reference_boxes_x2 = reference_boxes[:, 2].unsqueeze(1)
    reference_boxes_y2 = reference_boxes[:, 3].unsqueeze(1)

    ex_widths = proposals_x2 - proposals_x1
    ex_heights = proposals_y2 - proposals_y1
    ex_ctr_x = proposals_x1 + 0.5 * ex_widths
    ex_ctr_y = proposals_y1 + 0.5 * ex_heights

    gt_widths = reference_boxes_x2 - reference_boxes_x1
    gt_heights = reference_boxes_y2 - reference_boxes_y1
    gt_ctr_x = reference_boxes_x1 + 0.5 * gt_widths
    gt_ctr_y = reference_boxes_y1 + 0.5 * gt_heights

    targets_dx = wx * (gt_ctr_x - ex_ctr_x) / ex_widths
    targets_dy = wy * (gt_ctr_y - ex_ctr_y) / ex_heights
    targets_dh = wh * torch.log(gt_heights / ex_heights)
    targets_dw = ww * torch.log(gt_widths / ex_widths)

    targets = torch.cat((targets_dx, targets_dy, targets_dw, targets_dh), dim=1)
    return targets

###########################################################
```

在 RPN 的训练阶段进行包围盒回归器的训练时，需要计算每个锚框对应的真实包围盒相对于该锚框的坐标偏移量，这一过程称为"编码"，如图 12-11 中"编码"所示。在 RPN 的测试阶段利用包围盒回归器进行推理时，先通过 RPNHead 得到每个栅格点处锚框的预测分数与预测包围盒的坐标偏移量。然后基于预测的包围盒的坐标偏移量与对应锚框的坐标得到预测的包围盒的坐标，这一过程称为"解码"，如图 12-11 中"解码"所示，其中 t 表示预测的偏移量。在解码过程中，锚框本身的坐标是固定的，这也是锚框被称为"锚"框的原因。

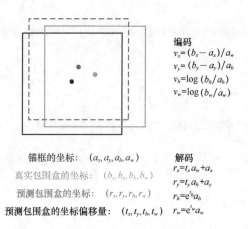

图 12-11　包围盒的坐标的编码与解码（另见彩插图 14）

观察 box_coder 中的 decode_single 部分：

```
pred_ctr_x = dx * widths[:, None] + ctr_x[:, None]
pred_ctr_y = dy * heights[:, None] + ctr_y[:, None]
pred_h = torch.exp(dh) * heights[:, None]
pred_w = torch.exp(dw) * widths[:, None]
```

可以发现，这 4 行代码正是与图 12-11 中解码的 4 行公式相对应的。

除此之外，我们会发现，在 RegionProposalNetwork 中传入的信息是 pred_bbox_deltas.detach()。

```
proposals = self.box_coder.decode(pred_bbox_deltas.detach(), anchors)
```

这是因为 Faster R-CNN 采用四步交替训练的方式进行模型的训练，在开始训练 Fast R-CNN 的时候便会冻结 RPN，保持其参数不变。

至此，RPN 解码得到一系列候选区域。最后，RPN 需要使用 filter_proposal 模块对这些候选区域进行筛选，得到高质量的候选区域并传递给 Fast R-CNN 网络。

12.4.5　filter_proposal 模块

filter_proposal 模块对得到的候选区域进行筛选，主要包括以下几步：

（1）根据包含目标的置信度降序排序候选区域，选择前 pre_nms_topn 个候选区域；

（2）对超出图像边界的候选区域进行裁剪；

（3）去除面积过小的候选区域；

（4）进行 NMS 去除冗余的候选区域；

（5）对 NMS 的结果根据分数进行降序排序，输出前 post_nms_topn 个候选区域。

```
class RegionProposalNetwork(torch.nn.Module):
    "...省略部分模块..."
```

```python
def filter_proposals(self, proposals, objectness, image_shapes, num_
                    anchors_per_level):
    """
    根据置信度筛选候选区域，执行 NMS，并确保候选区域不超出图像边界

    参数：
    - proposals: 候选区域
    - objectness: 每个候选区域包含目标的置信度
    - image_shapes: 每幅图像的尺寸，列表形式
    - num_anchors_per_level: 不同层级特征图中的锚框数量，列表形式
    """
    num_images = proposals.shape[0]
    device = proposals.device

    objectness = objectness.detach()
    objectness = objectness.reshape(num_images, -1)
    levels = [
        torch.full((n,), idx, dtype=torch.int64, device=device)
        for idx, n in enumerate(num_anchors_per_level)
    ]
    levels = torch.cat(levels, 0)
    levels = levels.reshape(1, -1).expand_as(objectness)

    # 根据置信度对主干网络同一层级输出的特征图上产生的候选区域进行降序排序
    # 最多选择前 pre_nms_topn（默认 2000）个候选区域
    # 返回下标索引
    top_n_idx = self._get_top_n_idx(objectness, num_anchors_per_level)
    image_range = torch.arange(num_images, device=device)
    batch_idx = image_range[:, None]

    objectness = objectness[batch_idx, top_n_idx]
    levels = levels[batch_idx, top_n_idx]
    proposals = proposals[batch_idx, top_n_idx]

    final_scores = []
    final_boxes = []
    for boxes, scores, lvl, img_shape in zip(proposals, objectness,
                                              levels, image_shapes):
        # 防止候选区域越界
        boxes = box_ops.clip_boxes_to_image(boxes, img_shape)
        # 去除面积太小的候选区域
        keep = box_ops.remove_small_boxes(boxes, self.min_size)
        boxes, scores, lvl = boxes[keep], scores[keep], lvl[keep]

        # 去除置信度太低的候选区域
        keep = torch.where(scores >= self.score_thresh)[0]
        boxes, scores, lvl = boxes[keep], scores[keep], lvl[keep]

        # 进行 NMS 操作，注意这里对主干网络不同层级输出的特征图上产生的候选区域独立地
        # 进行 NMS 操作
        # 返回的 keep 是经过置信度降序排序的下标索引
```

```python
            keep = box_ops.batched_nms(boxes, scores, lvl, self.nms_thresh)

            # 最多返回前 post_nms_topn(默认 2000)个候选区域
            # 若 NMS 后 bbox 数量小于 post_nms_topn,则全部返回
            keep = keep[:self.post_nms_top_n()]
            boxes, scores = boxes[keep], scores[keep]
            final_boxes.append(boxes)
            final_scores.append(scores)
        return final_boxes, final_scores

    def _get_top_n_idx(self, objectness, num_anchors_per_level):
        """
        根据置信度选择每个层级中前 pre_nms_top_n 个最高置信度的预测包围盒
        """
        r = []
        offset = 0
        for ob in objectness.split(num_anchors_per_level, 1):
            # 对主干网络不同层级输出的特征图上产生的候选区域进行独立排序
            # ob 为 tensor(B,H*W*A)

            num_anchors = ob.shape[1]
            pre_nms_top_n = min(self.pre_nms_top_n(), num_anchors)
            # 主干网络不同层级输出的特征图上产生的候选区域
            # 按置信度降序,选择最大的前 pre_nms_top_n 个候选区域
            # 若数量小于 pre_nms_top_n 则全部返回

            # 记录索引
            _, top_n_idx = ob.topk(pre_nms_top_n, dim=1)
            r.append(top_n_idx + offset)
            offset += num_anchors

            # 返回索引

        return torch.cat(r, dim=1)


# 在类外定义 batched_nms 函数
def batched_nms(boxes, scores, idxs, iou_threshold):
    """
    执行批处理的非极大值抑制(NMS)

    参数:
    - boxes: 预测包围盒
    - scores: 预测包围盒的分类分数(即存在目标的置信度)
    - idxs: 预测包围盒所属的特征层级或类别索引
    - iou_threshold: NMS 中的 IoU 阈值
    """
    if boxes.numel() == 0:
        return torch.empty((0,), dtype=torch.int64, device=boxes.device)
    max_coordinate = boxes.max()
```

```python
# idxs 在 rpn 和 roi_head 中代表不同含义
offsets = idxs.to(boxes) * (max_coordinate + 1)

# 变换候选区域的坐标，对候选区域进行平移
boxes_for_nms = boxes + offsets[:, None]

# 返回的下标索引按分数降序排序
keep = nms(boxes_for_nms, scores, iou_threshold)
return keep
```

需要注意的是，在对上述代码块第一步中生成的候选区域进行筛选操作时，操作的是主干网络同一层级输出的特征图上的候选区域。换言之，不同层级的特征图产生的候选区域彼此独立。此外，`pre_nms_topn` 和 `post_nms_topn` 在训练和测试时的取值不同，一般在测试时取 1000，训练时取 2000。这也很容易理解，模型在测试时需要兼顾速度，因此选取更少的候选区域，而在训练时需要训练更多的样本，因此需要选择更多的候选区域。

12.5 代码运行示例

由于 Faster R-CNN 代码规模比较大，我们将直接调用相关接口进行效果展示。先导入必要的包，并使用在 MS COCO 数据集上预训练的 ResNet50 作为主干网络。

```python
import os
import numpy as np
import functools
import matplotlib.pyplot as plt
import cv2
import torch
import torchvision
from torchvision.models.detection.faster_rcnn import FastRCNNPredictor
```

```
! pip install -U 'git+https://github.com/MS COCOdataset/MS COCOapi.git#\
    subdirectory=PythonAPI'
! git clone https://github.com/pytorch/vision.git
! cd vision;cp references/detection/utils.py ../
! cp references/detection/transforms.py ../
! cp references/detection/MS COCO_eval.py ../
! cp references/detection/engine.py ../
! cp references/detection/MS COCO_utils.py ../
```

```python
# 加载模型，使用 MS COCO 数据集预训练
model = torchvision.models.detection.fasterrcnn_resnet50_fpn(pretrained='MS COCO')
num_classes = 21
in_features = model.roi_heads.box_predictor.cls_score.in_features
model.roi_heads.box_predictor = FastRCNNPredictor(in_features, num_classes)

device = torch.device('cuda' if torch.cuda.is_available() else 'cpu')
model.to(device)
```

```python
# 初始化优化器与学习率
params = [p for p in model.parameters() if p.requires_grad]
optimizer = torch.optim.SGD(params, lr=0.001, weight_decay=0.0005)
lr_scheduler = torch.optim.lr_scheduler.StepLR(optimizer, step_size=5, gamma=0.1)

WEIGHTS_FILE = "../input/fasterrcnn/faster_rcnn_state.pth"
model.load_state_dict(torch.load(WEIGHTS_FILE))
<All keys matched successfully>
```

接着,编写模型测试的代码。

```python
# 对模型进行测试
def obj_detector(img):
    img = cv2.imread(img, cv2.IMREAD_COLOR)
    img = cv2.cvtColor(img, cv2.COLOR_BGR2RGB).astype(np.float32)

    # 导入图像并对图像进行处理
    img /= 255.0
    img = torch.from_numpy(img)
    img = img.unsqueeze(0)
    img = img.permute(0,3,1,2)

    model.eval()

    # 设置阈值
    detection_threshold = 0.70

    img = list(im.to(device) for im in img)
    output = model(img)

    for i , im in enumerate(img):
        boxes = output[i]['boxes'].data.cpu().numpy()
        scores = output[i]['scores'].data.cpu().numpy()
        labels = output[i]['labels'].data.cpu().numpy()

        labels = labels[scores >= detection_threshold]
        boxes = boxes[scores >= detection_threshold].astype(np.int32)
        scores = scores[scores >= detection_threshold]

        boxes[:, 2] = boxes[:, 2] - boxes[:, 0]
        boxes[:, 3] = boxes[:, 3] - boxes[:, 1]

    sample = img[0].permute(1,2,0).cpu().numpy()
    sample = np.array(sample)

    boxes = output[0]['boxes'].data.cpu().numpy()
    name = output[0]['labels'].data.cpu().numpy()
    scores = output[0]['scores'].data.cpu().numpy()

    boxes = boxes[scores >= detection_threshold].astype(np.int32)
    names = name.tolist()
```

```
    return names, boxes, sample
```

在 ImageNet 上测试模型的效果。

```
pred_path = "../input/imagenet/imagenet/val/"
pred_files = [os.path.join(pred_path,f) for f in os.listdir(pred_path)]

classes= {1:'aeroplane', 2:'bicycle', 3:'bird', 4:'boat', 5:'bottle',
         6:'bus', 7:'car', 8:'cat', 9:'chair', 10:'cow',
         11:'diningtable', 12:'dog', 13:'horse', 14:'motorbike',
         15:'person', 16:'pottedplant', 17:'sheep', 18:'sofa',
         19:'train',20:'tvmonitor'}

plt.figure(figsize=(20, 60))
image_list = [0,11,17,28]
for i, images in enumerate(pred_files):
    if i > 30:
        break
    if i not in image_list:
        continue
    
    plt.subplot(10,2,image_list.index(i)+1)
    
    names, boxes, sample = obj_detector(images)
    
    for i,box in enumerate(boxes):
        # 绘制包围盒
        cv2.rectangle(sample, (box[0], box[1]), (box[2], box[3]), (0, 220, 0), 2)
        cv2.putText(sample, classes[names[i]], (box[0],box[1]-5),
                   cv2.FONT_HERSHEY_COMPLEX, 0.7, (220,0,0), 1, cv2.LINE_AA)
    
    plt.axis('off')
    plt.imshow(sample)
```

12.6 小结

本章介绍了目标检测的基本原理，详细讲解了深度学习时代最具有代表性的目标检测模型——R-CNN 系列模型及它们的发展脉络，并实现了相应的功能。作为计算机视觉的最重要的基本任务之一，目标检测有着广泛的工业应用场景，如汽车产业的辅助驾驶系统。接下来，我们将介绍图像语义理解中的另一个重要任务——实例分割。

习题

（1）Fast R-CNN 中每幅图像的测试时间并未包含候选区域提取所用的时间。通过实验测试，包含候选区域提取过程比不包含该过程的测试时间增加多少？

（2）训练时，将每个锚框输入 RPN 的 head 模块中可以得到两个向量，分别表示该锚框包含目标的置信度和与其匹配的真实包围盒相对于该锚框的坐标偏移量。如果修改 RPN 的 head 结构，令其对每个锚框直接输出一个更高维度的向量，该向量由原来两个向量的预测信息拼接而成，这么做会增强目标检测的效果吗？通过实验验证。

（3）在代码实现里，RPN 生成了 3 种不同尺寸和比例的锚框。如果使用更多尺寸或比例（如 5 种不同的尺寸或者比例）的锚框，目标检测的效果会提高吗？通过实验验证。

（4）在 Faster R-CNN 的论文中提到了另外 3 种不同的训练策略，阅读论文并探究它们和 Faster R-CNN 所采用的四步交替训练法的区别，并通过实验观察不同的训练策略对模型测试效果的影响。

（5）在 Faster R-CNN 中，锚框的坐标是建立在输入图像的坐标系上的。仔细思考 RPN 生成的所有锚框是否能够覆盖整幅输入图像。

12.7 参考文献

[1] GIRSHICK R, DONAHUE J, DARRELL T, et al. Rich feature hierarchies for accurate object detection and semantic segmentation[C]//IEEE Conference on Computer Vision and Pattern Recognition, 2014: 580-587.

[2] ALEXE B, DESELAERS T, FERRARI V. What is an object?[C]//IEEE Computer Society Conference on Computer Vision and Pattern Recognition. IEEE, 2010: 73-80.

[3] GIRSHICK R. Fast r-cnn[C]//IEEE International Conference on Computer Vision, 2015: 1440-1448.

[4] REN S, HE K, GIRSHICK R, et al. Faster r-cnn: Towards real-time object detection with region proposal networks[J]. Advances in Neural Information Processing Systems, 2015, 28.

[5] UIJLINGS J R R, VAN DE SANDE K E A, GEVERS T, et al. Selective search for object recognition[J]. International Journal of Computer Vision, 2013, 104: 154-171.

第 13 章
实例分割

13.1 简介

实例分割（instance segmentation）的目的是从图像中分割出每个目标实例的掩模（mask）。与语义分割相比，实例分割不但要区分不同的类别，还要区分出同一种类别下的不同目标实例。如图 13-1 所示，语义分割的结果中，不同的羊对应的标签是一样的，即都被分配为"羊"的类别，而实例分割的结果中，不同的羊的类别标签一样，但是会有不同的实例号；与目标检测相比，实例分割需要在每个包围盒内再进一步将目标的掩模分割出来。因此，实例分割任务是语义分割任务与目标检测任务的结合。用数学语言来描述实例分割的问题，即定义图像空间 $\mathbb{I}$ 和类别集合 $\mathcal{C}$，给定数据集 $\mathcal{D} = \{(\boldsymbol{I}^{(n)}, \boldsymbol{Y}^{(n)})\}_{n=1}^{N}$，其中 $\boldsymbol{I}^{(n)} \in \mathbb{I}$ 是数据集中的第 n 幅图像；$\boldsymbol{Y}^{(n)} \in \{\mathcal{C} \times \mathbb{N}\}^{H^{(n)} \times W^{(n)}}$ 是其对应的实例分割标签图，$H^{(n)}$ 和 $W^{(n)}$ 分别是图像 $\boldsymbol{I}^{(n)}$ 的高和宽，$\mathbb{N}$ 是自然数集，实例分割标签图中第 i 个条目 $\boldsymbol{y}_i^{(n)} = \boldsymbol{Y}^{(n)}(i) = (y_i, z_i)$ 是图像中第 i 个像素对应的标签，$y_i \in \mathcal{C}$ 是该像素的类别标签，$z_i \in \mathbb{N}$ 是该像素从属实例的实例号。实例分割任务是从 $\mathcal{D}$ 中学习得到一个从图像空间到实例分割标签图空间的映射 $f : \mathbb{I} \rightarrow \mathcal{Y}$，$\forall n, \boldsymbol{Y}^{(n)} \in \mathcal{Y}$，从而对于给定的任意一幅测试图像 $\boldsymbol{I}$，可以用学习得到的映射函数 f 预测该图像的实例分割标签图：$\hat{\boldsymbol{Y}} = f(\boldsymbol{I})$。

图 13-1　实例分割与语义分割的关系

在本章中，我们将介绍经典的基于深度学习的实例分割方法 Mask R-CNN[1]，并动手实现相应的实例分割框架。

13.2 数据集和度量

由于实例分割与目标检测之间有着紧密的联系，用于这两种任务的数据集和度量也很类似。MS COCO 是最常用的实例分割数据集，mAP 是实例分割的评价指标。与目标检测不同的是，这里的 mAP 是通过 Mask IoU 进行度量。同目标检测中的 Box IoU 类似，对于图像中的一个目标，令其真实的掩模内部的像素集合为 $\mathcal{A}$，一个预测的掩模内部的像素集合为 $\mathcal{B}$，Mask IoU 通过这两个掩模内像素集合的 IoU 来度量两个掩模的重合度：$\mathrm{IoU}(\mathcal{A},\mathcal{B}) = \dfrac{\mathcal{A} \cap \mathcal{B}}{\mathcal{A} \cup \mathcal{B}}$，即图 13-2 中黄色部分的面积除以红色的面积。与目标检测中计算 mAP 的过程一样，对每种类别，通过调节 Mask IoU 的阈值，可以得到该类别实例分割结果的 PR 曲线，PR 曲线下方的面积即为该类别实例分割结果的 AP，所有类别实例分割结果的 AP 的平均即为 mAP。

真实掩模　　预测掩模

掩模交集　　掩模并集

图 13-2　两个掩模的重合度通过 Mask IoU 度量
（另见彩插图 15）

13.3 Mask R-CNN

既然实例分割结合了目标检测和语义分割，那么实现实例分割的一个很直接的思路就是先进行目标检测，然后在每个预测包围盒里做语义分割。著名的 Mask R-CNN[1]模型采用的就是这一思路，从模型的命名可以看出，这是 R-CNN 系列工作的延续。Mask R-CNN 也是由何恺明、Georgia Gkioxari、Piotr Dollár 和 Ross Girshick 提出的，获得了 2017 年国际计算机视觉大会（International Conference on Computer Vision，ICCV）最佳论文奖——马尔奖（Marr Prize）。

Mask R-CNN 的结构如图 13-3 所示。不难发现，Mask R-CNN 是 Faster R-CNN 的拓展，它们之间的主要区别有 3 点：

（1）引入特征金字塔网络（feature pyramid network，FPN）[2]与 ResNet 一起作为主干网络。FPN 作为一种融合多尺度特征信息的手段，在视觉领域有着非常广泛的应用；

（2）提出感兴趣区域对齐（ROI align）取代 Faster R-CNN 中的 ROI 池化作为目标区域的特征提取器，用于提取整个候选区域特征并将候选区域特征图尺寸归一化到统一大小，用于后续的预测；

（3）增加了一个用于预测掩模的分支，该分支与分类头和回归头并行。

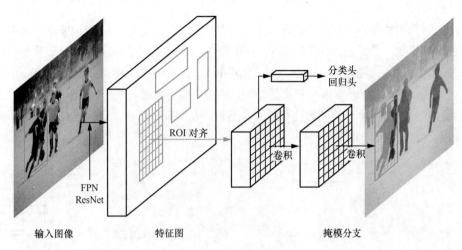

图 13-3 Mask R-CNN 的结构（插图源自参考文献[1]）

13.3.1 特征金字塔网络

由于图像中的目标大小各不相同，为了能够检测到不同大小的目标，目标检测模型通常需要多尺度检测架构。图 13-4 展示了 4 种不同的用于目标检测的特征提取框架。

图 13-4（a）是 Fast R-CNN、Faster R-CNN 等目标检测模型采用的网络架构。这种架构只在主干网络的最后一层卷积层输出的特征图上做目标检测，故该架构最大的问题是对小目标的检测效果不理想。这是因为小尺度目标的特征会随着主干网络逐层下采样逐渐消失，在最后一层仅有少量的特征支持小目标的精准检测。

图 13-4（b）是早期的目标检测算法常用的图像金字塔结构，它通过将输入图像缩放到不同尺度来构建图像金字塔，随后主干网络通过处理这些不同尺度的图像来得到不同尺度的特征图，最后分别在每个尺度的特征图上做目标检测。不难看出，使用图像金字塔最大的问题是主干网络的多次推理会带来计算开销的成倍增长。

图 13-4（c）展示的网络架构从主干网络的多个层级都输出特征图，然后在不同空间分辨率的特征图上进行独立的目标检测。显然，这种结构并没有进行不同层之间的特征交互，既没有给深层特征赋予浅层特征擅长定位小目标的能力，也没有给浅层的特征赋予深层蕴含的语义信息，因此对目标检测效果的提升有限。

图 13-4（d）展示了 FPN 的架构。FPN 的主要思想是构建一个特征金字塔，将不同层级的特征图融合到一起，从而实现不同大小目标的检测。具体而言，类似图 13-4（c），FPN 先使用一个主干网络得到每个层级的特征图，从下到上分别命名为 C2、C3、C4，其中的数字 2、3、4（直到 l），代表特征图空间分辨率为原图的 $\frac{1}{2^l}$，由此得到的深层的特征图空间分辨率小，浅层的特征图空间分辨率大，这一过程称为自底向上。在此之后，FPN 构建了一个自顶向下的路径来对不同空间分辨率的特征图进行融合。首先 FPN 直接输出空间分辨率最小的特征图[图 13-4（d）右边第 3 层，顶层]，记为 P4，然后对 P4 进行 2 倍的上采样，使其空间分辨率大小和 C3

特征图的空间分辨率保持一致，再通过1×1卷积调整 C3 的通道数，使其与 P4 的通道数一致，并将两者进行相加，得到融合的特征图 P3［图 13-4（d）右边第 2 层］，这一过程称为横向连接。这种融合方式迭代地在每层执行，上一层不断与下一层融合，从而实现自顶向下的效果。通过这种方式，FPN 可以获取多个尺度的特征，并将这些特征融合在一起，形成了 P2、P3、P4，从而提高对多尺度目标检测的准确性和效率。另外，在某些方法中，还会通过步长为 2 的卷积层对 P4 进行处理，得到 P5、P6 等。

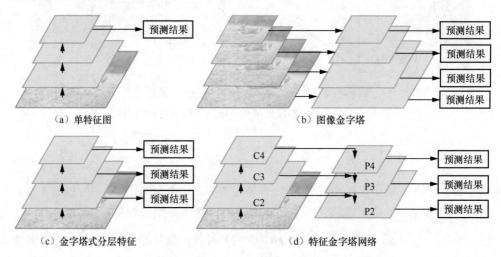

图 13-4　多尺度特征提取及融合方案

我们先看一段 FPN 的代码实现，该代码实现了 P5～P2 的融合过程，恰好对应了 ResNet 网络中 4 个阶段的特征图 C2～C5。

```python
class FPN(nn.Module):
    '''
    FPN 需要初始化一个列表，代表 ResNet 每个阶段的 Bottleneck 的数量
    '''
    def __init__(self, layers):
        super(FPN, self).__init__()
        # 构建 C1
        self.inplanes = 64
        self.conv1 = nn.Conv2d(in_channels=3, out_channels=64, kernel_size=7,
                               stride=2, padding=3, bias=False)
        self.bn1 = nn.BatchNorm2d(64)
        self.relu = nn.ReLU(inplace=True)
        self.maxpool = nn.MaxPool2d(kernel_size=3, stride=2, padding=1)

        # 自底向上构建 C2、C3、C4、C5
        self.layer1 = self._make_layer(64, layers[0])
        # c2->c3 第一个 bottleneck 的 stride=2
        self.layer2 = self._make_layer(128, layers[1], 2)
        # c3->c4 第一个 bottleneck 的 stride=2
        self.layer3 = self._make_layer(256, layers[2], 2)
        # c4->c5 第一个 bottleneck 的 stride=2
```

```python
        self.layer4 = self._make_layer(512, layers[3], 2)

        # 对 C5 减少通道，得到 P5
        # 1*1 卷积
        self.toplayer = nn.Conv2d(2048, 256, 1, 1, 0)

        # 横向连接，保证每层通道数一致
        self.latlayer1 = nn.Conv2d(1024, 256, 1, 1, 0)
        self.latlayer2 = nn.Conv2d(512, 256, 1, 1, 0)
        self.latlayer3 = nn.Conv2d(256, 256, 1, 1, 0)

        # 平滑处理 3*3 卷积
        self.smooth = nn.Conv2d(256, 256, 3, 1, 1)


    # 构建 C2 到 C5
    def _make_layer(self, planes, blocks, stride=1, downsample = None):
        # 残差连接前，需保证空间分辨率及通道数一致
        if stride != 1 or self.inplanes != Bottleneck.expansion * planes:
            downsample = nn.Sequential(
                nn.Conv2d(self.inplanes, Bottleneck.expansion * planes, 1,
                        stride, bias=False),
                nn.BatchNorm2d(Bottleneck.expansion * planes)
            )
        layers = []
        layers.append(Bottleneck(self.inplanes, planes, stride, downsample))

        # 更新输入层、输出层
        self.inplanes = planes * Bottleneck.expansion

        # 根据 block 数量添加 bottleneck 的数量
        for i in range(1, blocks):
            # 后面层 stride=1
            layers.append(Bottleneck(self.inplanes, planes))
        # nn.Sequential 接收 orderdict 或者一系列模型，列表需*转化
        return nn.Sequential(*layers)

    # 自顶向下的上采样
    def _upsample_add(self, x, y):
        _, _, H, W = y.shape  # b c h w
        # 特征 2 倍上采样（上采样到 y 的尺寸）后与 y 相加
        return F.upsample(x, size=(H, W), mode='bilinear') + y

    def forward(self, x):
        # 自底向上
        c1 = self.relu(self.bn1(self.conv1(x)))  # 1/2
        c2 = self.layer1(self.maxpool(c1))       # 1/4
        c3 = self.layer2(c2)                     # 1/8
        c4 = self.layer3(c3)                     # 1/16
        c5 = self.layer4(c4)                     # 1/32
```

```
        # 自顶向下，横向连接
        p5 = self.toplayer(c5)
        p4 = self._upsample_add(p5, self.latlayer1(c4))
        p3 = self._upsample_add(p4, self.latlayer2(c3))
        p2 = self._upsample_add(p3, self.latlayer3(c2))

        # 平滑处理
        p5 = p5
        # p5 直接输出
        p4 = self.smooth(p4)
        p3 = self.smooth(p3)
        p2 = self.smooth(p2)
        return p2, p3, p4, p5
```

13.3.2 感兴趣区域对齐

在 ROI 池化层中，为了得到固定空间分辨率的 ROI 特征图（如 7 像素×7 像素）并将其送给后续的预测分支，需要将每个 ROI 的包围盒顶点坐标取整。在将该 ROI 切分为 7×7 共 49 个子窗口的过程中也需要将每个子窗口的坐标取整，如图 13-5 所示。

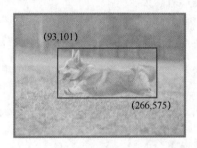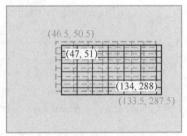

图 13-5　ROI 池化过程中存在的取整现象

在上述过程中，之所以需要取整，是因为将原始图像的候选区域映射到图像特征图中对应的 ROI 后，ROI 顶点坐标可能是非整数，每一个子窗口的坐标也可能是非整数，而提取的特征图上每个位置坐标为整数。因此，通常需要将浮点数坐标取整到最近的整数坐标。但既然是近似，就会引入误差，从而影响检测算法的性能。为了解决这个问题，ROI 对齐不再使用取整来处理非整数坐标，而是直接使用这些坐标，如图 13-6 所示。

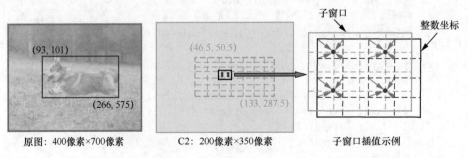

图 13-6　ROI 对齐中利用双线性插值法计算每个子窗口中 4 个非整数坐标处的特征值

那么如何处理非整数坐标并得到特征图上对应位置的值呢？回忆一下之前学过的双线性插值，对于特征图中的任意一个位置，都可以利用双线性插值的方式得到其对应的数值。在这个过程中不会用到取整操作，因此不会引入因坐标取整导致的偏移误差，这有利于实例分割的精度提升。同 ROI 池化一样，在 ROI 对齐中，每个 ROI 将被均分成 $M×N$ 个子窗口（图中为 7×7 个）。随后，将每个子窗口再均分成 4 个小的子窗口，取这 4 个小子窗口的中心点，根据每个点在特征图中最近的整数坐标对应的特征值，通过插值来计算各自的特征值，再对这 4 个值进行最大池化（max pooling）或平均池化（average pooling），得到该子窗口的特征值，最终便可以得到空间分辨率为 M 像素×N 像素的 ROI 特征图。下面我们将介绍如何用代码实现 ROI 对齐。

```python
import torch
import torch.nn as nn
import torch.nn.functional as F

class PyramidROIAlign(nn.Module):
    def __init__(self, pool_shape):
        super(PyramidROIAlign, self).__init__()
        self.pool_shape = tuple(pool_shape)

    def forward(self, inputs):
        # 输入包括必要的信息，如包围盒坐标和原始图像信息
        # 获取包围盒坐标
        boxes = inputs[0]

        # 获取图像元数据
        image_meta = inputs[1]

        # 获取特征图信息[batch, height, width, channels]
        feature_maps = inputs[2:]

        # 获取包围盒的宽度和高度
        y1, x1, y2, x2 = torch.split(boxes, 1, dim=2)
        h = y2 - y1
        w = x2 - x1

        # 获取图像的大小
        image_shape = parse_image_meta(image_meta)['image_shape'][0]

        # 通过包围盒的大小确定该包围盒属于特征金字塔的哪个层级
        image_area = float(image_shape[0] * image_shape[1])
        ROI_level = torch.log2(torch.sqrt(h * w) / (224.0 / torch.sqrt(torch.
                    tensor(image_area))))
        ROI_level = torch.clamp(4 + torch.round(ROI_level), min=2, max=5).int()
        # 压缩 axis=2 的轴，从形状[batch, num_boxes, 1]变为[batch, num_boxes]
        ROI_level = torch.squeeze(ROI_level, dim=2)

        pooled = []
        box_to_level = []
        # 网络的第二层到第五层分别将原图像尺寸压缩为 1/4、1/8、1/16、1/32
        for i, level in enumerate(range(2, 6)):
```

```python
            # 提取符合当前层级的包围盒
            ix = torch.nonzero(ROI_level == level, as_tuple=False)
            level_boxes = boxes[ix[:, 0], ix[:, 1]]
            # 指定当前包围盒属于 batch 中的哪幅图像
            box_to_level.append(ix)
            box_indices = ix[:, 0].int()

            # 停止梯度下降
            level_boxes = level_boxes.detach()
            box_indices = box_indices.detach()

            ############################################
            # 利用双线性插值法对特征图进行裁剪和缩放
            # [batch * num_boxes, pool_height, pool_width, channels]
            ############################################
            pooled.append(
                F.interpolate(
                    roi_align(feature_maps[i], level_boxes, self.pool_shape,
                              box_indices, method='bilinear'),
                    size=self.pool_shape,
                    mode='bilinear',
                    align_corners=False
                )
            )

        pooled = torch.cat(pooled, dim=0)

        box_to_level = torch.cat(box_to_level, dim=0)
        box_range = torch.arange(box_to_level.size(0)).unsqueeze(1)
        box_to_level = torch.cat([box_to_level, box_range], dim=1)

        '''
        由于 RPN 提取的 ROI 经过修正，
        其大小不严格遵循 RPN_ANCHOR_SCALES，
        这会导致 pooled_features 的顺序与原始 boxes 的顺序不同，因此需要重新排序。
        '''
        # 排序原则是首先根据 batch 排序，再根据 box_index 排序
        sorting_tensor = box_to_level[:, 0] * 100000 + box_to_level[:, 1]
        ix = torch.argsort(sorting_tensor, descending=False)

        # 获取图像的索引
        ix = box_to_level[:, 2][ix]
        pooled = pooled[ix]

        # 重新 reshape 为[batch, num_ROIs, POOL_SIZE, POOL_SIZE, channels]
        shape = torch.cat([torch.tensor(boxes.shape[:2]),
                           torch.tensor(pooled.shape[1:])], dim=0)
        pooled = pooled.view(*shape)
        return pooled

    def compute_output_shape(self, input_shape):
```

```python
        return input_shape[0][:2] + self.pool_shape + (input_shape[2][-1], )

# 额外的辅助函数
def parse_image_meta(image_meta):
    # 解析图像元数据的占位符函数
    # 根据需要替换为实际实现
    return {'image_shape': image_meta}

def log2_graph(x):
    return torch.log(x) / torch.log(torch.tensor(2.0))

def roi_align(feature_map, boxes, pool_shape, box_indices, method='bilinear'):
    # ROI 对齐的占位符函数
    # 根据需要替换为实际实现
    return torch.zeros(len(boxes), feature_map.size(1), pool_shape[0],
                       pool_shape[1])
```

在利用 ROI 对齐层得到了固定空间分辨率的 ROI 特征图之后，便可以利用这些特征图进行后续的任务。同 Faster R-CNN 一样，Mask R-CNN 在分类和回归分支利用全连接层对 ROI 进行目标类别分类及包围盒回归。与 Faster R-CNN 不同的是，Mask R-CNN 还增加了一条专门用于预测掩模的分支，如图 13-3 所示。在这一分支中，ROI 特征图的大小是 14 像素×14 像素，其首先会经过 4 层卷积层来适应分割任务，随后做 2 倍上采样得到空间分辨率为 28 像素×28 像素的特征图。这是因为空间分辨率大的特征图对于分割精度的提升有正向影响。最后，对该特征图使用 1×1 卷积层来预测最后的分割结果。后续任务的代码实现如下。

```python
# 类别预测及包围盒回归
def fpn_classifier_graph(ROIs, feature_maps, image_meta, pool_size, num_classes,
                         train_bn=True, fc_layers_size=1024):
    # 首先得到固定空间分辨率的 ROI
    x = PyramidROIAlign([pool_size, pool_size])([ROIs, image_meta] + feature_maps)
    # x: [batch, num_ROIs, POOL_SIZE, POOL_SIZE, channels]
    # POOL_SIZE 为 7, x 的大小为 7*7*256

    # 利用卷积进行特征整合
    x = TimeDistributed(nn.Conv2d(fc_layers_size, (pool_size, pool_size),
                        padding="valid"))(x)
    x = TimeDistributed(nn.BatchNorm2d(fc_layers_size))(x, training=train_bn)
    x = F.relu(x)

    # x: [batch, num_ROIs, 1, 1, fc_layers_size]
    x = TimeDistributed(nn.Conv2d(fc_layers_size, (1, 1)))(x)
    x = TimeDistributed(nn.BatchNorm2d(fc_layers_size))(x, training=train_bn)
    x = F.relu(x)

    # x: [batch, num_ROIs, 1, 1, fc_layers_size]
    shared = torch.squeeze(torch.squeeze(x, 3), 2)

    # x: [batch, num_ROIs, fc_layers_size]
```

```python
    # 分类头
    # 预测包围盒内目标的类别
    mrcnn_class_logits = TimeDistributed(nn.Linear(fc_layers_size, num_classes))
                                                  (shared)
    # mrcnn_probs: [batch, num_ROIs, num_classes]
    mrcnn_probs = F.softmax(mrcnn_class_logits, dim=-1)

    # 回归头
    # 包围盒回归
    x = TimeDistributed(nn.Linear(fc_layers_size, num_classes * 4))(shared)
    # mrcnn_bbox: [batch, num_ROIs, num_classes, 4]
    mrcnn_bbox = x.view(-1, x.size(1), num_classes, 4)

    return mrcnn_class_logits, mrcnn_probs, mrcnn_bbox


#----------------------------------------------#
#   掩模预测
#   进行 ROI 对齐
#   根据 ROI 进行语义分割
#----------------------------------------------#
def build_fpn_mask_graph(ROIs, feature_maps, image_meta, pool_size, num_classes,
                         train_bn=True):
    # 首先对特征图进行 ROI 对齐，得到空间分辨率相同的 ROI
    x = PyramidROIAlign([pool_size, pool_size])([ROIs, image_meta] + feature_maps)

    # x: [batch, num_ROIs, MASK_POOL_SIZE, MASK_POOL_SIZE, channels]

    # 接着，将 ROI 输入 4 层卷积
    x = TimeDistributed(nn.Conv2d(256, (3, 3), padding="same"))(x)
    x = TimeDistributed(nn.BatchNorm2d(256))(x, training=train_bn)
    x = F.relu(x)

    x = TimeDistributed(nn.Conv2d(256, (3, 3), padding="same"))(x)
    x = TimeDistributed(nn.BatchNorm2d(256))(x, training=train_bn)
    x = F.relu(x)

    x = TimeDistributed(nn.Conv2d(256, (3, 3), padding="same"))(x)
    x = TimeDistributed(nn.BatchNorm2d(256))(x, training=train_bn)
    x = F.relu(x)

    x = TimeDistributed(nn.Conv2d(256, (3, 3), padding="same"))(x)
    x = TimeDistributed(nn.BatchNorm2d(256))(x, training=train_bn)
    x = F.relu(x)

    # x: [batch, num_ROIs, MASK_POOL_SIZE, MASK_POOL_SIZE, 256]
    # x: 14*14*256

    # 使用反卷积进行上采样，将特征图的通道数扩大 2 倍
    x = TimeDistributed(nn.ConvTranspose2d(256, (2, 2), strides=2,
                                           activation="relu"))(x)
```

```
# x: [batch, num_ROIs, 2xMASK_POOL_SIZE, 2xMASK_POOL_SIZE, 256]
# x: 28*28*256

# 反卷积后再次进行 1x1 卷积调整特征图的通道数，使其最终数量为 numclasses
# 不难发现上述代码块其实是一个 FCN

x = TimeDistributed(nn.Conv2d(num_classes, (1, 1), strides=1,
                              activation="sigmoid"))(x)

# x: [batch, num_ROIs, 2xMASK_POOL_SIZE, 2xMASK_POOL_SIZE, numclasses]

return x
```

Mask R-CNN 的训练阶段和测试阶段与 Faster R-CNN 基本一致。不同的是，在训练阶段，Mask R-CNN 的损失函数 L 定义如下：

$$L = L_{cls} + L_{reg} + L_{mask}$$

除具有 Faster R-CNN 同样的分类损失 L_{cls} 和包围盒回归损失 L_{reg} 之外，Mask R-CNN 增加了掩模分割损失 L_{mask}，用于优化目标的二值掩模。对于每个目标类别，它采用逐像素的二值交叉熵损失来衡量预测类别的掩模与该类别对应的真实掩模之间的偏差。

在测试阶段，Mask R-CNN 对候选区域进行包围盒的预测，同时预测包围盒内目标的掩模。除此之外，Mask R-CNN 还需要对预测的包围盒进行 NMS 处理，去除冗余的包围盒，返回最终的结果。

13.4 代码运行示例

由于 Mask R-CNN 代码架构规模比较大，我们将直接调用相关接口进行效果展示。先导入必要的包。

```
! git clone https://github.com/matterport/Mask_RCNN.git
! cd Mask_RCNN

import os
import sys
sys.path.append('Mask_RCNN')
os.chdir('./Mask_RCNN')
os.getcwd()

! python setup.py install

from mrcnn.config import Config
from mrcnn import model as modellib
from mrcnn import visualize
import cv2
import colorsys
```

```python
import argparse
import imutils
import random
import os
import numpy as np
import matplotlib.pyplot as plt
import tensorflow as tf
```

接着，导入模型。我们使用 MS COCO 数据集对模型进行预训练。

```python
class SimpleConfig(Config):
    # 设定名称
    NAME = "coco_inference"
    # 设定 GPU 个数，指定每张 GPU 运行的图像数
    GPU_COUNT = 1
    IMAGES_PER_GPU = 1
    # MS COCO 数据集的类别数
    NUM_CLASSES = 81


config = SimpleConfig()
config.display()
model = modellib.MaskRCNN(mode="inference", config=config, model_dir=os.getcwd())
model.load_weights("mask_rcnn_coco.h5", by_name=True)
```

```
Configurations:
BACKBONE                       resnet101
BACKBONE_STRIDES               [4, 8, 16, 32, 64]
BATCH_SIZE                     1
BBOX_STD_DEV                   [0.1 0.1 0.2 0.2]
COMPUTE_BACKBONE_SHAPE         None
DETECTION_MAX_INSTANCES        100
DETECTION_MIN_CONFIDENCE       0.7
DETECTION_NMS_THRESHOLD        0.3
FPN_CLASSIF_FC_LAYERS_SIZE     1024
GPU_COUNT                      1
GRADIENT_CLIP_NORM             5.0
IMAGES_PER_GPU                 1
IMAGE_CHANNEL_COUNT            3
IMAGE_MAX_DIM                  1024
IMAGE_META_SIZE                93
IMAGE_MIN_DIM                  800
IMAGE_MIN_SCALE                0
IMAGE_RESIZE_MODE              square
IMAGE_SHAPE                    [1024 1024    3]
LEARNING_MOMENTUM              0.9
LEARNING_RATE                  0.001
LOSS_WEIGHTS                   {'rpn_class_loss': 1.0, 'rpn_bbox_loss': 1.0,
'mrcnn_class_loss': 1.0, 'mrcnn_bbox_loss': 1.0, 'mrcnn_mask_loss': 1.0}
MASK_POOL_SIZE                 14
MASK_SHAPE                     [28, 28]
MAX_GT_INSTANCES               100
```

```
MEAN_PIXEL                      [123.7 116.8 103.9]
MINI_MASK_SHAPE                 (56, 56)
NAME                            coco_inference
NUM_CLASSES                     81
POOL_SIZE                       7
POST_NMS_ROIS_INFERENCE         1000
POST_NMS_ROIS_TRAINING          2000
PRE_NMS_LIMIT                   6000
ROI_POSITIVE_RATIO              0.33
RPN_ANCHOR_RATIOS               [0.5, 1, 2]
RPN_ANCHOR_SCALES               (32, 64, 128, 256, 512)
RPN_ANCHOR_STRIDE               1
RPN_BBOX_STD_DEV                [0.1 0.1 0.2 0.2]
RPN_NMS_THRESHOLD               0.7
RPN_TRAIN_ANCHORS_PER_IMAGE     256
STEPS_PER_EPOCH                 1000
TOP_DOWN_PYRAMID_SIZE           256
TRAIN_BN                        False
TRAIN_ROIS_PER_IMAGE            200
USE_MINI_MASK                   True
USE_RPN_ROIS                    True
VALIDATION_STEPS                50
WEIGHT_DECAY                    0.0001

2023-01-05 12:27:25.556772: I tensorflow/core/platform/cpu_feature_guard.cc:141]
Your CPU supports instructions that this TensorFlow binary was not compiled to
use: AVX2 FMA
2023-01-05 12:27:25.583159: I tensorflow/core/platform/profile_utils/cpu_utils.
cc:94] CPU Frequency: 2300090000 Hz
2023-01-05 12:27:25.589540: I tensorflow/compiler/xla/service/service.cc:150]
XLA service 0x302a000 executing computations on platform Host. Devices:
2023-01-05 12:27:25.589584: I tensorflow/compiler/xla/service/service.cc:158]
StreamExecutor device (0): <undefined>, <undefined>
```

此后，便可以使用 Mask R-CNN 进行实例分割。导入一幅图像，使用 Mask R-CNN 对其进行实例分割。

```
class_names = ['BG', 'person', 'bicycle', 'car', 'motorcycle',
               'airplane','bus', 'train', 'truck', 'boat',
               'traffic light', 'fire hydrant', 'stop sign',
               'parking meter', 'bench', 'bird', 'cat', 'dog',
               'horse', 'sheep', 'cow', 'elephant', 'bear', 'zebra',
               'giraffe', 'backpack', 'umbrella', 'handbag', 'tie',
               'suitcase', 'frisbee', 'skis', 'snowboard', 'sports ball',
               'kite', 'baseball bat', 'baseball glove', 'skateboard',
               'surfboard', 'tennis racket', 'bottle', 'wine glass',
               'cup', 'fork', 'knife', 'spoon', 'bowl', 'banana',
               'apple', 'sandwich', 'orange', 'broccoli', 'carrot',
               'hot dog', 'pizza', 'donut', 'cake', 'chair', 'couch',
               'potted plant', 'bed', 'dining table', 'toilet', 'tv',
               'laptop', 'mouse', 'remote', 'keyboard', 'cell phone',
               'microwave', 'oven', 'toaster', 'sink', 'refrigerator',
```

```
                        'book', 'clock', 'vase', 'scissors', 'teddy bear',
                        'hair drier', 'toothbrush']

image = cv2.imread('1.png')
image = cv2.cvtColor(image, cv2.COLOR_BGR2RGB)
image = imutils.resize(image, width=512)
# 进行前向传播，获得预测结果
print("[INFO] making predictions with Mask R-CNN...")
result = model.detect([image], verbose=1)

r1 = result[0]
visualize.display_instances(image, r1['ROIs'], r1['masks'], r1['class_ids'],
                            class_names, r1['scores'])
```

可以观察到，Mask R-CNN 可以捕捉到每个独立的物体，并使用一个掩模来描述该物体的具体形状。

13.5 小结

本章介绍了实例分割的基础原理，并动手实现了一个实例分割的代表性模型——Mask R-CNN。Mask R-CNN 是 Faster R-CNN 在实例分割任务上的扩展，相比 Faster R-CNN，Mask R-CNN 增加了一个用于掩模预测的分支，更重要的是，Mask R-CNN 在特征提取上实现得更精细：引入 FPN 融合多尺度特征；使用 ROI 对齐取代 ROI 池化，避免了区域特征提取时出现的坐标量化误差。

习题

（1）ROI 对齐层和 ROI 池化层的区别在哪里？ROI 对齐层有什么优点？

（2）在 Mask R-CNN 中，掩模分支计算每个类别的预测掩模和真实掩模之间的损失。如果想训练一个类别无关的掩模分支，该怎么设计对应的模块及损失函数？

（3）在 Mask R-CNN 中，分辨率 14 像素×14 像素的特征图经过掩模分支最终上采样得到的分辨率大小为 28 像素×28 像素，这是因为提高其分辨率可以提高分割精度。如果进一步上采样，分割精度会进一步提高吗？通过实验验证。

（4）在 Mask R-CNN 中，ROI 对齐是为了解决 ROI 池化所引入的近似误差。除此之外，还可以从其他什么角度去解释 ROI 对齐的优势（提示：变换恒等特性）？

13.6 参考文献

[1] HE K, GKIOXARI G, DOLLAR P, et al. Mask r-cnn[C]//IEEE International Conference on Computer Vision, 2017:2961-2969.

[2] LIN T Y, DOLLAR P, GIRSHICK R, et al. Feature pyramid networks for object detection [C]//IEEE Conference on Computer Vision and Pattern Recognition, 2017:2117-2125.

[3] TIAN Z, SHEN C, CHEN H. Conditional convolutions for instance segmentation[C]//European Conference on Computer Vision, 2020:282-298.

第 14 章

人体姿态估计

14.1 简介

人体姿态估计（human pose estimation）是计算机视觉的一个重要任务，其目的是识别人体的动作和姿势，这对于很多应用（如运动分析、虚拟现实和人机交互等）都非常重要。在虚拟现实中，人体姿态估计技术有助于跟踪用户的动作，使得虚拟现实体验更加逼真；在人机交互中，人体姿态估计技术有助于设备更好地识别用户的命令，从而使得人机交互更加流畅。

一般来说，人体姿态估计分为二维姿态估计和三维姿态估计，它们之间有一些明显的差异。二维姿态估计用于检测人体在图像中的关节点坐标，输出为二维坐标。因此二维姿态估计类似于语义分割和目标检测这种视觉识别任务，所需技术包括图像特征提取和坐标回归等。三维姿态估计用于识别人体在三维空间中的关节点坐标，输出为三维坐标。因此三维姿态估计通常还需要场景重建技术，如立体视觉、运动估计等。

在本章中，我们主要介绍二维姿态估计，用数学语言描述该任务，即预定义 K 个关节点，给定 N 幅图像，定义图像空间 $\mathbb{I}$，给定数据集 $\mathcal{D} = \{(\boldsymbol{I}^{(n)}, \boldsymbol{y}^{(n)})\}_{n=1}^{N}$，其中 $\boldsymbol{I}^{(n)} \in \mathbb{I}$ 是数据集中的第 n 幅图像；$\boldsymbol{y}^{(n)} = (\boldsymbol{y}_1^{(n)}, \ldots, \boldsymbol{y}_j^{(n)}, \ldots \boldsymbol{y}_K^{(n)})$ 是这幅图像中人体关节点真实坐标向量，也称姿态向量，$\boldsymbol{y}_j^{(n)} \in \mathbb{R}^2$ 代表第 n 幅图中第 j 个关节点的二维图像坐标。姿态估计的任务是从 $\mathcal{D}$ 中学习得到一个从图像空间到人体关节点坐标向量空间的映射 f，从而给定任意一幅测试图像 $\boldsymbol{I}$，可以用学习得到的映射函数 f 预测其标签：$\boldsymbol{y}^* = f(\boldsymbol{I})$。根据人体结构，可以把关节点连接起来，形成人体骨架（skeleton）的形式（如图 14-1 所示），所以人体姿态估计也叫作人体骨架估计。

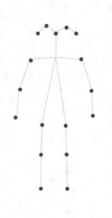

图 14-1　人体姿态估计示意

14.2 数据集和度量

本节将介绍与人体姿态估计相关的数据集和评测指标。

14.2.1 数据集

在人体姿态估计中，通常会选择以下几种常用的数据集进行模型的训练与测试。

（1）Leeds Sports Pose（LSP）[1]：共收录 2000 幅全身姿势图像，这些图像分为 8 类（田径、羽毛球、棒球、体操、跑酷、足球、网球和排球），每幅人体图像都有 14 个关节点。

（2）Frames Labeled In Cinema（FLIC）[2]：共收录 5003 幅图像，这些图像来自 30 部著名好莱坞电影，每部电影每 10 帧进行一次人体检测，共获得约 20000 个人体候选区，这些候选区被发布到众包平台 Amazon Mechanical Turk 上做标注，每个候选区获得 10 个上半身关节的真实坐标，最后再由人工去除严重遮挡或非正视图的图像。

（3）Max Planck Institute for Informatics（MPII）Human Pose[3]：包含约 25000 幅图像，其中包含 40000 多个标注了关节点的人，整个数据集涵盖 410 种人类的活动。数据集的图像来自 YouTube，涵盖了室内外场景及各种成像条件，因此该数据集在外观变异性方面具有很高的多样性。研究人员对收集的图像提供了丰富的标注，包括身体关节的位置、头部和躯干的 3D 视角，以及眼睛和鼻子的位置，此外还对所有身体关节和部位的可见性进行了标注。

（4）Microsoft Common Objects in Context（MS COCO）[4]：MS COCO 数据集不仅用于目标检测、分割、关节点检测等任务，也可以用于人体姿态估计。MS COCO 对每个人体实例都标注了 17 个关节点，包括鼻子、两眼、两耳、肩部、手肘、手腕、髋部、膝盖和脚踝。相比于 MPII 数据集，MS COCO 在人脸结构的标注上更为丰富和多样。

14.2.2 评测指标

在人体姿态估计中，常常使用以下评测指标。

（1）正确关节点百分比（percentage of correct keypoints，PCK），有时也称正确关键点百分比，是预测的关节点坐标与其对应的真实坐标间的归一化距离小于设定阈值的比例。

$$\text{PCK}_j = \frac{1}{N} \sum_{n=1}^{N} I\left(\frac{\| \hat{y}_j^{(n)} - y_j^{(n)} \|_2}{S} \leqslant \alpha \right)$$

其中，I 是指示函数；$\hat{y}_j^{(n)}$ 是第 n 幅图像中第 j 个关节点的预测坐标；$y_j^{(n)}$ 是对应的真实坐标；N 是总图像数；S 是尺度因子，一般选用人体头部直径；α 为阈值，一般取 0.5，也就是当预测关节点与真实关节点的距离小于人体尺寸的一半时认为预测正确，此时 PCK 也被写作 PCK@0.5。

（2）目标关节点相似度（object keypoint similarity，OKS），有时也称目标关键点相似度。

具体计算公式为

$$\text{OKS} = \frac{\sum_j \exp\left(-(\|\hat{\boldsymbol{y}}_j^{(n)} - \boldsymbol{y}_j^{(n)}\|_2)/2S^2\sigma_j^2\right)I(v_j > 0)}{\sum_j I(v_j > 0)}$$

其中，I 是指示函数；v_j 是关节点的可见性标志，$v_j = 1$ 表示这个关节点无遮挡且已标注，$v_j = 2$ 表示关节点有遮挡但已标注；S 是尺度因子，不过这里的 S 一般选用人体检测框面积的平方根 $\sqrt{H \times W}$，H 和 W 是人体检测框的高和宽；σ_j 表示该关节点的归一化因子，通常是根据数据集中关节点标注误差分布而确定的，反映了当前关节点的标注精度，值越大，说明该关节点的标注效果越差，反之则说明标注效果越好。可以看出，OKS 对于关节点的可见性、尺度因子还有关节点标注效果都进行了考虑，能够更加综合地评估人体姿态估计的性能。

14.3 人体姿态估计模型——DeepPose

早期的人体姿态估计方法都是基于图像块去预测关节点坐标，并根据人体学的知识加以约束[3]。但是仅根据图像的局部信息很难对关节点进行准确的预测。例如，从图 14-2 左边的两个图像块中很难判断出它们所表示的是人体的哪个部分，因此需要有一种可以将整幅图像作为输入直接预测所有关节点的方法。根据前面几章的内容可知，深度神经网络正好能够实现这个功能，于是就出现了基于深度神经网络的 DeepPose[5]。

图 14-2　单靠局部信息很难有效预测姿态

接下来我们将详细介绍 DeepPose 的网络架构及训练过程。

14.3.1 基于深度神经网络的人体姿态估计

在训练 DeepPose 之前，首先需要对数据进行预处理。在数据集中，关节点坐标通常以图像的绝对坐标给出，但这种表示方式对于网络学习并不理想。因此，DeepPose 将关节点坐标转换为相对坐标，即将关节点坐标相对于人体包围盒做归一化。具体地，给定一幅图像 $\boldsymbol{I}$，定义包围盒 $\boldsymbol{b} = (b_x, b_y, b_h, b_w)$。对于人体的一个关节点坐标 $\boldsymbol{y}_j^{(n)}$，其相对于包围盒进行归一化可以表示为

$$\text{norm}(\boldsymbol{y}_j^{(n)};\boldsymbol{b}) = \begin{bmatrix} \dfrac{1}{b_w} & 0 \\ 0 & \dfrac{1}{b_h} \end{bmatrix} \left(\boldsymbol{y}_i^{(n)} - \begin{bmatrix} b_x \\ b_y \end{bmatrix} \right)$$

进一步，可以将同样的归一化应用到姿态向量 $\boldsymbol{y}^{(n)}$ 的所有元素上，得到 $\text{norm}(\boldsymbol{y}^{(n)};\boldsymbol{b}) = (\text{norm}(\boldsymbol{y}_1^{(n)};\boldsymbol{b}),\dots,\text{norm}(\boldsymbol{y}_j^{(n)};\boldsymbol{b}),\dots,\text{norm}(\boldsymbol{y}_K^{(n)};\boldsymbol{b}))$。为了方便描述，这里使用 $\text{crop}(\boldsymbol{I};\boldsymbol{b})$ 来表示根据包围盒 $\boldsymbol{b}$ 对图像 $\boldsymbol{I}$ 进行裁剪得到的局部图像。

DeepPose 将姿态估计问题视为一个回归问题，通过训练并使用一个姿态回归器 $\psi(\boldsymbol{I};\boldsymbol{\theta})$，将给定的图像 $\boldsymbol{I}$ 回归到一个归一化的姿态向量，其中 $\boldsymbol{\theta}$ 表示姿态回归器的参数。因此，根据上面提到的归一化变换，图像的绝对坐标中的预测姿态向量 $\boldsymbol{y}^*$ 表示为

$$\boldsymbol{y}^* = \text{norm}^{-1}(\psi(\text{crop}(\boldsymbol{I};\boldsymbol{b});\boldsymbol{\theta});\boldsymbol{b})$$

其中 $\text{norm}^{-1}(\cdot)$ 是归一化的逆变换，定义为

$$\text{norm}^{-1}(\boldsymbol{y}';\boldsymbol{b}) = \begin{bmatrix} b_w & 0 \\ 0 & b_h \end{bmatrix} \boldsymbol{y}' + \begin{bmatrix} b_x \\ b_y \end{bmatrix}$$

其中，$\boldsymbol{y}' = \psi(\text{crop}(\boldsymbol{I};\boldsymbol{b});\boldsymbol{\theta})$。姿态回归器 ψ 的目标是最小化预测姿态向量 $\boldsymbol{y}^*$ 和真实姿态向量 $\boldsymbol{y}$ 之间的误差，这里，DeepPose 采用输入尺寸固定为 220 像素×220 像素的深度神经网络作为姿态回归器。作为一个回归任务，DeepPose 通过最小化均方误差损失函数来训练网络，从而预测姿态向量。由于真实的姿态向量以图像的绝对坐标定义，且不同图像中的姿态大小不一，其使用上文中定义的归一化方法对训练集 $\mathcal{D}$ 进行归一化：

$$\mathcal{D}_N = \{(\text{crop}(\boldsymbol{I};\boldsymbol{b}),\text{norm}(\boldsymbol{y};\boldsymbol{b})) | (\boldsymbol{I},\boldsymbol{y}) \in \mathcal{D}\}$$

用于训练 DeepPose 的均方误差损失函数定义为

$$\sum_{(\boldsymbol{I},\boldsymbol{y}) \in \mathcal{D}_N} \sum_{j=1}^{K} \|\boldsymbol{y}_j - \psi(\boldsymbol{I};\boldsymbol{\theta})\|_2^2$$

需要注意的是，即使某些图像中没有标记所有关节点，上述损失函数也可以使用。在这种情况下，求和中相应的项将被忽略。

14.3.2 级联回归

14.3.1 节中介绍的方法存在一个问题，即网络的输入图像尺寸固定为 220 像素×220 像素，这限制了网络对细节的捕捉能力。为了解决这个问题，DeepPose 提出了级联回归的方法。在初始阶段，DeepPose 会估计一个初始姿态。在随后的精化阶段中，对每个关节点训练一个额外的姿态回归器，以此来预测该关节点从上一阶段预测的位置到真实位置的位移。每个精化阶段使用上一阶段预测的关节点位置来集中关注关节点在图像的相关部分，也就是围绕上一阶段预测的关节点位置进行裁剪得到局部图像，并且应用姿态回归器在这个局部图像上预测关节点的精细化位置，如图 14-3 所示。这种级联回归的方法可以提高网络对细节的感知能力，从而提高姿

态估计的精度。

DeepPose 对所有阶段使用相同的网络架构，但学习不同的网络参数。对于总共 C 个级联阶段中的阶段 $c \in \{1,\cdots,C\}$，第 c 个阶段针对第 j 个关节点的姿态回归器表示为 $\psi(\text{crop}(I;b);\theta_j^c)$，其中 θ_j^c 表示其网络参数。对于给定的关节点坐标 y_j，考虑一个关节包围盒 b_j，该包围盒捕捉关节点坐标 y_j 周围的局部图像：$b_j = (y_j, H_j, W_j)$，其中 H_j 和 W_j 代表对第 j 个关节点预定义的包围盒尺寸，取决于关节点的物理意义和数据集分布，在 DeepPose 中 $H_j = W_j$。

在第一个阶段（初始阶段），即 $c=1$ 时，DeepPose 从初始包围盒 b^0 开始检测，该包围盒可以是整幅图像，也可以是由一个人体目标检测器获得的。从包围盒 b^0 预测出初始的关节点坐标：

$$y^1 = \text{norm}^{-1}(\psi(\text{crop}(I;b^0);\theta_1);b^0)$$

在每个后续阶段，即 $c \geq 2$ 时，对于所有关节点 $j \in \{1,\cdots,K\}$，DeepPose 首先使用上一阶段中回归得到的关节点坐标 y_j^{c-1} 来定义局部图像，得到对应的包围盒 b_j^{c-1}，然后使用一个对应的姿态回归器 ψ 来预测关节点的精细化位移 $y_j^c - y_j^{c-1}$：

$$y_j^c \leftarrow y_j^{c-1} + \text{norm}^{-1}(\psi(\text{crop}(I;b_j^{c-1});\theta_j^c);b_j^{c-1})$$

这样，就可以得到精化阶段 c 的关节点包围盒 b_j^c：

$$b_j^c \leftarrow (y_j^c, H_j, W_j)$$

在实际的实验中，DeepPose 使用了 $C = 3$ 个级联阶段。

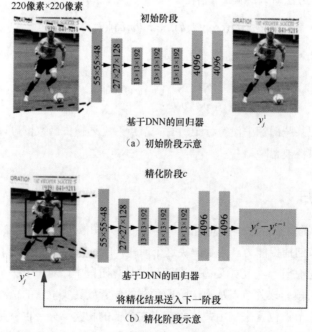

图 14-3　DeepPose 流程（插图源自参考文献[5]）

DeepPose 还针对关节点进行数据增强。具体做法是随机偏移关节点 j 的真实位置，偏移量

遵循二维正态分布 $N(\mu, \sigma)$，其中 μ 和 σ 分别等于训练数据中所有样本的观测偏移量（$y_j^{c-1} - y_j$）的均值和方差。这样就可以将增强的训练数据和真实数据共同用于训练阶段 c 的姿态回归器。增强的训练数据可以表示为

$$\mathcal{D}_A^c = \{(\text{crop}(\boldsymbol{I}; \boldsymbol{b}_j^{c-1}), \text{norm}(\boldsymbol{y}_j; \boldsymbol{b}_j^{c-1})) | (\boldsymbol{I}, \boldsymbol{y}_j) \sim \mathcal{D},$$
$$\delta \sim N(\mu, \sigma), \boldsymbol{b}_j^{c-1} = (\boldsymbol{y}_j + \delta, H_j, W_j)\}$$

级联阶段 c 的训练目标为

$$\min_{\boldsymbol{\theta}_j^c} \sum_{(\boldsymbol{I}, \boldsymbol{y}_j) \in \mathcal{D}_A^c} \left\| \boldsymbol{y}_j - \psi_j(\boldsymbol{I}; \boldsymbol{\theta}_j^c) \right\|_2^2$$

DeepPose 相对于以往基于图像块的方法有如下创新点。

（1）对于如何使用全局观点获得关节点的坐标的问题，DeepPose 提出了使用深度神经网络作为全局特征提取，将整幅图像作为输入的方法。

（2）人体关节点本身存在分布规律，而关节点的坐标在图像坐标系下并无特别的规律，因此 DeepPose 提出了在每个环节中，通过中心点、长和宽选择一个包围盒，然后计算节点在包围盒中的坐标，从而将绝对坐标转换为统一的坐标。

（3）为了实现更高精度的坐标计算，DeepPose 提出了级联的深度神经网络，在获得初步的关节点坐标之后，再在原始图像中根据该坐标选择一定的局部区域，从而实现更高准确度的坐标计算。

通过这一系列的设计，DeepPose 成功地成为当时的最高水平（state-of-the-art，SOTA），并引领了深度学习在人体姿态估计领域的潮流。接下来，我们来动手编写 DeepPose 并在 MS COCO 数据集上测试预测效果。

14.4 DeepPose 代码实现

由于 DeepPose 的级联过程需要对每个关节点训练一个回归器，这一过程非常耗时。如 DeepPose 的论文中所述，训练每个级联精化阶段需要花费 7 天时间。因此，我们这里采用一种高效的处理方式：在每个阶段，将上一阶段预测的关节点坐标和对图像提取得到的特征图进行拼接，并基于这一拼接的特征进行这一阶段关节点坐标的精化。与 DeepPose 的级联精化过程相比，我们采用的方式去除了裁剪操作，无须多次计算图像特征，因此高效得多；又因为拼接的特征图中包含了上一阶段预测的关节点位置信息，可以使网络更加关注该位置周围的局部图像区域，从而实现关节点坐标的精化。

我们首先编写 DeepPose 的代码。

```
import torch
import torch.nn as nn
import torchvision.models as models
```

```python
class DeepPose(nn.Module):
    def __init__(self, num_keypoints=17, pretrained=True, num_stages=3):
        super(DeepPose, self).__init__()
        self.num_keypoints = num_keypoints
        self.num_stages = num_stages

        # 加载预训练的 ResNet 模型用于特征提取
        self.backbone = models.resnet50(pretrained=pretrained)
        self.backbone = nn.Sequential(*list(self.backbone.children())[:-2])

        # 为每个级联阶段定义回归层
        self.regression_layers = nn.ModuleList([
            self._make_regression_layer() for _ in range(num_stages)
        ])

        # 每个级联阶段的最终全连接层,用于关节点预测
        self.fc_layers = nn.ModuleList([
            nn.Linear(2048, num_keypoints * 2) for _ in range(num_stages)
        ])

    def _make_regression_layer(self):
        # 定义回归层,由几个卷积层组成
        return nn.Sequential(
            nn.Conv2d(2048, 512, kernel_size=3, padding=1),
            nn.BatchNorm2d(512),
            nn.ReLU(inplace=True),
            nn.Conv2d(512, 512, kernel_size=3, padding=1),
            nn.BatchNorm2d(512),
            nn.ReLU(inplace=True),
            nn.Conv2d(512, 2048, kernel_size=1)
        )

    def forward(self, x):
        # 使用骨干网络提取特征
        features = self.backbone(x)

        # 初始化关节点预测为零
        keypoint_preds = torch.zeros(x.size(0), self.num_keypoints * 2).
                                    to(x.device)

        for i in range(self.num_stages):
            # 将关节点预测结果与特征图拼接
            keypoint_map = keypoint_preds.view(x.size(0), self.num_keypoints, 2,
                                               1, 1)
            keypoint_map = keypoint_map.expand(-1, -1, -1, features.size(2),
                                               features.size(3))
            features_with_keypoints = torch.cat([features,
                    keypoint_map.view(x.size(0), -1, features.size(2),
                    features.size(3))], dim=1)

            # 通过回归层进行精化
```

```
            regression_output = self.regression_layers[i](features_with_keypoints)

            # 将回归输出展平并通过全连接层
            regression_output = regression_output.view(x.size(0), -1)
            keypoint_preds += self.fc_layers[i](regression_output)

        # 返回关节点的最终位置
        return keypoint_preds.view(x.size(0), self.num_keypoints, 2)
```

接着，我们在 MS COCO 上对其进行训练。我们先导入必要的仓库以及库函数。

```
!git clone https://github.com/Naman-ntc/Pytorch-Human-Pose-Estimation.git
pip install -r requirements.txt
```

设置好模型设置和 MS COCO 数据集的路径，开始对模型进行训练。

```
!python main.py -DataConfig conf/datasets/coco.defconf -ModelConfig /
conf/models/DeepPose.defconf
```

```
==> |############################| train Epoch: [1][9363/9364]| Total: 0:07:27 | ETA: 0:00:01 | Loss: 0.027381 (0.014873)| PCK: 0.146 (0.246)
==> |############################| train Epoch: [2][9363/9364]| Total: 0:07:19 | ETA: 0:00:01 | Loss: 0.021852 (0.038345)| PCK: 0.233 (0.160)
==> |############################| train Epoch: [3][9363/9364]| Total: 0:07:21 | ETA: 0:00:01 | Loss: 0.020009 (0.010192)| PCK: 0.273 (0.305)
==> |############################| val Epoch: [3][397/397]| Total: 0:00:11 | ETA: 0:00:01 | Loss: 0.007666 (0.012200)| PCK: 0.336 (0.172)
==> |############################| train Epoch: [4][9363/9364]| Total: 0:07:24 | ETA: 0:00:01 | Loss: 0.013659 (0.015728)| PCK: 0.298 (0.347)
==> |############################| train Epoch: [5][9363/9364]| Total: 0:07:21 | ETA: 0:00:01 | Loss: 0.018105 (0.022155)| PCK: 0.317 (0.379)
Reducing learning rate of group 0 from 0.000250 to 0.000175
==> |############################| train Epoch: [6][9363/9364]| Total: 0:07:22 | ETA: 0:00:01 | Loss: 0.016398 (0.025791)| PCK: 0.357 (0.299)
==> |############################| val Epoch: [6][397/397]| Total: 0:00:10 | ETA: 0:00:01 | Loss: 0.024147 (0.035195)| PCK: 0.328 (0.171)
==> |############################| train Epoch: [7][9363/9364]| Total: 0:07:23 | ETA: 0:00:01 | Loss: 0.015652 (0.019737)| PCK: 0.369 (0.440)
==> |############################| train Epoch: [8][9363/9364]| Total: 0:07:18 | ETA: 0:00:01 | Loss: 0.015587 (0.006113)| PCK: 0.379 (0.406)
==> |############################| train Epoch: [9][9363/9364]| Total: 0:07:21 | ETA: 0:00:01 | Loss: 0.015239 (0.007124)| PCK: 0.386 (0.452)
==> |############################| val Epoch: [9][397/397]| Total: 0:00:10 | ETA: 0:00:01 | Loss: 0.006615 (0.008718)| PCK: 0.412 (0.271)
```

由于训练输出较长，这里只展示开始训练阶段的输出。最后，我们在测试集上对模型进行测试，可发现最终的 PCK 可以达到 57.5%。

```
loading annotations into memory...
Done (t=7.90s)
creating index...
index created!
loading annotations into memory...
Done (t=0.21s)
creating index...
index created!
==> |############################| val Epoch: [-1][397/397]| Total: 0:00:15 | ETA: 0:00:01 | Loss: 0.005509 (0.013679)| PCK: 0.575 (0.446)
```

14.5 小结

本章介绍了使用深度学习进行人体姿态估计的开山之作——DeepPose，并在 MS COCO 数据集上进行了训练与测试。人体姿态估计是计算机视觉领域的一个基础问题，只有准确地估计了图像中人体的姿态，才能赋能后续的操作，如电影动作捕捉、动画制作、轨迹跟踪、人机交互及运动分析等。接下来我们将继续介绍如何从视频中识别运动。

> **习题**
> （1）实现目标关节点相似度（OKS），并用 OKS 重新评估实验结果。
> （2）DeepPose 将人体姿态估计问题作为一个精确回归问题，没有考虑人体姿态的不确定性。思考如何引入不确定性信息，从而提高模型的鲁棒性。
> （3）在级联回归中，如果最初估计的关节点位置与真实关节点位置相差甚远，那么后续的迭代无

法纠正初始的错误。思考如何解决这个问题。

（4）在第12章中，Faster R-CNN 目标检测器中的包围盒回归器其本质也是回归坐标，是否可以将本章中的级联回归思想应用于 Faster R-CNN 中？如果可以，简要描述如何实现。

14.6 参考文献

[1] JOHNSON S, EVERINGHAM M. Clustered pose and nonlinear appearance models for human pose estimation[C]//British Machine Vision Conference, 2010, 2(4): 5.

[2] SAPP B, TASKAR B. MODEC: Multimodal decomposable models for human pose estimation [C]//IEEE Conference on Computer Vision and Pattern Recognition, 2013: 3674-3681.

[3] ANDRILOUKA M, PISCHCHULIN L, GEHLER P, et al. 2D human pose estimation: New benchmark and state of the art analysis[C]//IEEE Conference on Computer Vision and Pattern Recognition, 2014: 3686-3693.

[4] LIN T Y, MAIRE M, BELONGIE S, et al. Microsoft COCO: Common objects in context[C]// European Conference on Computer Vision, 2014: 740-755.

[5] TOSHEV A, SZEGEDY C. DeepPose: Human pose estimation via deep neural networks [C]//IEEE Conference on Computer Vision and Pattern Recognition, 2014: 1653-1660.

第 15 章

动作识别

15.1 简介

扫码观看视频课程

在之前的章节中，读者已经学习了针对图像的"十八般武艺"，能够检测目标、分割物体甚至估计人体姿态。但是在真实世界中，万事万物都是运动的，因此需要掌握对视频流的"武技"。在本章中，我们将尝试理解这个运动的世界，具体来说，我们将介绍人体动作识别（human action recognition）。人体动作识别，顾名思义，是指识别视频中人类的动作，从而可以推断人物的意图和状态，为视频内容的理解提供重要信息。例如，在视频监控领域，人体动作识别可用于检测犯罪和安全事件；在体育赛事领域，人体动作识别可以用来分析运动员的技术和战术；在娱乐和广告领域，人体动作识别可以用来分析观众的反应和参与度。需要注意的是，这里讨论的是狭义的动作识别，即将动作识别理解成一个视频分类任务，如图 15-1 所示，而广义的动作识别则包含更细粒度的识别任务，如从视频中检测出某种动作对应的几帧。

用数学语言描述狭义的人体动作识别任务就是：预定义 K 个动作标签 $\mathcal{L} = \{l_1, l_2, \cdots, l_K\}$，定义视频序列空间 $\mathbb{S}$，给定数据集 $\mathcal{D} = \{(\boldsymbol{S}^{(n)}, l^{(n)})\}_{n=1}^{N}$，其中 $\boldsymbol{S}^{(n)} \in \mathbb{S}$ 是数据集中的第 n 个视频序列，$l^{(n)}$ 是这个视频序列对应的动作标签。$\boldsymbol{S}^{(n)}$ 通常可以表示为一个高阶张量，如果视频的图像是灰度图像，那么它是一个三阶张量，如果视频的图像是彩色图像，则是四阶张量。人体动作识别任务是从 $\mathcal{D}$ 中学习得到一个从视频序列空间到人体动作标签空间的映射 f，从而给定任意一段测试视频序列 $\boldsymbol{S}$，可以用学习得到的映射函数 f 预测其标签：$\hat{l} = f(\boldsymbol{S})$。

图 15-1　动作识别可以当作对视频序列的分类任务

在本章中，我们将首先介绍数据集与评测指标，然后动手学动作识别中的经典方法——C3D[1]。

15.2 数据集和度量

本节将介绍动作识别常用的数据集及度量。

15.2.1 数据集

目前人体动作识别常用的数据集包括以下 3 个。

（1）UCF101[2]：UCF101 数据集于 2012 年发布，它由 YouTube 中的部分真实世界视频组成，包含 101 种不同的动作类别。这些类别可以分为 5 种类型：人体运动、人与人交互、人与物体交互、演奏乐器和体育运动。UCF101 数据集共有 13320 个视频片段，累计时长超过 27 h，所有视频的帧率固定为每秒 25 帧。

（2）Sports-1M[3]：Sports-1M 于 2014 年发布，是第一个规模较大的视频动作数据集，由超过 100 万个 YouTube 视频组成，其中标注了 487 种运动类别。由于类别的粒度较小，其类别间的差异较小。

（3）DeepMind Kinetics human action dataset：Kinetics 家族是目前应用最广泛的基准数据集。2017 年推出的 Kinetics-400[4]包含约 24 万个训练视频和 2 万个验证视频，涵盖 400 种人类动作类别，每类动作至少有 400 个视频片段，每个视频片段时长约为 10 s。随着时间的推移，Kinetics 家族一直在不断扩大，2018 年推出的 Kinetics-600[5]包含超过 49 万个视频，2019 年推出的 Kinetics-700[6]包含超过 65 万个视频。

15.2.2 评测指标

在人体动作识别任务中，常用的评估指标如下。

（1）精确度（accuracy）：精确度是处理分类任务最常用的评价指标，它表示分类正确的样本数占总样本数的比例。

（2）命中率（hit@k）：模型预测的前 k 个结果中是否包含了正确的标签。具体定义如下：

$$\text{hit}@k = \frac{1}{M}\sum_{m=1}^{M} I\left(l^{(m)} \in \{\hat{l}_{\text{top}1}^{(m)}, \hat{l}_{\text{top}2}^{(m)}, \cdots, \hat{l}_{\text{top}k}^{(m)}\}\right)$$

其中，M 是测试集中的视频序列数量；$l^{(m)}$ 是第 m 个视频序列的真实动作标签；$\{\hat{l}_{\text{top}1}^{(m)}, \hat{l}_{\text{top}2}^{(m)}, \cdots, \hat{l}_{\text{top}k}^{(m)}\}$ 是模型对第 m 个视频序列预测的前 k 个标签集合；I 是指示函数。

15.3 动作识别模型——C3D

视频数据不同于图像数据，它是一个连续的序列，为了识别出视频中的动作，我们需要考虑时间信息。在本节中，我们将介绍一个经典的动作识别模型——C3D[1]（convolutional 3D），它利用三维卷积网络来提取视频数据中的时空特征，从而实现高精确度的动作识别。

15.3.1 三维卷积

在介绍 C3D 之前，我们先来了解一下其核心组件——三维卷积。三维卷积是对二维卷积的自然扩展。在二维卷积中，卷积核在输入的二维数据（如图像）上滑动，计算邻近区域的加权和。而在三维卷积中，卷积核除了在宽度（W）和高度（H）上滑动外，还会在深度（D）上滑动，如图 15-2 所示。这里深度通常对应于视频帧的时间维度。给定视频序列 S（假设其中的图像均为灰度图），将其理解成一个三阶张量，对其进行三维卷积的数学表达式为

$$G(i,j,k) = \sum_{m=1}^{k_d}\sum_{n=1}^{k_h}\sum_{p=1}^{k_w} K(m,n,p)\cdot S(i-m, j-n, k-p)$$

其中，K 是三维卷积核；G 是输出张量；k_d、k_h 和 k_w 分别表示卷积核在空间宽度、高度和时间深度上的尺寸。三维卷积的补零、步长等操作与二维卷积类似，这里不做展开。

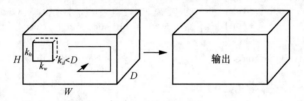

图 15-2　三维卷积示意

下面展示一个简易的三维卷积的例子。

```python
import numpy as np
import pprint as pp

def generate_increasing_volume(d, h, w):
    """
    生成一个递增的张量，每个元素的值为其在张量中的索引值加 1

    参数:
    - d, h, w: 生成张量的深度、高度和宽度

    返回:
    - volume: 生成的递增张量
    """
    return np.arange(1, d*h*w + 1).reshape(d, h, w)

def conv3d(input_volume, kernel):
    """
    对给定的输入张量和指定的卷积核进行三维卷积操作

    参数:
    - input_volume: 三维 numpy 数组，维度对应深度、高度和宽度
    - kernel: 三维 numpy 数组，维度比输入张量阶数小，且每个维度的大小为奇数
```

```
    返回：
    - output_volume: 三维 numpy 数组，卷积操作的输出张量
    """
    d, h, w = input_volume.shape
    kd, kh, kw = kernel.shape

    # 计算输出张量的阶数
    output_d = d - kd + 1
    output_h = h - kh + 1
    output_w = w - kw + 1

    # 初始化输出的张量
    output_volume = np.zeros((output_d, output_h, output_w))

    # 计算三维卷积
    for i in range(output_d):
        for j in range(output_h):
            for k in range(output_w):
                sub_volume = input_volume[i:i+kd, j:j+kh, k:k+kw]
                output_volume[i, j, k] = np.sum(sub_volume * kernel)

    return output_volume

# 生成一个 4×4×4 的三阶递增张量
input_volume_increasing = generate_increasing_volume(4, 4, 4)
kernel = np.array([[[1, 1], [1, 1]], [[1, 1], [1, 1]]])  # 一个 2×2×2 的核

# 对递增张量进行三维卷积操作
output_volume_increasing = conv3d(input_volume_increasing, kernel)
print("输入张量的部分:")
pp.pprint(input_volume_increasing[0:2, 0:2, 0:2])
print("核:")
pp.pprint(kernel)
print("输出张量的部分:")
print(output_volume_increasing[0, 0, 0])
```

```
输入张量的部分:
array([[[ 1,  2],
        [ 5,  6]],

       [[17, 18],
        [21, 22]]])
核:
array([[[1, 1],
        [1, 1]],

       [[1, 1],
        [1, 1]]])
输出张量的部分:
92.0
```

在此例中，我们使用一个 2×2×2 的全 1 卷积核，对一个元素递增的 4×4×4 张量进行三维卷积运算。卷积核在输入张量上滑动，对每个局部张量进行乘法和求和操作，得到一个 3×3×3 的输出张量。

三维卷积与二维卷积相比，其主要优势在于能够直接处理视频数据的时间维度信息。二维卷积只在空间上进行操作，因此在图像上卷积后还需要设计融合时间信息的方法。而三维卷积能够直接捕捉视频序列的时间连续性，从而更有效地识别并分析动态场景和行为。这使得三维卷积在动作识别和其他视频分析任务中具有显著优势。

15.3.2 C3D 模型

正因为三维卷积的优势，Du Tran 等人[1]于 2014 年提出直接使用三维卷积网络来提取视频数据中的时空特征，从而实现高精确度的视频动作识别。他们提出的 C3D 模型是一个端到端的三维卷积网络，由 8 个卷积层、5 个池化层、2 个全连接层和 1 个 softmax 层组成，其网络架构如图 15-3 所示。

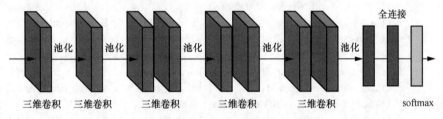

图 15-3　C3D 模型示意

C3D 模型的输入是 16×112×112×3 的视频数据，其中 16 表示输入的视频序列长度，112 表示视频帧的宽度和高度，3 表示视频帧的通道数。根据对二维卷积神经网络的研究发现[7]，小的感受野（3×3 卷积核）配合更深的网络架构可以获得最佳结果。因此，在 C3D 的架构搜索研究中，Du Tran 等人将空间感受野固定为 3×3，只改变三维卷积核的时间深度，并且通过实验发现，3×3×3 的卷积核效果最好。

Du Tran 等人通过在另一数据集上可视化学习到的特征来定性评估 C3D 的通用性，确认这些特征是否适合视频分析。具体来说，他们从 UCF101 数据集随机挑选了 10 万个视频序列，使用 C3D 提取这些序列的特征，并使用 t-SNE[8] 将特征映射到二维空间。图 15-4 展示了结果，同一动作的序列显示相同颜色。结果表明，C3D 提取的特征区分明显，表明其能够有效地提取视频数据中的时空特征。

图 15-4　t-SNE 可视化（插图源自参考文献[1]）
（另见彩插图 16）

15.4 C3D 代码实现

前面我们已经介绍了三维卷积和 C3D 模型，接下来将开始动手实现一个 C3D 模型并在 UCF101 数据集上进行训练和测试。

```python
import torch.nn as nn

class C3D(nn.Module):
    """
    C3D, Convolution 3D, 即三维卷积
    """
    def __init__(self):
        super(C3D, self).__init__()
        # 注意到核函数为三维，符合三维卷积的要求
        self.conv1 = nn.Conv3d(3, 64, kernel_size=(3, 3, 3), padding=(1, 1, 1))
        self.pool1 = nn.MaxPool3d(kernel_size=(1, 2, 2), stride=(1, 2, 2))
        self.conv2 = nn.Conv3d(64, 128, kernel_size=(3, 3, 3), padding=(1, 1, 1))
        self.pool2 = nn.MaxPool3d(kernel_size=(2, 2, 2), stride=(2, 2, 2))
        self.conv3a = nn.Conv3d(128, 256, kernel_size=(3, 3, 3), padding=(1, 1, 1))
        self.conv3b = nn.Conv3d(256, 256, kernel_size=(3, 3, 3), padding=(1, 1, 1))
        self.pool3 = nn.MaxPool3d(kernel_size=(2, 2, 2), stride=(2, 2, 2))
        self.conv4a = nn.Conv3d(256, 512, kernel_size=(3, 3, 3), padding=(1, 1, 1))
        self.conv4b = nn.Conv3d(512, 512, kernel_size=(3, 3, 3), padding=(1, 1, 1))
        self.pool4 = nn.MaxPool3d(kernel_size=(2, 2, 2), stride=(2, 2, 2))
        self.conv5a = nn.Conv3d(512, 512, kernel_size=(3, 3, 3), padding=(1, 1, 1))
        self.conv5b = nn.Conv3d(512, 512, kernel_size=(3, 3, 3), padding=(1, 1, 1))
        self.pool5 = nn.MaxPool3d(kernel_size=(2, 2, 2), stride=(2, 2, 2),
                                  padding=(0, 1, 1))
        self.fc6 = nn.Linear(8192, 4096)
        self.fc7 = nn.Linear(4096, 4096)
        self.fc8 = nn.Linear(4096, 487)

        self.dropout = nn.Dropout(p=0.5)
        self.relu = nn.ReLU()
        self.softmax = nn.Softmax()

    def forward(self, x):

        h = self.relu(self.conv1(x))
        h = self.pool1(h)

        h = self.relu(self.conv2(h))
        h = self.pool2(h)

        h = self.relu(self.conv3a(h))
        h = self.relu(self.conv3b(h))
        h = self.pool3(h)
```

```python
        h = self.relu(self.conv4a(h))
        h = self.relu(self.conv4b(h))
        h = self.pool4(h)

        h = self.relu(self.conv5a(h))
        h = self.relu(self.conv5b(h))
        h = self.pool5(h)

        h = h.view(-1, 8192)
        h = self.relu(self.fc6(h))
        h = self.dropout(h)
        h = self.relu(self.fc7(h))
        h = self.dropout(h)

        logits = self.fc8(h)
        probs = self.softmax(logits)

        return probs
```

我们将基于 C3D 在 UCF101 数据集中实现视频动作识别。这里将直接调用已经完成的代码，可以在 GitHub 链接中查看详细的项目。

```
!git clone https://github.com/Niki173/C3D
```

在配置好 UCF101 数据集和模型预训练的权重之后，便可以进行 C3D 的训练。

```
!python train.py
```

这里只展示部分训练流程。

```
100%|███████████████████████████████████████| 8460/8460 [08:10<00:00, 17.25it/s]
[train] Epoch: 19/20 Loss: 0.132265448908779774 Acc: 0.9595744680851064
Execution time: 490.36240720096976
100%|███████████████████████████████████████| 2159/2159 [01:02<00:00, 34.49it/s]
[val] Epoch: 19/20 Loss: 0.11561366206690023 Acc: 0.9689671144048171
Execution time: 62.59326391783543
100%|███████████████████████████████████████| 8460/8460 [08:12<00:00, 17.17it/s]
[train] Epoch: 20/20 Loss: 0.12648102922528842 Acc: 0.9601654846335697
Execution time: 492.60593162314035
100%|███████████████████████████████████████| 2159/2159 [01:02<00:00, 34.75it/s]
[val] Epoch: 20/20 Loss: 0.1177274482070989 Acc: 0.9597035664659564
Execution time: 62.13380773481913
```

最后，我们在测试集上进行测试，精确度可达 96%。

```
100%|███████████████████████████████████████| 2701/2701 [01:16<00:00, 35.14it/s]
[test] Epoch: 20/20 Loss: 0.12571397957808705 Acc: 0.9603850425768234
Execution time: 76.86971226101741
```

15.5　小结

本章介绍了人体动作识别的基本原理、常用的数据集和评测指标，并详细分析了一个经典的动作识别模型——C3D。C3D 模型利用三维卷积网络来提取视频数据中的时空特征，从而实现高精确度的动作识别。最后，我们展示了如何在 UCF101 数据集上训练和验证 C3D 模型，取得了不错的效果。回顾我们的动手学旅程，从图像的基础处理到图像及视频的语义理解，我们都在不停地贴近真实世界，而真实世界是三维的，因此接下来我们将介绍场景重建，探索计算机视觉算法在三维世界中的应用。

> **习题**
> （1）假设视频数据尺寸为 $16 \times 512 \times 512 \times 3$，使用一个 $3 \times 3 \times 3$ 的卷积核进行卷积计算，输出的尺寸是多少？
> （2）在习题（1）中，如果考虑补零和步长为2，输出的尺寸是多少？
> （3）三维卷积需要衔接对应的三维池化层。实现一个三维池化层。
> （4）能否用二维卷积对每一帧图像提取特征，然后按照时间顺序融合起来实现类似三维卷积的效果？
> （5）我们将在第17章中介绍视频的光流计算。光流计算对于动作识别是否有帮助？如果有，如何将光流计算和三维卷积结合起来？

15.6 参考文献

[1] TRAN D, BOURDEV L, FERGUS R, et al. Learning spatiotemporal features with 3D convolutional networks[C]//IEEE International Conference on Computer Vision, 2015:4489-4497.

[2] SOOMRO K, ZAMIR A R, SHAH M. UCF101: A dataset of 101 human actions classes from videos in the wild[EB/OL]. (2012-12-03)[2024-09-25]. arXiv:1212.0402.

[3] KARPATHY A, TODERICI G, SHETTY S, et al. Large-scale video classification with convolutional neural networks[C]//IEEE Conference on Computer Vision and Pattern Recognition, 2014:1725-1732.

[4] KAY W, CARREIRA J, SIMONYAN K, et al. The Kinetics human action video dataset[EB/OL]. (2017-05-19)[2024-09-25]. arXiv:1705.06950.

[5] CARREIRA J, NOLAND E, BANKI-HORVATH A, et al. A short note about Kinetics-600[EB/OL]. (2018-08-03)[2024-09-25]. arXiv:1808.01340.

[6] CARREIRA J, NOLAND E, HILLIER C, et al. A short note on the Kinetics-700 human action dataset[EB/OL]. (2020-10-17)[2024-09-25]. arXiv:1907.06987.

[7] SIMONYAN K, ZISSERMAN A. Very deep convolutional networks for large-scale image recognition[EB/OL]. (2015-04-10)[2024-09-25]. arXiv:1409.1556.

[8] VAN DER MAATEN L, HINTON G. Visualizing data using t-SNE[J]. Journal of Machine Learning research, 2008, 9(11).

第四部分

场景重建

第 16 章

照相机标定

16.1 简介

扫码观看视频课程

拍摄图像作为捕捉和记录这个世界的一个主要手段,在我们生活的三维世界中扮演着不可或缺的角色。图像是由照相机成像函数 f 将真实世界的场景 S 投影到二维平面上的视觉记录 I,为我们提供了观察和理解世界的一个窗口。然而真实的世界是三维的,而记录下来的图像是二维的,且图像的分辨率有限,因此这一转换过程不可避免地伴随着信息的损失。尽管如此,我们仍然希望能够通过图像重建出其中描述的场景。

为了向这一目标迈进,我们必须首先深入了解照相机成像函数 f。因为只有完全掌握了照相机将三维世界投影到二维图像的原理,我们才有可能逆向这一过程,实现从图像到场景的还原,即从二维信息恢复三维信息。在本章中,我们将先介绍照相机成像的基本原理,即照相机如何确立真实三维空间中一点与其在二维图像上投影点之间的映射关系,然后介绍如何通过照相机标定(camera calibration)来计算照相机的成像过程中的参数。

16.2 照相机成像原理

尽管现实世界中的照相机光学系统极其复杂,但是照相机成像函数 f 的核心原理却与简化模型无太大差异。为了便于计算和阐述,我们采用简化的针孔照相机模型和透镜照相机模型来近似实际照相机的工作原理。针孔照相机模型,作为一种基础且高效的理论模型,阐释了光通过一个小孔并在另一侧的光屏(成像平面)上形成图像的过程。虽然理论上,小孔成像能够产生清晰的图像,但是由于小孔只允许极少的光线进入,因此成像亮度很低,这不仅限制了在光线不足的情况下小孔成像的使用,还要求较长的曝光时间以获得清晰的图像。而透镜照相机模型采用凸透镜来代替针孔模型中的小孔进行成像,更加贴近我们实际使用的照相机。需要注意的是,透镜的制造和组装过程可能引入某些偏差,这些偏差将导致光线并不完全按照预期的路径传播,从而引起图像畸变(distortion)。通过照相机标定,我们可以建模这些畸变,并有效地纠正它们。

16.2.1 照相机模型

在介绍照相机成像原理之前，我们有必要先了解一些相关术语。

- 光心：透镜的中心，经过光心的光线将不发生任何偏移。
- 光轴：一条垂直于透镜，穿过光心的直线。
- 焦点：与光轴平行的光线经过透镜后会聚的点，一般位于光轴上。
- 焦距：一般指光心到焦点的距离。

接下来，我们使用初中物理课上的蜡烛投影实验来介绍透镜照相机模型。如图 16-1 所示，有一支点燃的蜡烛位于水平轴上的 A 点，在蜡烛的右侧有一面凸透镜，其光心为 O 点，透镜的焦点位于 B 点。如果我们在凸透镜的右侧 C 点放置一个屏幕，那么蜡烛的光透过凸透镜后会在屏幕上形成一个倒立的蜡烛像。在这种情况下，定义光轴上的物距 $OA = n$，焦距 $OB = f$，像距 $OC = m$。

那么根据凸透镜的折射原理，我们可以得到

$$mn = mf + nf$$

也就是：

$$\frac{1}{f} = \frac{1}{m} + \frac{1}{n}$$

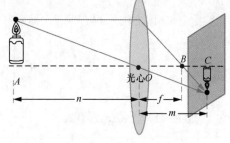

图 16-1　蜡烛投影实验

一般地，我们认为物距远大于像距，即 $n \gg m$，所以 $m \approx f$，即可以近似认为 B 点和 C 点的物理位置相同。在这种情况下，透镜照相机模型可以近似为针孔照相机模型，m 也被称为针孔照相机模型的有效焦距。

16.2.2 坐标系的定义

在第 8 章中，我们已经介绍了齐次坐标系和空间变换的矩阵形式，在此基础上，我们对不同的坐标系进行定义。

- 世界坐标系：三维坐标系，用于描述空间点在真实世界的绝对位置，任何空间点在世界坐标系中有唯一的坐标。由于照相机本身存在于三维空间，因此我们使用世界坐标系记录照相机的空间坐标。世界坐标系的单位一般是 m。
- 照相机坐标系：三维坐标系，为了方便描述在照相机视角下空间点的位置而定义的坐标系。照相机坐标系是以照相机的光心为原点的坐标系，可由世界坐标系通过平移和旋转得到。照相机坐标系的单位一般是 m。
- 图像坐标系：二维坐标系，以成像平面左上角为原点，一般用 (u,v) 表示坐标。图像坐标系的单位是像素。

16.2.3 照相机外参

如图 16-2 所示，空间中的一点 P 在经过照相机投影之后落在了成像平面上的一点 P'。令

点 P 在世界坐标系中的坐标为 $\boldsymbol{p}_w:(x_w,y_w,z_w)$，它的齐次坐标形式为 $\tilde{\boldsymbol{p}}_w:(x_w,y_w,z_w,1)$；点 P 在照相机坐标系中的坐标为 $\boldsymbol{p}_c:(x_c,y_c,z_c)$，它的齐次坐标形式为 $\tilde{\boldsymbol{p}}_c:(x_c,y_c,z_c,1)$，它们的转换关系可以通过两个坐标系之间的旋转和平移关系来描述。

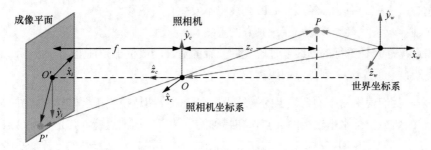

图 16-2 照相机投影示意

给定照相机的光心 O 在世界坐标系中的坐标 $\boldsymbol{o}$，以及世界坐标系到照相机坐标系的旋转矩阵：

$$\boldsymbol{R} = \begin{bmatrix} r_{11} & r_{12} & r_{13} \\ r_{21} & r_{22} & r_{23} \\ r_{31} & r_{32} & r_{33} \end{bmatrix}, \boldsymbol{R} \in \mathbb{R}^{3\times 3}$$

对于空间中任意一点 P，有

$$\boldsymbol{p}_c^\top = \boldsymbol{R}(\boldsymbol{p}_w - \boldsymbol{o})^\top = \boldsymbol{R}\boldsymbol{p}_w^\top - \boldsymbol{R}\boldsymbol{o}^\top$$

将 $-\boldsymbol{R}\boldsymbol{o}^\top$ 记为 $\boldsymbol{t}$：

$$\boldsymbol{t} = -\boldsymbol{R}\boldsymbol{o}^\top = \begin{bmatrix} t_1 \\ t_2 \\ t_3 \end{bmatrix}, \boldsymbol{t} \in \mathbb{R}^{3\times 1}$$

齐次形式为

$$\tilde{\boldsymbol{p}}_c^\top = \begin{bmatrix} \boldsymbol{R} & \boldsymbol{t} \\ \boldsymbol{0}^\top & 1 \end{bmatrix} \tilde{\boldsymbol{p}}_w^\top$$

上式中 $\boldsymbol{0}^\top$ 代表一个 1×3 的行零向量。这样我们就得到了世界坐标系到照相机坐标系的变换矩阵 $[\boldsymbol{R}|\boldsymbol{t}]$，通常称为照相机外参（camera extrinsics）矩阵。

16.2.4 照相机内参

照相机的外参矩阵描述了世界坐标系与照相机坐标系之间的坐标变换，已知照相机的外参矩阵可以将真实三维空间中的一点在世界坐标系中的坐标变换为照相机坐标系中的坐标。接下来需要计算该点在照相机坐标系中的坐标与其在成像平面上投影点在图像坐标系中的坐标的转换关系。不妨沿用之前的定义，在照相机坐标系中该点坐标为 $\boldsymbol{p}_c:(x_c,y_c,z_c)$，在成像平面上投影点为 P'。我们认为成像平面与照相机坐标系的 z 轴垂直，且成像平面位于 z 轴的负方向。那么照相机坐标系 z 轴与成像平面的交点即为光心 O 在成像平面上的投影点 O'，x 轴与 y 轴分别与成像平面的水平轴（x 轴）和垂直轴（y 轴）平行。设 P' 在照相机坐标系中坐标为 $(x_i,y_i,-f)$，

其中 f 是照相机的有效焦距。如图 16-2 所示，P 点经由 O 点投影到 P' 点，因此根据相似三角形我们可以得到

$$\frac{z_c}{f} = -\frac{x_c}{x_i} = -\frac{y_c}{y_i}$$

从而不难得到

$$\begin{cases} x_i = -f \dfrac{x_c}{z_c} \\ y_i = -f \dfrac{y_c}{z_c} \end{cases}$$

式中负号表示成的像是倒立的。真实的成像平面如图 16-3（a）所示，为了简化模型，我们可以把成像平面对称到照相机前方，和三维空间点一起放在照相机坐标系的同一侧，如图 16-3（b）所示。实际上在日常生活中，我们看到的像都是正的，因为照相机在实际输出过程中已经自动纠正了倒像，因此这样做不仅可以把公式中的负号去掉，使公式更加简洁，也更加贴近日常生活中的观测。

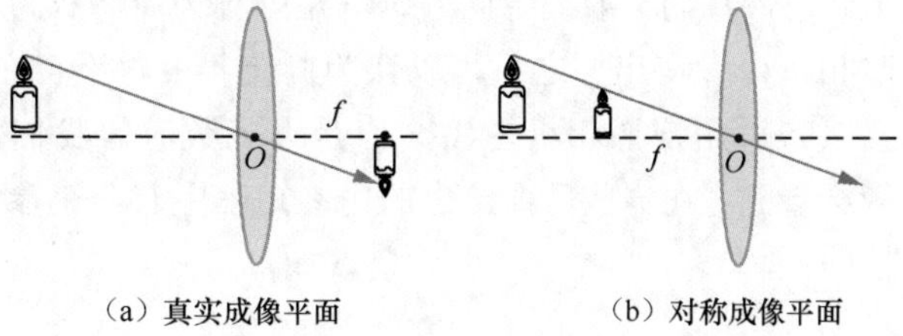

（a）真实成像平面　　（b）对称成像平面

图 16-3　成像平面图示

去掉负号后，上式的矩阵形式为

$$\begin{bmatrix} z_c x_i \\ z_c y_i \\ z_c \end{bmatrix} = \begin{bmatrix} f & 0 & 0 & 0 \\ 0 & f & 0 & 0 \\ 0 & 0 & 1 & 0 \end{bmatrix} \begin{bmatrix} x_c \\ y_c \\ z_c \\ 1 \end{bmatrix}$$

对于成像平面上的点，其在照相机坐标系下的 z 轴坐标均相同，因此我们可以只用 x 轴坐标和 y 轴坐标来描述其空间位置。又因为成像平面垂直于光轴，光心 O 在成像平面的投影为 O'，所以点 P' 在照相机坐标系下的 x 和 y 轴坐标 (x_i, y_i) 可以认为是在成像平面上以 O' 为原点构建的。而图像坐标系，如图 16-4 所示，其原点在成像平面的左上角，因此需要对坐标 (x_i, y_i) 进行平移变换，使 O' 与图像坐标系原点重合。另外，坐标 (x_i, y_i) 的单位是 m，而图像坐标系以像素为单位，因此还需要尺度因子来描述单个像素对应的实际物理长度。又由于照相机的像素在水平和垂直方向上的尺度因子可能不

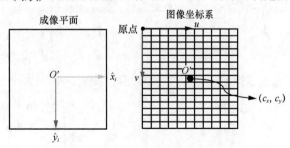

图 16-4　成像平面与图像坐标系

同，因此我们需要两个不同的尺度因子来描述这个尺度变换。

这里，我们设图像坐标系在 u 轴（水平轴）上的尺度因子为 α，在 v 轴（垂直轴）上的尺度

因子为 β，同时，O' 相对于图像坐标系原点的位移为 (c_x, c_y)。那么，P' 在照相机坐标系中的坐标与其在图像坐标系中的坐标 (u, v) 的关系为

$$\begin{cases} u = \alpha \times f \dfrac{x_c}{z_c} + c_x \\ v = \beta \times f \dfrac{y_c}{z_c} + c_y \end{cases}$$

将上式中的 $\alpha \times f$ 合并为 f_x，$\beta \times f$ 合并为 f_y，就可以得到完整的矩阵：

$$\begin{bmatrix} z_c u \\ z_c v \\ z_c \end{bmatrix} = \begin{bmatrix} f_x & 0 & c_x \\ 0 & f_y & c_y \\ 0 & 0 & 1 \end{bmatrix} \begin{bmatrix} x_c \\ y_c \\ z_c \end{bmatrix}$$

上式中，我们一般把中间的 3×3 矩阵称为照相机内参（camera intrinsics）矩阵 K。一般地，照相机内参在出厂之后可以认为固定不变，不会在使用过程中发生显著变化。有的厂商会直接告诉用户照相机内参，但是大多数时候我们需要自己去标定照相机内参。有时候我们会看到，在一些厂商给出的内参矩阵中有一个参数 s，这个参数是用来描述像素的非正交性的：

$$\begin{bmatrix} z_c u \\ z_c v \\ z_c \end{bmatrix} = \begin{bmatrix} f_x & s & c_x \\ 0 & f_y & c_y \\ 0 & 0 & 1 \end{bmatrix} \begin{bmatrix} x_c \\ y_c \\ z_c \end{bmatrix}$$

不过在大多数情况下，从现有工艺和简化计算的角度考虑，我们可以认为 $s = 0$，即像素是正交的。

16.2.5 投影矩阵

根据 16.2.3 节和 16.2.4 节，在已知照相机内参和外参的情况下，都能够计算空间中任意一点在图像坐标系中的坐标。那么我们可以将照相机内参和外参合并起来得到一个 3×4 的矩阵，这个矩阵被称为投影矩阵。投影矩阵的定义如下：

$$P = K[R \mid t] = \begin{bmatrix} p_{11} & p_{12} & p_{13} & p_{14} \\ p_{21} & p_{22} & p_{23} & p_{24} \\ p_{31} & p_{32} & p_{33} & p_{34} \end{bmatrix}$$

为了得到一个可逆的投影矩阵，通常考虑增加一个额外的行，从而构建一个 4×4 的齐次矩阵：

$$\tilde{P} = \begin{bmatrix} K & 0 \\ 0^\top & 1 \end{bmatrix} \begin{bmatrix} R & t \\ 0^\top & 1 \end{bmatrix}$$

已知投影矩阵和空间点的齐次坐标，可以通过矩阵乘法得到其在图像坐标系中的坐标：

$$\tilde{p}_i^\top = \tilde{P} \tilde{p}_w^\top$$

其中 $\tilde{p}_i$ 是点 P 在图像坐标系中的齐次坐标。

16.2.6 畸变

前面提到小孔成像的进光量不足,因此我们通常使用透镜来代替小孔进行成像。然而,透镜的制造和组装过程可能引入某些偏差,这些偏差将导致光线并不完全按照预期的路径传播,从而引起图像畸变。这些畸变有两种类型:

- 由于透镜设计和光学特性导致的畸变称为径向畸变;
- 由于透镜与成像平面未能保持严格平行而产生的畸变称为切向畸变。

接下来,我们将分别介绍径向畸变和切向畸变的成因以及纠正方法。

1. 径向畸变

在理想情况下,透镜应当使得射入的光线精确会聚在成像平面上的特定点上。然而在实际中,光线经过透镜时并不总是完美地聚焦到一个点上,特别是经过透镜边缘的光线。这种现象称为透镜的球面像差。在透镜的中心附近,光线较容易被准确聚焦,但随着光线射入点与透镜中心距离的增加,光线的聚焦误差也增大,导致图像上相应位置的点不再是射入光线的真实映射,而是向内或向外偏移,形成了所谓的径向畸变。径向畸变通常表现为两种形式:桶形畸变和枕形畸变。枕形畸变使得图像边缘向中心凹陷,而桶形畸变则使得图像边缘向外膨胀,如图 16-5 所示。畸变的程度通常随着与透镜中心的距离的增加而加剧。

2. 切向畸变

为了确保光线均匀聚焦于成像平面,理想情况下透镜与成像平面应保持完全平行。但是由于制造缺陷、装配误差等因素,透镜可能与成像平面不完全平行,如图 16-6 所示。这种不完全平行导致光线在抵达成像平面时呈现一定角度,进而在图像的某些区域造成拉伸或压缩现象。图像边缘区域尤其容易受到透镜倾斜或偏移的影响,因为这些区域的光线路径变化最为显著。由此产生的畸变称为切向畸变,它主要影响图像的边缘,使得直线看起来弯曲,从而影响成像质量。

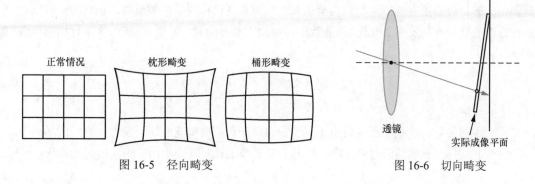

图 16-5 径向畸变　　图 16-6 切向畸变

3. 畸变纠正

如图 16-7 所示,径向畸变可以理解成实际成像点沿着径向方向发生了位移,而切向畸变可以理解成实际成像点沿着切线方向发生了位移。因此我们可以使用多项式函数来描述畸变带来的坐标变化,从而实现畸变纠正。

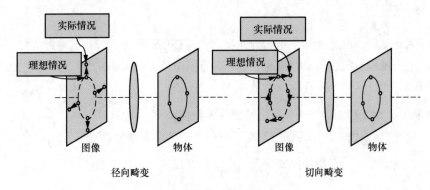

图 16-7 畸变时成像点发生位移

首先，让我们用数学语言来描述径向畸变的形成：给定照相机坐标系中一点的坐标为 (x_c, y_c, z_c)，假如透镜不存在畸变，我们可以根据相似三角形直接得到理想情况下该点在成像平面上的投影点（像素点）在图像坐标系中的坐标。由 16.2.4 节中我们可以得到

$$\begin{bmatrix} u \\ v \\ 1 \end{bmatrix} = \begin{bmatrix} f_x & 0 & c_x \\ 0 & f_y & c_y \\ 0 & 0 & 1 \end{bmatrix} \begin{bmatrix} x'_c \\ y'_c \\ 1 \end{bmatrix}$$

其中，x'_c 和 y'_c 分别等于 $\dfrac{x_c}{z_c}$ 和 $\dfrac{y_c}{z_c}$。然而由于透镜的畸变，实际上观测到的像素位置在径向发生了偏移，且其偏移程度与该点到图像中心的距离有关。因此，我们可以用一个多项式函数来描述径向畸变的纠正：

$$\begin{cases} x_{\text{cor}} = x'_c(1 + k_1 r^2 + k_2 r^4 + k_3 r^6 + \ldots) \\ y_{\text{cor}} = y'_c(1 + k_1 r^2 + k_2 r^4 + k_3 r^6 + \ldots) \end{cases}$$

其中，$r^2 = x'^2_c + y'^2_c$。这里的 $k_1, k_2, k_3, \ldots$ 是径向畸变的畸变系数，它们是通过照相机标定得到的。在一般的镜头中，使用前两个系数（k_1 和 k_2）就能很好地处理畸变；对于畸变很大的镜头，如鱼眼镜头等，我们还需要加入 k_3 项甚至更高次项对畸变进行纠正。类似地，切向畸变可以看成坐标点沿着切线方向发生了变化，因此我们可以引入额外的两个参数 p_1 和 p_2 来进行切向畸变的纠正：

$$\begin{cases} x_{\text{cor}} = x'_c + 2p_1 x'_c y'_c + p_2(r^2 + 2x'^2_c) \\ y_{\text{cor}} = y'_c + p_1 (r^2 + 2y'^2_c) + 2p_2 x'_c y'_c \end{cases}$$

经过上面的学习，我们已经初步了解了径向畸变和切向畸变的纠正模型，真实的场景中，径向畸变和切向畸变通常同时存在，因此我们需要联立径向畸变和切向畸变的纠正方程：

$$\begin{cases} x_{\text{cor}} = x'_c(1 + k_1 r^2 + k_2 r^4 + k_3 r^6 + \ldots) + 2p_1 x'_c y'_c + p_2(r^2 + 2x'^2_c) \\ y_{\text{cor}} = y'_c(1 + k_1 r^2 + k_2 r^4 + k_3 r^6 + \ldots) + p_1(r^2 + 2y'^2_c) + 2p_2 x'_c y'_c \end{cases}$$

然后基于照相机内参矩阵 $\boldsymbol{K}$ 将 $(x_{\text{cor}}, y_{\text{cor}})^\top$ 转换为 $(u_{\text{cor}}, v_{\text{cor}})^\top$，这样我们就得到了纠正后的图像坐标系坐标：

$$\begin{cases} u_{\text{cor}} = f_x x_{\text{cor}} + c_x \\ v_{\text{cor}} = f_y y_{\text{cor}} + c_y \end{cases}$$

由于不同照相机的特性不同，这 5 个参数在实际运用过程中可以自由组合，并不一定需要全部考虑。

至此，我们完整地介绍了照相机成像模型，这个模型能够很好地描述照相机的成像过程并且能够纠正径向畸变和切向畸变。在实际应用中，我们需要通过照相机标定来获取模型中参数的值。

16.3 照相机标定的实现

在 16.2 节中，我们深入探讨了照相机成像原理、内外参数的概念及畸变纠正模型。已知照相机内外参数和畸变参数，可以精确计算空间中任意一点在成像平面上投影点的坐标。那么，反过来，能否通过空间点在成像平面上投影点的坐标来求解照相机的内外参数和畸变参数呢？这个问题就是照相机标定问题。答案是肯定的，这个过程本质上是一个参数估计问题，通过数学上的优化方法可以实现。具体来说，我们可以收集一系列已知三维空间点及其对应的二维图像上投影点的坐标，使用这些坐标作为输入，通过最小化重投影误差，即三维点投影到二维成像平面上的点与实际图像上观测到的点之间的坐标差异，来反向解出照相机的参数。这种方法通常需要多组数据以确保求解过程的稳定性和准确性。通过这种方法，我们可以得到照相机的内参、外参及畸变参数，从而实现照相机标定。

16.3.1 标定板

在介绍标定流程之前，我们先了解一下标定板。标定板是照相机标定过程中不可或缺的工具。它通常由一系列具有高对比度的图案组成，这些图案的几何尺寸和布局是精确已知的。图 16-8 展示了一种常见的标定板，它的图案是由一系列黑白相间的棋盘格组成，因此被称为棋盘格标定板。我们将以棋盘格标定板为例说明如何进行照相机标定。

图 16-8　棋盘格标定板

16.3.2 标定流程

首先,我们从多个不同角度拍摄标定板。这些拍摄的图像应满足以下要求:

- 标定板应清晰可见,且没有任何遮挡;
- 标定板应大概位于图像的中心位置;
- 标定板的各个角点应清晰可见。

在得到一幅标定板的图像之后,我们利用在第 6 章中提到的角点检测算法得到每个角点的图像坐标系坐标 $(u^{(i)}, v^{(i)}, 1)$。接下来的问题是如何获得这些像素点对应的三维空间点在世界坐标系中的坐标。棋盘格标定板本身是一个平面,因此我们可以将其看作一个二维平面,不妨将世界坐标系固定于棋盘格上,z 轴垂直于棋盘格平面,x 轴和 y 轴与棋盘格平面平行。又因为棋盘格平面的具体尺寸是已知的,我们可以计算得到每个角点在世界坐标系中的坐标 $(x_w^{(i)}, y_w^{(i)}, z_w^{(i)})$。这样,我们就得到了这幅标定板图像上每个角点的图像坐标系坐标和世界坐标系坐标。

我们先从一幅图的情况入手,在这种情况下,先不考虑畸变参数,那么根据投影矩阵,我们可以得到投影方程:

$$\begin{bmatrix} u^{(i)} \\ v^{(i)} \\ 1 \end{bmatrix} = \begin{bmatrix} p_{11} & p_{12} & p_{13} & p_{14} \\ p_{21} & p_{22} & p_{23} & p_{24} \\ p_{31} & p_{32} & p_{33} & p_{34} \end{bmatrix} \begin{bmatrix} x_w^{(i)} \\ y_w^{(i)} \\ z_w^{(i)} \\ 1 \end{bmatrix}$$

将矩阵形式转换为等式形式,则有

$$u^{(i)} = \frac{p_{11} x_w^{(i)} + p_{12} y_w^{(i)} + p_{13} z_w^{(i)} + p_{14}}{p_{31} x_w^{(i)} + p_{32} y_w^{(i)} + p_{33} z_w^{(i)} + p_{34}}$$

$$v^{(i)} = \frac{p_{21} x_w^{(i)} + p_{22} y_w^{(i)} + p_{23} z_w^{(i)} + p_{24}}{p_{31} x_w^{(i)} + p_{32} y_w^{(i)} + p_{33} z_w^{(i)} + p_{34}}$$

理论上,同一幅图像中所有的点都共享同一个投影矩阵,因此只需要将多个不同的点传入上式,就可以求解投影方程。

$$\begin{bmatrix} x_w^{(1)} & y_w^{(1)} & z_w^{(1)} & 1 & 0 & 0 & 0 & 0 & -u^{(1)}x_w^{(1)} & -u^{(1)}y_w^{(1)} & -u^{(1)}z_w^{(1)} & -u^{(1)} \\ 0 & 0 & 0 & 0 & x_w^{(1)} & y_w^{(1)} & z_w^{(1)} & 1 & -v^{(1)}x_w^{(1)} & -v^{(1)}y_w^{(1)} & -v^{(1)}z_w^{(1)} & -v^{(1)} \\ x_w^{(2)} & y_w^{(2)} & z_w^{(2)} & 1 & 0 & 0 & 0 & 0 & -u^{(2)}x_w^{(2)} & -u^{(2)}y_w^{(2)} & -u^{(2)}z_w^{(2)} & -u^{(2)} \\ 0 & 0 & 0 & 0 & x_w^{(2)} & y_w^{(2)} & z_w^{(2)} & 1 & -v^{(2)}x_w^{(2)} & -v^{(2)}y_w^{(2)} & -v^{(2)}z_w^{(2)} & -v^{(2)} \\ \vdots & \vdots & \vdots & \vdots & \vdots & \vdots & \vdots & \vdots & \vdots & \vdots & \vdots & \vdots \\ x_w^{(n)} & y_w^{(n)} & z_w^{(n)} & 1 & 0 & 0 & 0 & 0 & -u^{(n)}x_w^{(n)} & -u^{(n)}y_w^{(n)} & -u^{(n)}z_w^{(n)} & -u^{(n)} \\ 0 & 0 & 0 & 0 & x_w^{(n)} & y_w^{(n)} & z_w^{(n)} & 1 & -v^{(n)}x_w^{(n)} & -v^{(n)}y_w^{(n)} & -v^{(n)}z_w^{(n)} & -v^{(n)} \end{bmatrix} \begin{bmatrix} p_{11} \\ p_{12} \\ p_{13} \\ p_{14} \\ p_{21} \\ p_{22} \\ p_{23} \\ p_{24} \\ p_{31} \\ p_{32} \\ p_{33} \\ p_{34} \end{bmatrix} = \begin{bmatrix} 0 \\ 0 \\ 0 \\ 0 \\ \vdots \\ 0 \\ 0 \end{bmatrix}$$

将上式简写为齐次线性方程组的形式 $Ap = 0$,根据齐次线性方程组的求解方式,我们可以假定 $\overline{p}$ 为方程组的通解,那么任意 $k\overline{p}$ 都可以作为上述方程的解。因此为了计算方便,我们直接

假定 $\bar{p}$ 满足 $\|\bar{p}\|_2 = 1$，那么上式又可以写为

$$\min_p \|Ap\|^2 \quad \text{s.t.} \quad \|\bar{p}\|_2 = 1$$

这是一个二次规划问题，具体求解方法可参考 8.6 节中介绍的方法。矩阵 $A^\top A$ 的最小特征值对应的特征向量是此方程组的近似解。但是要注意，所有角点都在一个标定板平面上。回顾一下我们对世界坐标系的处理：我们将世界坐标系固定在棋盘格上，z 轴垂直于棋盘格平面，x 轴和 y 轴与棋盘格平面平行。在这种情况下，棋盘格上任一点的物理坐标 $z_w^{(i)} = 0$。此时，矩阵 A 中存在多个为全零的列，如第 3 列、第 7 列和第 11 列。那么，P 中对应维度上的值无法确定，因此不应采用之前的方法进行求解。在这种情况下，前面的投影方程就变为

$$\begin{bmatrix} u^{(i)} \\ v^{(i)} \\ 1 \end{bmatrix} = \begin{bmatrix} f_x & 0 & c_x \\ 0 & f_y & c_y \\ 0 & 0 & 1 \end{bmatrix} \begin{bmatrix} r_{11} & r_{12} & r_{13} & t_x \\ r_{21} & r_{22} & r_{23} & t_y \\ r_{31} & r_{32} & r_{33} & t_z \end{bmatrix} \begin{bmatrix} x_w^{(i)} \\ y_w^{(i)} \\ 0 \\ 1 \end{bmatrix}$$

不难发现，r_{13}, r_{23}, r_{33} 这 3 个未知数在上式中是无法求解的。不妨将这一列去掉，得到

$$\begin{bmatrix} u^{(i)} \\ v^{(i)} \\ 1 \end{bmatrix} = \begin{bmatrix} f_x & 0 & c_x \\ 0 & f_y & c_y \\ 0 & 0 & 1 \end{bmatrix} \begin{bmatrix} r_{11} & r_{12} & t_x \\ r_{21} & r_{22} & t_y \\ r_{31} & r_{32} & t_z \end{bmatrix} \begin{bmatrix} x_w^{(i)} \\ y_w^{(i)} \\ 1 \end{bmatrix}$$

将 $[r_{11}\ r_{21}\ r_{31}]^\top$ 作为一个整体，记为 r_1，将 $[r_{12}\ r_{22}\ r_{32}]^\top$ 记为 r_2，那么上式可以写为

$$\begin{bmatrix} u^{(i)} \\ v^{(i)} \\ 1 \end{bmatrix} = K \begin{bmatrix} r_1 & r_2 & t \end{bmatrix} \begin{bmatrix} x_w^{(i)} \\ y_w^{(i)} \\ 1 \end{bmatrix}$$

将上面的 $K[r_1\ r_2\ t]$ 记为 $H = [h_1\ h_2\ h_3]$，其中 $h_1 = Kr_1$，$h_2 = Kr_2$，$h_3 = Kt$。这里的 H 就是我们在第 8 章中提到的单应性矩阵。H 矩阵本身是一个 3×3 的矩阵，有 8 个自由度（最后一个自由度是尺度因子，可以通过归一化来确定），因此至少需要 4 对点来构建包含 8 个未知数的线性方程组用于求解 H。在得到单应性矩阵 H 之后，接下来需要考虑的问题就是如何从 H 中解出 K、R、t。这里我们需要利用旋转矩阵的性质，即旋转矩阵是一个正交矩阵，因此有 $r_1^\top r_2 = 0$，$r_1^\top r_1 = r_2^\top r_2 = 1$。又因为 $r_1 = K^{-1} h_1$，$r_2 = K^{-1} h_2$，那么我们可以得到

$$\begin{cases} h_1^\top B h_1 - h_2^\top B h_2 = 0 \\ h_1^\top B h_2 = 0 \end{cases}$$

上式中的 $B = K^{-\top} K^{-1}$。显然 B 是一个对称半正定矩阵，因此 B 包含了 6 个未知数。由于每幅不同视角下的标定板图像能够提供一个上述的方程组，即两个方程，因此我们至少需要 3 幅不同视角下的标定板图像才能求解 B。注意，内参矩阵 K 是一个可逆的右上三角矩阵，故 $K^{-\top}$ 和 K^{-1} 分别是左下三角矩阵和右上三角矩阵，那么 B 是一个对称正定矩阵。因此我们只要求解出 B，就可以通过楚列斯基分解（Cholesky decomposition）求解出照相机内参矩阵 K。在得到内参矩阵之后，我们可以通过 $K^{-1} h_3$ 求解出 t，最后通过 $r_1 = K^{-1} h_1, r_2 = K^{-1} h_2$ 求解出旋转矩阵的前两列。这样计算出来的 r_1 和 r_2 是不满足正交性的，因此我们需要对其进行正交化处理，一般用施密特

正交化（Schimidt orthogonalization）来实现。根据旋转矩阵的性质，其第三列可以通过前两列叉乘得到，也就是 $r_3 = r_1 \times r_2$。这里需要检查一下 r_3 的方向是否正确，即 $\det(\boldsymbol{R}) = 1$，如果不正确，我们需要将其取反。到这里，我们就得到了照相机内参矩阵 $\boldsymbol{K}$ 和外参矩阵 $[\boldsymbol{R}|\boldsymbol{t}]$，但是别忘了，这些推导都建立在图像没有畸变的前提下，因此还需要考虑畸变项。

首先假定刚刚获得的内参矩阵 $\boldsymbol{K}$ 是正确的，由 16.2.6 节中的畸变模型，可以得到

$$\begin{bmatrix} x_{\text{cor}} \\ y_{\text{cor}} \end{bmatrix} = \left(1 + k_1 r^2 + k_2 r^4 + k_3 r^6\right) \begin{bmatrix} x \\ y \end{bmatrix} + \begin{bmatrix} 2p_1 xy + p_2\left(r^2 + 2x^2\right) \\ p_1\left(r^2 + 2y^2\right) + 2p_2 xy \end{bmatrix}$$

$$\text{s.t.} \quad x^2 + y^2 = r^2$$

我们假定透镜是无偏的，那么通过投影矩阵我们可以获得空间中角点对应的期望的图像坐标系坐标 $(\bar{x}, \bar{y})$，可得

$$\min_{\boldsymbol{k}} \|\{x_{\text{cor}} - \bar{x}, y_{\text{cor}} - \bar{y}\}\|^2$$

其中，$\boldsymbol{k} = \begin{bmatrix} k_1 & k_2 & p_1 & p_2 & k_3 \end{bmatrix}^\top$。这个等式又变成了一个优化问题，我们可以套用在求解内参时的方法，代入不同图像中的观测结果，迭代解出 $\boldsymbol{k}$。计算畸变参数时假定了照相机内参是正确的，这个假设在没有畸变时是合理的，但是在考虑畸变时就不合理了，那么为了得到最终的结果，我们需要交替迭代求解内参矩阵与畸变参数。

通过交替迭代求解，我们最终就得到了照相机标定的结果 $\{k_1, k_2, p_1, p_2, k_3\}, \{f_x, f_y, c_x, c_y\}$。在实际标定过程中，上述收敛过程比较慢。一般通过最小化下列函数来估计参数的完整集：

$$\sum_{i=1}^{n} \sum_{j=1}^{m} \|m_{ij} - m\left(\boldsymbol{K}, k_1, k_2, k_3, p_1, p_2, \boldsymbol{R}_i, \boldsymbol{t}_i, \boldsymbol{M}_j\right)\|^2$$

上式中 $m\left(\boldsymbol{K}, k_1, k_2, k_3, p_1, p_2, \boldsymbol{R}_i, \boldsymbol{t}_i, \boldsymbol{M}_j\right)$ 是空间中的点 $\boldsymbol{M}_j$ 在第 i 幅标定板图像（第 i 个照相机位置）上的投影点在该标定板图像坐标系中的坐标，m_{ij} 是实际观测到的坐标。这个优化问题是一个非线性最小二乘问题，可以通过高斯-牛顿法（Gauss-Newton method）或者列文伯格-马夸特法（Levenberg-Marquardt method）来求解。

16.3.3 代码实现

接下来，我们介绍照相机标定的代码实现。为了方便理解，我们不考虑照相机畸变的影响。整个流程包括从标定板图像中提取角点，计算单应性矩阵，求解内参矩阵，求解外参矩阵，最后通过重投影误差来评估标定的准确性。这里我们采用 OpenCV 样例中的标定图像作为样例，读者也可以自己打印或者购买标定板进行拍照获取标定板图像。

```
# 首先 clone 对应仓库
! git clone https://github.com/boyu-ai/Hands-on-CV.git
```

```
Cloning into 'Hands-on-CV'...
remote: Enumerating objects: 9, done.
remote: Counting objects: 100% (9/9), done.
```

```
remote: Compressing objects: 100% (4/4), done.
remote: Total 9 (delta 1), reused 5 (delta 0), pack-reused 0
Receiving objects: 100% (9/9), done.
Resolving deltas: 100% (1/1), done.
```

```python
import cv2
import glob
import numpy as np
import matplotlib.pyplot as plt
%matplotlib inline

# 获取图像路径
image_dirs = sorted(glob.glob("./Hands-on-CV/第16章 照相机标定/left*.jpg"),
                    key=lambda x: int(x.split("/")[-1].split(".")[0][4:]))

# 可视化 4 幅棋盘格图像
plt.figure()
for i in range(4):
    plt.subplot(2, 2, i+1)
    img = cv2.imread(image_dirs[i], 0)
    plt.imshow(img, cmap="gray")
    plt.axis("off")
```

我们可以通过角点检测算法来获取上图中的棋盘格角点的坐标。OpenCV 提供了 `cv2.findChessboardCorners()` 函数来帮助我们检测棋盘格角点。

```python
def detect_corner(image_dirs):
    """
    检测图像中的角点并返回，同时可视化角点检测效果
    """
    # 根据标定板决定用来标定的角点的个数，这里以(7, 6)为例
    num_corner = (7, 6)
```

```python
# 创建一个列表来保存每幅图像中角点的三维坐标
objpoints = []
# 创建一个列表来保存每幅图像中角点的二维坐标
imgpoints = []

#定义三维坐标:[row, col, z]
objp = np.zeros((6*7,3), np.float32)
objp[:,:2] = np.mgrid[0:num_corner[0], \
             0:num_corner[1]].T.reshape(-1,2)

# 遍历所有图像，找到角点
for fname in image_dirs:
    img = cv2.imread(fname)
    # 转换成灰度图，方便角点检测
    gray = cv2.cvtColor(img, cv2.COLOR_BGR2GRAY)
    # 使用角点检测寻找角点坐标，如果找到 ret 返回 True
    # 左上角为坐标原点
    ret, corners = cv2.findChessboardCorners(gray, num_corner, None)
    # 根据 ret 的状态来记录角点
    if ret == True:
        objpoints.append(objp[:, :2])
        imgpoints.append(corners.reshape(-1, 2))

    # 使用 OpenCV 自带的绘图可视化角点检测效果，从红色开始绘制，紫色结束
    cv2.drawChessboardCorners(img, (7,6), corners, ret)
    plt.imshow(cv2.cvtColor(img, cv2.COLOR_BGR2RGB))
    plt.show()

return objpoints, imgpoints, gray

# 调用 detect_corner 函数检测每幅图像的角点
objpoints, imgpoints, gray = detect_corner(image_dirs)
```

（另见彩插图 17）

到这里,我们就得到了图像上角点的图像坐标及其对应的世界坐标系中的坐标,接下来我们就可以利用这些坐标之间的对应关系求解单应性矩阵 **H**。

```python
def normalizing_input_data(coor_data):
    # 计算坐标数据的平均值
    x_avg = np.mean(coor_data[:, 0])
    y_avg = np.mean(coor_data[:, 1])
    # 计算坐标数据的标准差,并用它来计算尺度因子,使得归一化后的坐标的标准差为 sqrt(2)
    sx = np.sqrt(2) / np.std(coor_data[:, 0])
    sy = np.sqrt(2) / np.std(coor_data[:, 1])
    # 构造归一化矩阵,用于将坐标归一化,使均值为 0,标准差为 sqrt(2)
    norm_matrix = np.array([[sx, 0, -sx * x_avg],
                            [0, sy, -sy * y_avg],
                            [0, 0, 1]])
    return norm_matrix


def compute_homography(pic_coor, real_coor):
    """
    计算单应性矩阵 H

    参数:
    - pic_coor: 图像坐标系坐标
    - real_coor: 世界坐标系坐标

    返回:
    - H: 单应性矩阵
    """
    pic_norm_mat = normalizing_input_data(pic_coor)
    real_norm_mat = normalizing_input_data(real_coor)

    A = []  # 构建用于求解 H 的线性方程组
    for i in range(len(pic_coor)):
        # 将当前的图像坐标系坐标和世界坐标系坐标转换为齐次坐标
        single_pic_coor = np.array([pic_coor[i][0], pic_coor[i][1], 1])
        single_real_coor = np.array([real_coor[i][0], real_coor[i][1], 1])

        # 对坐标进行归一化处理
        pic_norm = np.dot(pic_norm_mat, single_pic_coor)
        real_norm = np.dot(real_norm_mat, single_real_coor)

        # 根据归一化后的坐标构造矩阵 A 的行
        # 这部分实现了将单应性矩阵 H 的约束条件转换为线性方程的过程
        A.append(np.array([-real_norm.item(0), -real_norm.item(1), -1, 0, 0, 0,
                pic_norm.item(0) * real_norm.item(0), pic_norm.item(0) *
                real_norm.item(1), pic_norm.item(0)]))
        A.append(np.array([0, 0, 0, -real_norm.item(0), -real_norm.item(1), -1,
                pic_norm.item(1) * real_norm.item(0), pic_norm.item(1) *
                real_norm.item(1), pic_norm.item(1)]))

    # 使用奇异值分解(SVD)求解 Mh=0 中的 h,即单应性矩阵 H 的向量化形式
```

```python
    U, S, VT = np.linalg.svd((np.array(A, dtype='float')).reshape((-1, 9)))
    H = VT[-1].reshape((3, 3))   # 最小奇异值对应的奇异向量重塑为 3x3 矩阵

    # 对 H 进行反归一化处理
    H = np.dot(np.dot(np.linalg.inv(pic_norm_mat), H), real_norm_mat)
    H = H / H[-1, -1]    # 归一化，确保 H 的最后一个元素为 1

    return H

H_list = []
for i in range(len(objpoints)):
    H = compute_homography(imgpoints[i], objpoints[i])
    H_list.append(H)
    if i < 3:
        print("第{}幅图像的单应性矩阵为：\n{}".format(i+1, H))
```

```
第 1 幅图像的单应性矩阵为：
[[-2.90500492e+01 -2.05911540e+00  4.76529133e+02]
 [ 2.28048296e+00 -3.63192023e+01  2.64694023e+02]
 [ 1.49422654e-02 -5.06829993e-03  1.00000000e+00]]
第 2 幅图像的单应性矩阵为：
[[-1.28830042e+01  3.91039199e+01  2.53736256e+02]
 [-4.27973766e+01  7.39439498e+00  3.09778969e+02]
 [-4.92899678e-02 -3.79194108e-03  1.00000000e+00]]
第 3 幅图像的单应性矩阵为：
[[-4.25026982e+01  2.84366906e+01  5.00044815e+02]
 [-1.26971800e+01 -4.04613414e+01  3.75934812e+02]
 [ 1.57645215e-02  2.74643346e-02  1.00000000e+00]]
```

在得到了每幅标定板图像对应的 **H** 之后，我们首先需要从每个单应性矩阵 **H** 中提取用于求解矩阵 **B** 的约束方程，然后再通过 SVD 求解 **B**，最后通过楚列斯基分解求解照相机内参矩阵 **K**。

```python
def compute_B_matrix(H_list):
    """
    从单应性矩阵 H 列表中计算 B 矩阵

    参数：
    - H_list: 单应性矩阵 H 的列表

    返回：
    - B: B 矩阵
    """
    V = []

    for H in H_list:
        # 分解 H 矩阵以获得其列向量
        h1, h2, _ = H[:,0], H[:,1], H[:,2]
        # 根据旋转矩阵的正交性质构造 V 矩阵的行
        # v_ij 是构造方程 hi^T * B * hj = 0 的向量形式
        # 由于 h = K * r, 我们可以用 h 来代替 r

        # 第一个方程来自 r1^T * r2 = 0 -> (h1^T * B * h2 = 0)
```

```python
            v12 = np.array([h1[0]*h2[0], h1[0]*h2[1] + h1[1]*h2[0], h1[1]*h2[1],
                h1[2]*h2[0] + h1[0]*h2[2], h1[2]*h2[1] + h1[1]*h2[2], h1[2]*h2[2]])

            # 第二个方程来自 r1^T * r1 = r2^T * r2 ->
            # ((h1^T * B * h1) - (h2^T * B * h2) = 0)
            v11_v22 = np.array([h1[0]**2 - h2[0]**2, 2*(h1[0]*h1[1] - h2[0]*h2[1]),
                                h1[1]**2 - h2[1]**2, 2*(h1[2]*h1[0] - h2[2]*h2[0]),
                                2*(h1[2]*h1[1] - h2[2]*h2[1]), h1[2]**2 - h2[2]**2])

            # 将这两个方程添加到 V 矩阵中
            V.append(v12)
            V.append(v11_v22)

    V = np.array(V)

    # 使用 SVD 求解 b,其中 b 是 B 矩阵的 6 个未知数的向量形式
    U, S, Vt = np.linalg.svd(V)
    b = Vt[-1]   # 与最小奇异值对应的奇异向量

    # 根据 b 重构 B 矩阵
    B = np.array([[b[0], b[1], b[3]],
                  [b[1], b[2], b[4]],
                  [b[3], b[4], b[5]]])

    return B

B = compute_B_matrix(H_list)
print("B 矩阵为: \n{}".format(B))
```

```
B 矩阵为:
[[ 2.16451749e-06  7.58169969e-09 -7.67824576e-04]
 [ 7.58169969e-09  2.15556058e-06 -4.90907403e-04]
 [-7.67824576e-04 -4.90907403e-04  9.99999585e-01]]
```

接下来使用楚列斯基分解求解照相机内参矩阵 **K**。

```python
def cholesky_solve(B):
    """
    利用楚列斯基分解求解 K 矩阵
    """
    # 检查 B 是否为对称矩阵
    if not np.allclose(B, B.T):
        raise ValueError("B is not a symmetric matrix")

    # 进行楚列斯基分解
    L = np.linalg.cholesky(B)

    # L 是下三角矩阵,而 K 是上三角矩阵
    K = np.linalg.inv(L.T)

    # K 矩阵的最后一个元素为 1
```

```
    K = K / K[-1, -1]
    return K

# 直接求解
K = cholesky_solve(B)
print("K 矩阵为: \n{}".format(K))
```

```
K 矩阵为:
[[533.92350191   -1.87407784 353.93909352]
 [  0.          535.03494272 226.49511563]
 [  0.            0.           1.        ]]
```

接下来从单应性矩阵计算照相机外参矩阵 $[R|t]$。

```python
def get_extrinsics_param(H, intrinsics_param):
    """
    从单应性矩阵 H 和内参矩阵 K 中计算外参矩阵 R 和平移向量 t，并确保 R 的行列式为 1

    参数:
    - H: 单应性矩阵 H 列表
    - intrinsics_param: 内参矩阵 K

    返回:
    - extrinsics_param: 包含外参矩阵 R 和平移向量 t 的列表
    """
    extrinsics_param = []

    inv_intrinsics_param = np.linalg.inv(intrinsics_param)
    for i in range(len(H)):
        h0 = (H[i].reshape(3, 3))[:, 0]
        h1 = (H[i].reshape(3, 3))[:, 1]
        h2 = (H[i].reshape(3, 3))[:, 2]

        scale_factor = 1 / np.linalg.norm(np.dot(inv_intrinsics_param, h0))

        r0 = scale_factor * np.dot(inv_intrinsics_param, h0)
        r1 = scale_factor * np.dot(inv_intrinsics_param, h1)
        t  = scale_factor * np.dot(inv_intrinsics_param, h2)
        r2 = np.cross(r0, r1)

        # 构成近似旋转矩阵
        R_approx = np.array([r0, r1, r2]).transpose()

        # 使用 SVD 来修正 R，确保其符合旋转矩阵的性质
        U, _, Vt = np.linalg.svd(R_approx)
        R_corrected = np.dot(U, Vt)

        # 确保 R 的行列式为 1
        if np.linalg.det(R_corrected) < 0:
            U[:, -1] *= -1               # 调整 U 的最后一列
            R_corrected = np.dot(U, Vt)  # 重新计算 R
```

```
            extrinsics = np.column_stack((R_corrected, t))
            extrinsics_param.append(extrinsics)

    return extrinsics_param


extrinsics_param = get_extrinsics_param(H_list, K)
for i in range(len(extrinsics_param)):
    print("第{}幅图像的外参矩阵为: \n{}".format(i+1, extrinsics_param[i]))
    if i == 2:
        break
```

```
第1幅图像的外参矩阵为:
[[-9.73670749e-01  9.02344992e-04  2.27957142e-01  3.47913167e+00]
 [-1.90344917e-02 -9.96821819e-01 -7.73559911e-02  1.08066170e+00]
 [ 2.27162851e-01 -7.96583141e-02  9.70593423e-01  1.51363433e+01]]
第2幅图像的外参矩阵为:
[[ 0.11529592  0.97966689  0.16419391 -2.41686208]
 [-0.76215049  0.19325491 -0.61788281  2.01046147]
 [-0.63705061 -0.0539011   0.7689351  12.91567438]]
第3幅图像的外参矩阵为:
[[-0.9339432   0.35280444  0.05726373  2.84741705]
 [-0.31749332 -0.89247809  0.32043853  2.89596682]
 [ 0.16415876  0.28109053  0.94553689 10.36835246]]
```

接下来我们可以将空间中点根据计算得到的内参和外参投影到图像坐标系中，然后计算重投影误差来判断我们标定的准确程度。

```
def reproject_error(K, extrinsic, pixel_coor, real_coor):
    """
    计算重投影误差

    参数:
    - K: 内参矩阵
    - extrinsic: 外参矩阵
    - pixel_coor: 图像坐标系坐标
    - real_coor: 世界坐标系坐标

    返回:
    - error: 重投影误差
    """
    # 计算投影矩阵
    P = np.dot(K, extrinsic)

    # 将世界坐标系坐标转换为齐次坐标
    real_coor = np.column_stack((real_coor, np.zeros(len(real_coor)),
                                 np.ones(len(real_coor))))

    # 计算重投影坐标
    reprojected_coor = np.dot(P, real_coor.T).T
```

```python
        reprojected_coor = reprojected_coor[:, :2] / reprojected_coor[:, 2:3]

        # 计算重投影误差
        error = np.linalg.norm(reprojected_coor - pixel_coor, axis=1)

    return error.mean()

# 将内外参矩阵都转化为齐次坐标
K_homo = np.column_stack((K, np.zeros(3)))
K_homo = np.row_stack((K_homo, [0, 0, 0, 1]))

# 计算所有图像重投影误差的均值
mean_error = 0
for j in range(len(imgpoints)):
    extrinsic_homo = np.row_stack((extrinsics_param[j], [0, 0, 0, 1]))

    # 计算每一幅图像的重投影误差
    error = reproject_error(K_homo, extrinsic_homo, imgpoints[j], objpoints[j])
    mean_error += error

# 得到平均重投影误差
mean_error /= len(imgpoints)
print("平均重投影误差为: {}".format(mean_error))
```

```
平均重投影误差为: 2.2527822694246837
```

到这里，我们就完成了基础的照相机标定流程。从重投影误差来看，我们计算出来的照相机参数还是比较精确的，平均误差为 2.25 像素。在实际应用过程中，我们往往直接使用 OpenCV 的标定函数来实现照相机标定：

```python
# 转换成 OpenCV 需要的格式
objpoints_cv = [np.hstack((i, np.zeros((i.shape[0], 1)))).astype(
                np.float32) for i in objpoints]
imgpoints_cv = [i[:,None,:] for i in imgpoints]

# 使用 OpenCV 的标定函数来标定照相机
ret, mtx, dist, rvecs, tvecs = cv2.calibrateCamera(objpoints_cv,
                                imgpoints_cv, gray.shape[::-1], None, None)

print("照相机内参:")
# 照相机内参，输出格式为[[fx,0,cx],[0,fy,cy],[0,0,1]]
print(mtx,"\n")

print("畸变参数:")
# k1,k2,p1,p2,k3
print(dist)
```

```
照相机内参:
[[530.16217137    0.          341.48703364]
 [  0.          530.21111757 230.10277488]
```

```
         [  0.           0.           1.         ]]
畸变参数:
[[-3.60236613e-01  8.54966618e-01  5.79031024e-04 -4.97455055e-04
  -2.16444973e+00]]
```

```python
# 初始化误差
mean_error = 0
for i in range(len(objpoints_cv)):
    # 使用内参、外参和畸变参数对点进行重投影
    imgpoints2, _ = cv2.projectPoints(objpoints_cv[i],
                            rvecs[i], tvecs[i], mtx, dist)
    # 计算重投影点与原始点的误差,使用欧几里得距离进行衡量
    error = cv2.norm(imgpoints_cv[i], imgpoints2,
                            cv2.NORM_L2) / len(imgpoints2)
    # 累加误差
    mean_error += error
# 得到平均每个点偏移像素的 L2 范数
mean_error /= len(objpoints_cv)
print("OpenCV 得到的平均重投影误差为: {}".format(mean_error))
```

```
OpenCV 得到的平均重投影误差为: 0.062162126761103303
```

可以发现,我们的简易算法和直接使用 OpenCV 的标定函数得到的标定结果大体上是一致的,两种算法的结果存在差异的主要原因是我们的简易算法并未考虑畸变参数的影响,而 OpenCV 的算法充分考虑了径向畸变和切向畸变的影响。

16.4 小结

本章主要介绍了照相机成像的基本原理,以及照相机模型中重要的参数:内参、外参和畸变参数。本章还介绍了如何使用标定板对照相机进行标定,并通过代码实现了照相机的标定。经过标定的照相机,犹如一座连接三维世界与二维图像平面的桥梁,它让我们能够通过图像来反向推算三维空间的信息,为后续的计算机视觉应用提供重要的基础。

习题

(1) 如果在照相机标定过程中默认棋盘格标定板上每个方格的边长为 1 m,而不是其真实的物理长度,这样做会对标定结果产生影响吗?为什么?

(2) 径向畸变和切向畸变哪一个更常见?为什么?

(3) 棋盘格标定板是照相机标定中常用的标定板,那么在实际应用中,是否可以使用其他形式的标定板进行标定?举例说明。

(4) 角点识别的精确度会影响标定的结果,如何减少其误差带来的影响。

第 17 章

运动场和光流

17.1 简介

扫码观看视频课程

在一个不断运动的世界中,我们的眼睛和大脑能够自然而然地感知到周围环境的运动。与此对应,计算机视觉技术面临的一个挑战是如何从获取的图像序列中提取出运动信息。通过运动场(motion field)和光流(optical flow)估计,我们可以从视频中重建运动信息。

运动场描述了三维世界中点的运动在二维成像平面上的投影,如图 17-1 所示。运动场是图像上所有像素对应的三维空间点的三维速度向量在成像平面上的二维投影速度向量所形成的场。运动场是三维运动在二维成像平面上的理想表示,它直接关联到物体的实际物理运动,但我们无法直接从图像中观测到这种运动,只能通过分析图像序列中的光流来近似估计运动场。

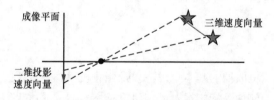

图 17-1 三维速度向量与其二维投影的对应关系

光流定义为图像序列中由物体、照相机或光照变化引起的像素亮度随时间变化的表现。它由图像强度的变化计算而来,被视为像素二维投影速度向量的一个近似。整个图像平面上所有像素的光流向量构成了光流场,描述了图像层面的运动模式,是二维运动场的一个近似。然而光流场并不总是与实际的运动场一致,因为光流可能受到光照变化等非运动因素的影响。

美国心理学家 James J. Gibson 在 20 世纪 40 年代首次提出了光流的概念[1],自那以后,光流估计就成为计算机视觉领域的研究热点,并在运动分析、目标跟踪、图像配准和三维重建等多个方面得到了广泛应用。

本章将深入介绍光流估计的基本原理和经典方法,通过理解和应用这些方法,我们可以更好地从视频中重建运动信息,使从二维图像中构建出的物体运动更接近于真实的三维物理世界的目标的运动。

17.2 运动场

首先，我们从三维速度向量推导二维成像平面上的运动场的数学表示。为简化计算，假设世界坐标系与照相机坐标系重合。考虑空间中的一点 $P(t)$ 在时间 δt 后移动到点 $P(t+\delta t)$，相应地，其在成像平面上的投影点 $P'(t)$ 移动到点 $P'(t+\delta t)$，如图 17-2 所示。设 $\boldsymbol{p}:(x,y,z)^\top$ 和 $\boldsymbol{p}':(x',y',f)^\top$ 分别为空间点 P 及其投影点 P' 的坐标，空间中的速度向量为 $\boldsymbol{v}:(v_x,v_y,v_z)^\top$，成像平面上的速度向量为 $\boldsymbol{v}':(v'_x,v'_y,v'_z=0)^\top$。假设照相机的焦距 f 已知，则根据照相机成像原理，有

$$\boldsymbol{p}' = f\frac{\boldsymbol{p}}{z}$$

其中，z 是点 P 在照相机坐标系下的深度。进一步，成像平面上的速度向量 $\boldsymbol{v}'$ 可以通过对上述公式求导获得：

$$\boldsymbol{v}' = f\frac{z\boldsymbol{v}-v_z\boldsymbol{p}}{z^2} = \frac{f\boldsymbol{v}-v_z\boldsymbol{p}'}{z}$$

也就是：

$$v'_x = \frac{fv_x - v_z x'}{z}$$
$$v'_y = \frac{fv_y - v_z y'}{z}$$
$$v'_z = \frac{fv_z - v_z f}{z} = 0$$

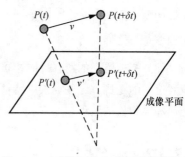

图 17-2　三维运动与二维运动场的关系

这里可见，$\boldsymbol{v}'$ 在成像平面上沿 x 轴及 y 轴分量与空间点的深度 z 成反比，体现为"近物快，远物慢"。这与我们在日常生活中观察到的情况一致，例如在驾车过程中，远处景物移动相对较慢，而近处景物的移动看起来更快。

图 17-3 展示了当场景保持静止而照相机发生几种典型运动时成像平面上对应的运动场。我们可以和图 17-2 联系起来，从而更好地理解在不同的运动（平移和旋转）下，成像平面上的投影点如何响应这些运动，进而反映在二维运动场上。

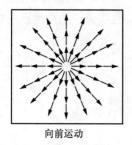
向前运动

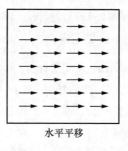
旋转　　　　水平平移

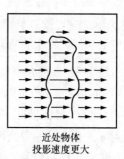
近处物体投影速度更大

图 17-3　几种典型运动在成像平面上的投影

17.3 光流

上文介绍了从三维速度向量推导二维运动场的数学表示方法。然而在多数情况下，直接计算物体的运动场并不可行，我们通常采用计算光流的方法来近似估计物体的运动场。接下来我们将探讨光流估计的基本原理和常用的计算方法。

17.3.1 特征点法

光流本质上是由图像亮度变化产生的二维像素变化，因此可以通过跟踪图像中的特征点来计算。如第 7 章所述，从图像中提取视觉特征（如角点和块状区域），并在连续帧之间追踪这些特征点的对应关系，是计算光流的一种方法。这种基于特征点的光流估计产生的是稀疏光流，尽管它在表达多帧之间的运动关系上很鲁棒，尤其适用于描述较大位移的相对运动，但也存在以下局限性。

（1）计算成本高：特征点的提取和描述符的计算过程非常耗时。例如，SIFT 算法在 CPU 上运行并不能实现实时计算，而 ORB[2]算法也需要大约 20 ms 的计算时间。

（2）信息利用不充分：采用特征点方法时，图像中除了特征点之外的所有信息都被忽略了。一幅图像可能包含数十万像素点，而特征点的数量通常只有几百个，这意味着大量可能有用的图像信息被丢弃。

（3）特征匮乏的场景：照相机有时可能移动到缺乏明显特征的场景中，例如面对一堵白墙或者空旷的走廊，这些场景中特征点的数量可能大幅减少，难以找到足够的匹配点来准确计算光流和照相机的运动。

17.3.2 直接法

直接法利用图像的像素亮度信息来估计运动，不需要计算特征点和描述子，这使其能够在特征缺失的情况下有效进行运动估计。只要场景中存在亮度变化（无论是渐变还是不足以形成局部图像梯度的变化），直接法都能够发挥作用。 与仅能重建稀疏光流的特征点法不同，直接法能够根据可用像素的数量构建稀疏、稠密或半稠密的光流。然而，直接法对图像外观的变化（如亮度变化）较为敏感，可能会错误地将这些变化解释为运动。因此，这类方法更适用于在视频中运动幅度较小的情况下计算光流。

接下来，我们介绍如何使用直接法计算光流。如图 17-4 所示，给定运动前后的两帧 $I(x,y,t-1)$ 和 $I(x,y,t)$，我们的目标是找到图像中像素之间的对应关系，从而得到每个像素的光流。为了直接从像素层面找到像素间的对应关系，需要引入以下假设。

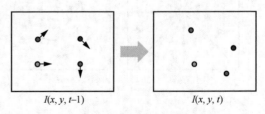

图 17-4　直接法计算光流

（另见彩插图 18）

（1）亮度恒定：假设三维世界中一点在二维

图像中对应的像素的亮度不随时间变化。这意味着具有这种对应关系的像素的亮度值在连续帧中不会发生变化。

（2）微小移动：假设在短时间内，三维点的移动是微小的。

根据亮度恒定假设，即一个三维点在二维图像中对应的像素在时间 $t-1$ 和时间 t 的亮度值保持不变，可以得到

$$I(x,y,t-1) = I(x+\delta x, y+\delta y, t)$$

其中，(x,y) 和 $(x+\delta x, y+\delta y)$ 分别为同一个三维点在 $t-1$ 时刻和 t 时刻在成像平面上投影点的坐标。又根据微小移动假设可得 δx 和 δy 都很小。故而可对上式右边进行泰勒级数展开：

$$I(x+\delta x, y+\delta y, t) \approx I(x,y,t) + \frac{\partial I}{\partial x}\delta x + \frac{\partial I}{\partial y}\delta y$$

进而可得

$$I(x,y,t) + \frac{\partial I}{\partial x}\delta x + \frac{\partial I}{\partial y}\delta y - I(x,y,t-1) = 0$$

又根据时间上的一阶泰勒展开，可得

$$I(x,y,t) - I(x,y,t-1) \approx \frac{\partial I}{\partial t}(\delta t = 1)$$

这里，$\delta t = 1$ 是因为连续两帧图像帧差为 1，进而得到

$$I_x \cdot u + I_y \cdot v + I_t = 0$$

其中，I_x、I_y 和 I_t 分别表示图像在 x、y 和 t 方向上的梯度，即 $I_x = \frac{\partial I}{\partial x}$，$I_y = \frac{\partial I}{\partial y}$，$I_t = \frac{\partial I}{\partial t}$；$u$ 和 v 分别表示像素在 x 轴和 y 轴方向上的运动速度，即 $u = \frac{\delta x}{\delta t}$，$v = \frac{\delta y}{\delta t}$。上式可以改写为

$$\nabla I \cdot (u,v) + I_t = 0$$

上式中的 (u,v) 就是我们需要求解的光流向量。写成矩阵形式为

$$\begin{bmatrix} I_x & I_y \end{bmatrix} \begin{bmatrix} u \\ v \end{bmatrix} = -I_t$$

这个方程表达了图像亮度的空间梯度和时间梯度之间的关系，可用于估计像素亮度随时间的运动，即光流，因此也被称为光流方程。然而，这个方程中存在两个未知数 u 和 v，仅由这一个方程无法得到未知数的确定解，需要通过额外的约束或优化方法来求解。

17.3.3 Lucas-Kanade 光流法

为了解决上述方程中的欠定问题，Lucas-Kanade 光流法[3]引入了空间一致性假设，即假定场景中相同表面的相邻点具有相似的运动，这些点投影到成像平面上时也保持邻近，并且它们

的运动速度也相似。这意味着，如果我们考虑一个特征点及其邻域内的点，我们可以假设这些点在 x 轴和 y 轴方向上的速度（u 和 v）是相同的。

以图 17-5 为例，在一个邻域内，如方框标注的区域内，所有光流向量可以认为是一致的。因此，通过在这样的特征区域内应用光流方程，我们可以联立多个方程来求解该区域内的统一速度 u 和 v。

图 17-5　空间一致性假设

具体而言，假定使用一个 5×5 的窗口作为空间一致性假设区域，那么在这个窗口中的每个像素都可以计算一次光流方程，总共能够得到 25 个方程，即

$$\begin{bmatrix} I_x(\boldsymbol{p}_1) & I_y(\boldsymbol{p}_1) \\ I_x(\boldsymbol{p}_2) & I_y(\boldsymbol{p}_2) \\ \vdots & \vdots \\ I_x(\boldsymbol{p}_{25}) & I_y(\boldsymbol{p}_{25}) \end{bmatrix} \begin{bmatrix} u \\ v \end{bmatrix} = - \begin{bmatrix} I_t(\boldsymbol{p}_1) \\ I_t(\boldsymbol{p}_2) \\ \vdots \\ I_t(\boldsymbol{p}_{25}) \end{bmatrix}$$

为了描述方便，简写为

$$\boldsymbol{A}\boldsymbol{d} = -\boldsymbol{b} \quad \to \quad \min \| \boldsymbol{A}\boldsymbol{d} + \boldsymbol{b} \|^2$$

显然，这又是一个关于 u, v 的超定线性方程，传统上是使用最小二乘法求解：

$$\begin{bmatrix} \sum I_x I_x & \sum I_x I_y \\ \sum I_x I_y & \sum I_y I_y \end{bmatrix} \begin{bmatrix} u \\ v \end{bmatrix} = - \begin{bmatrix} \sum I_x I_t \\ \sum I_y I_t \end{bmatrix}$$

也就是

$$\boldsymbol{A}\boldsymbol{A}^\mathrm{T} \begin{bmatrix} u \\ v \end{bmatrix} = -\boldsymbol{A}^\mathrm{T} \boldsymbol{b}$$

那么可以求解得

$$\begin{bmatrix} u \\ v \end{bmatrix}^* = -\left(\boldsymbol{A}^\mathrm{T} \boldsymbol{A} \right)^{-1} \boldsymbol{A}^\mathrm{T} \boldsymbol{b}$$

我们在第 6 章中介绍了 Harris 角点检测算法，对比一下，可以发现上式的形式非常像 Harris 算法，因此不难得出上式有解的条件：

（1）$\boldsymbol{A}^\mathrm{T}\boldsymbol{A}$ 可逆；

（2）$\boldsymbol{A}^\mathrm{T}\boldsymbol{A}$ 的特征值 λ_1, λ_2 不能太小；

（3）$\boldsymbol{A}^\mathrm{T}\boldsymbol{A}$ 是良态（well conditioned）矩阵，对数据的微小扰动敏感，即 λ_1 和 λ_2 应该尽量接近。

符合这些条件的区域一般是角点区域，因此 Lucas-Kanade 光流法在角点处效果最好。

17.3.4　Lucas-Kanade 光流法的改进

Lucas-Kanade 光流法的约束条件就是它的三大假设：亮度恒定、微小移动和空间一致性。

虽然在许多情况下这些假设是有效的，但它们也带来了一些限制，尤其是在处理快速运动的物体或亮度变化显著的场景时。为了提高算法的泛用性和鲁棒性，研究人员和工程人员后续又做了诸多工作[4]。这里我们简单介绍一些实用的改进方法。

（1）迭代法通过逐步估计光流然后更新光流的形式来计算光流。如图17-6所示，迭代法初始阶段从位移估计开始，通过使用 Lucas-Kanade 光流法得到一个初步估计的速度向量 $\hat{d}$，并更新向量 $d_1 = d_n + \hat{d}$。接着，将第一帧图像根据当前的位移结果进行扭曲，使其更接近第二帧图像的亮度分布。通过不断迭代这个过程，计算新的估计值并累加每次迭代得到的速度向量，最终得到精确的光流估计，使得扭曲后的第一帧亮度与第二帧亮度几乎一致。

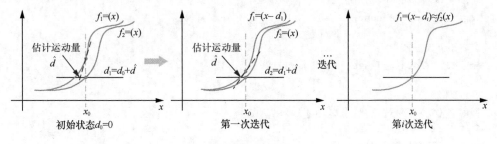

图 17-6　迭代法

（2）多尺度图像法（图像金字塔法）：针对两帧之间物体运动位移较大的情况，通过构建图像金字塔降低图像的尺寸，从而减小像素位移（如图 17-7 所示），使微小移动假设再次成立。例如，原图像尺寸为 400 像素×400 像素，此时像素在图像平面上的移动距离为 16 像素；当图像缩小为 200 像素×200 像素时，移动距离就变成了 8 像素；进一步缩小为 100 像素×100 像素时，移动距离变为 4 像素。

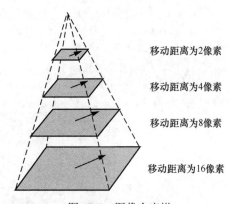

图 17-7　图像金字塔

17.4　代码实现

接下来，让我们动手实现 Lucas-Kanade 光流法。首先，我们创建一幅噪声图像并将其顺时针旋转 1°。

```
import cv2
import numpy as np
import matplotlib.pyplot as plt
import random
import math

# 根据角度旋转图像
def rotate_image(img, angle):
    # 计算旋转中心
```

```python
    center = tuple(np.array(img.shape[1::-1]) / 2)
    # 计算旋转矩阵
    rot_mat = cv2.getRotationMatrix2D(center, angle, 1.0)
    # 旋转图像
    rotated = cv2.warpAffine(img, rot_mat,
                    img.shape[1::-1], flags=cv2.INTER_LINEAR)
    return rotated

# 创建一个 200*200 的随机数组,并将其转换为 float32 类型
img_t0 = np.random.rand(200, 200).astype(np.float32)

# 复制 img_t0 的内容到 img_t1
img_t1 = img_t0.copy()

# 将 img_t1 旋转-1°
img_t1 = rotate_image(img_t1, -1)

# 可视化
fig1, (ax_1, ax_2) = plt.subplots(1, 2)
# 在 ax_1 中显示 img_t0
ax_1.imshow(img_t0)
ax_1.set_title("Frame t0")
# 在 ax_2 中显示 img_t1
ax_2.imshow(img_t1)
ax_2.set_title("Frame t1")
# 显示图像
plt.show()
```

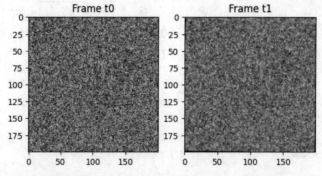

接着,我们实现一个高斯滤波器对图像进行模糊处理以降低噪声影响,然后计算图像的梯度。

```python
def smooth(img, sigma):
    """
    高斯模糊函数,返回模糊后的图像

    参数:
    - img: 输入图像
    - sigma: 高斯核的标准差
    """
    # 创建 x 数组,范围为[-3sigma,3sigma]
    x = np.array(list(range(math.floor(-3.0 * sigma + 0.5),
                        math.floor(3.0 * sigma + 0.5) + 1)))
```

```python
    # 计算高斯核 G
    G = np.exp(-x ** 2 / (2 * sigma ** 2))
    G = G / np.sum(G)

    # 对图像进行二维卷积
    return cv2.sepFilter2D(img, -1, G, G)


def gaussderiv(img, sigma):
    """
    高斯求导函数

    参数:
    - param img: 输入图像
    - param sigma: 高斯核的标准差

    返回:
    - Dx: x 轴方向的导数图像
    - Dy: y 轴方向的导数图像
    """
    # 创建 x 数组，范围为[-3sigma,3sigma]
    x = np.array(list(range(math.floor(-3.0 * sigma + 0.5),
                            math.floor(3.0 * sigma + 0.5) + 1)))

    # 计算高斯核 G
    G = np.exp(-x ** 2 / (2 * sigma ** 2))
    G = G / np.sum(G)

    # 计算高斯求导核 D
    D = -2 * (x * np.exp(-x ** 2 / (2 * sigma ** 2))) / ( \
                    np.sqrt(2 * math.pi) * sigma ** 3)
    D = D / (np.sum(np.abs(D)) / 2)

    # 分别对图像进行 x 方向和 y 方向二维卷积
    Dx = cv2.sepFilter2D(img, -1, D, G)
    Dy = cv2.sepFilter2D(img, -1, G, D)

    return Dx, Dy

def calculate_derivatives(img1, img2, smoothing, derivation):
    """
    计算图像的导数

    参数:
    - img1: 前一帧图像
    - img2: 后一帧图像
    - smoothing: 高斯模糊的标准差
    - derivation: 高斯求导的标准差

    返回:
    - i_x: x 轴方向的导数图像
```

```
    - i_y: y 轴方向的导数图像
    - i_t: 时间方向的导数图像
    """
    # 计算 t 方向导数
    i_t = smooth(img2 - img1, smoothing)
    # 计算 x、y 方向导数
    i_x, i_y = gaussderiv(smooth(np.divide(img1 + \
                                  img2, 2), smoothing), derivation)
    return i_x, i_y, i_t
```

再根据得到的梯度，分块计算块内的光流。

```
def sum_kernel(x, N):
    '''
    计算块内和
    '''
    return cv2.filter2D(x, -1, np.ones((N, N)))

def lucas_kanade(img1, img2, N, smoothing=1, derivation=0.4):
    """
    Lucas-Kanade 算法

    参数：
    - img1: 前一帧图像
    - img2: 后一帧图像
    - N: 块大小
    - smoothing: 高斯模糊的标准差
    - derivation: 高斯求导的标准差

    返回：
    - u: x 轴方向的速度图像
    - v: y 轴方向的速度图像
    """
    # 计算图像导数
    i_x, i_y, i_t = calculate_derivatives(img1, img2, smoothing, derivation)

    # 计算 i_x_t 和 i_y_t
    i_x_t = sum_kernel(np.multiply(i_x, i_t), N)
    i_y_t = sum_kernel(np.multiply(i_y, i_t), N)

    # 计算梯度的平方
    i_x_2 = sum_kernel(np.square(i_x), N)
    i_y_2 = sum_kernel(np.square(i_y), N)

    i_x_y = sum_kernel(np.multiply(i_x, i_y), N)

    # 计算平方和
    D = np.subtract(
        np.multiply(i_x_2, i_y_2),
        np.square(i_x_y)
    )
```

```python
        D += 1e-5

        # 计算各块内的 u, v
        u = np.divide(
            np.add(
                np.multiply(-i_y_2, i_x_t),
                np.multiply(i_x_y, i_y_t)
            ),
            D
        )

        v = np.divide(
            np.subtract(
                np.multiply(i_x_y, i_x_t),
                np.multiply(i_x_2, i_y_t)
            ),
            D
        )

    return u, v
```

至此,我们已经得到两帧图像间的速度向量,接下来将其可视化。

```python
def show_flow(U, V, ax):
    """
    根据提供的 U,V 绘制光流
    """
    # 控制分块的大小
    scaling = 0.1
    # 使用高斯模糊处理光流
    u = cv2.resize(smooth(U, 1.5), (0, 0), fx=scaling, fy=scaling)
    v = cv2.resize(smooth(V, 1.5), (0, 0), fx=scaling, fy=scaling)

    # 生成 x,y 的坐标矩阵
    x_ = (np.array(list(range(1, u.shape[1] + 1))) - 0.5) / scaling
    y_ = -(np.array(list(range(1, u.shape[0] + 1))) - 0.5) / scaling
    x, y = np.meshgrid(x_, y_)

    # 画箭头
    ax.quiver(x, y, -u * 5, v * 5)
    ax.set_aspect(1.)


def draw_optical_flow(image_1, image_2,
                      normalizeImages=True, win_size=10):
    """
    计算图像之间的光流并将其显示出来
    """
```

```python
# 归一化图像
if normalizeImages:
    image_1 = image_1 / 255.0
    image_2 = image_2 / 255.0
# 计算光流
U_lk, V_lk = lucas_kanade(image_1, image_2, win_size)

# 预先定义画布用于可视化
fig2, (ax_11, ax_12, ax_13) = plt.subplots(1, 3, dpi=200)
# 第一帧
ax_11.imshow(image_1)
ax_11.set_title("Frame t0")
ax_11.axis('off')
# 第二帧
ax_12.imshow(image_2)
ax_12.set_title("Frame t1")
ax_12.axis('off')
# 光流
show_flow(U_lk, V_lk, ax_13)
ax_13.set_title("Lucas-Kanade")
ax_13.axis('off')
# 画布布局
fig2.tight_layout()
plt.show()
```

我们对之前创建的噪声图像和顺时针旋转 1° 后的图像调用 draw_optical_flow() 方法进行光流计算。

```python
draw_optical_flow(img_t0, img_t1, normalizeImages=False)
```

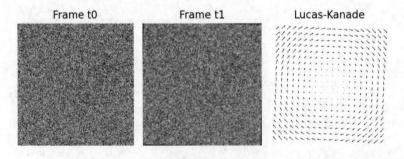

可以发现，Lucas-Kanade 光流法在运动位移较小的情况下能够得到较好的效果。接下来让我们看看在运动位移较大的情况下，Lucas-Kanade 算法的效果如何。

```python
img_t0 = np.random.rand(200, 200).astype(np.float32)
img_t1 = img_t0.copy()

# 测试运动幅度较大的情况（旋转 8°）
img_t1 = rotate_image(img_t1, -8)
draw_optical_flow(img_t0, img_t1, normalizeImages=False)
```

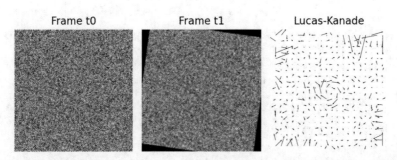

可以看到当运动位移较大时，相较于小位移的运动，Lucas-Kanade 光流法的效果就不那么理想了。接下来我们测试 Lucas-Kanade 光流法在真实的图像上的效果。

```
!git clone https://github.com/boyu-ai/Hands-on-CV.git
```

```python
image_1 = cv2.imread("learncv_img/optical_flow/frame_0001.png",
                    cv2.IMREAD_GRAYSCALE).astype(np.float32)
image_2 = cv2.imread("learncv_img/optical_flow/frame_0002.png",
                    cv2.IMREAD_GRAYSCALE).astype(np.float32)
# 绘制出光流图
draw_optical_flow(image_1, image_2, normalizeImages=True, win_size=15)
```

以上我们实现的是在全部像素上计算光流，在实际中，一般是先检测角点，再计算光流。下面，我们使用 OpenCV 的 calcOpticalFlowPyrLK 函数来计算光流。

```python
import cv2 as cv
import numpy as np
import matplotlib.pyplot as plt
%matplotlib inline

# 读取一段视频用于计算光流
cap = cv.VideoCapture(
    "./learncv_img/optical_flow/slow_traffic_small.mp4")
# ShiTomasi 角点检测参数
feature_params = dict(maxCorners = 100,
                      qualityLevel = 0.3,
                      minDistance = 7,
                      blockSize = 7 )
# Lucas-Kanade 光流法参数
lk_params = dict( winSize  = (15, 15),
    maxLevel = 2,
    criteria = (cv.TERM_CRITERIA_EPS | cv.TERM_CRITERIA_COUNT,
                10, 0.03))
# 生成随机颜色用于描述光流
color = np.random.randint(0, 255, (100, 3))
```

```python
# 读取第一帧并找到角点
ret, old_frame = cap.read()
old_gray = cv.cvtColor(old_frame, cv.COLOR_BGR2GRAY)
p0 = cv.goodFeaturesToTrack(old_gray,
                    mask = None, **feature_params)
# 创建一个 mask 用于绘制轨迹
mask = np.zeros_like(old_frame)
while(1):
    ret, frame = cap.read()
    if not ret:
        print('No frames grabbed!')
        break
    frame_gray = cv.cvtColor(frame, cv.COLOR_BGR2GRAY)
    # 计算光流，并返回光流成功跟踪到的点 p1，跟踪状态 st 以及跟踪差异 err
    p1, st, err = cv.calcOpticalFlowPyrLK(old_gray, frame_gray,
                                p0, None, **lk_params)
    # 选择好的跟踪点
    if p1 is not None:
        # 筛选出跟踪成功的点
        good_new = p1[st==1]
        good_old = p0[st==1]

    # 绘制轨迹
    for i, (new, old) in enumerate(zip(good_new, good_old)):
        a, b = new.ravel()
        c, d = old.ravel()
        mask = cv.line(mask, (int(a), int(b)), (int(c), int(d)), \
                    color[i].tolist(), 2)
        frame = cv.circle(frame, (int(a), int(b)), 5, \
                    color[i].tolist(), -1)

    img = cv.add(frame, mask)
    # 更新上一帧的图像和跟踪点
    old_gray = frame_gray.copy()
    p0 = good_new.reshape(-1, 1, 2)

# 显示结果
plt.imshow(cv.cvtColor(img, cv.COLOR_BGR2RGB))
plt.axis('off')
plt.show()
```

（另见彩插图 19）

17.5 小结

本章深入探讨了运动场和光流的核心概念及理论基础,揭示了光流在描述和分析物体运动方面的强大功能。光流技术的独特之处在于其能够在没有场景先验知识的情况下,通过分析图像序列估计物体可能的运动。这一特性不仅使光流方法在照相机运动状态下依然适用,而且让光流成为捕获运动物体信息及场景三维结构的重要手段。

习题

(1) 简要阐述运动场和光流的关系。

(2) Lucas-Kanade 光流法引入了空间一致性假设来解决约束不足的问题,思考能不能引入其他的假设来提供约束?

(3) 理发店外通常会悬挂一个红蓝白条纹的旋转标志(如图 17-8 所示)。这个旋转标志本身是沿着一个垂直轴旋转,但是我们视觉上却有一种错觉,这个旋转标志的条纹是从右下往左上移动的。根据光流的计算方法解释该错觉。

(4) 在实现 Lucas-Kanade 光流法时,对图像进行了高斯模糊,为什么?这么做对计算光流有什么好处?

(5) 计算图 17-9 中的光流。

图 17-8 理发店旋转标志
(另见彩插图 20)

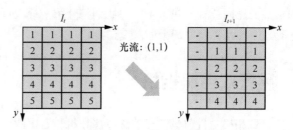

图 17-9 习题(5)示意

17.6 参考文献

[1] GIBSON J J. The perception of the visual world[M]. Boston: Houghton Mifflin, 1950.

[2] RUBLEE E, RABAUD V, KONOLIGE K, et al. ORB: An efficient alternative to SIFT or SURF[C]//International Conference on Computer Vision. IEEE, 2011:2564-2571.

[3] LUCAS B D, KANADE T. An iterative image registration technique with an application to stereo vision[C]//7th International Joint Conference on Artificial Intelligence. 1981, 2:674-679.

[4] BOUGUET J Y. Pyramidal implementation of the affine Lucas Kanade feature tracker description of the algorithm[R]. 2001.

第 18 章

平行双目视觉

18.1 简介

扫码观看视频课程

照相机成像是一个将三维世界映射到二维图像的过程，如果我们想从图像中恢复出三维世界的信息，我们需要解决一个重要的问题：恢复照相机成像过程中丢失的深度信息。给定单幅图像，我们无法确定每个像素对应三维空间中点的坐标。因为从照相机光心到成像平面的连线上的所有三维空间中的点都可以投影到同一像素上。只有知道一个像素对应的深度，我们才能精确地确定它在三维空间中对应点的空间位置。在本章中，我们将介绍平行双目照相机的构造和成像原理，以及如何利用平行双目照相机获取场景的深度信息。

18.2 平行双目照相机

平行双目照相机是目前最常见的深度照相机，它由两台水平放置的独立照相机组成，每台照相机都有自己的光心和成像平面。接下来，我们将介绍平行双目照相机的构成及其工作原理，为了简化描述，除非特别说明，本章中所提及的双目照相机都是平行双目照相机。

18.2.1 概念定义

将两台照相机并排排列，且使其光轴互相平行，可以形成一个类似人类双眼视觉的系统，因此这种配置被称为平行双目视觉系统，这两台照相机就被称为平行双目照相机，其所拍摄的两张照片就构成了一组双目图像。主流的平行双目照相机都是水平平行排布的，左右两台照相机分别对应于人类的左眼和右眼，如图 18-1 所示。当然纵向的双目照相机从原理上也是可以实现的（读者可以想象那种奇怪的形状）。

在这种左右双目照相机系统中，两台照相机可

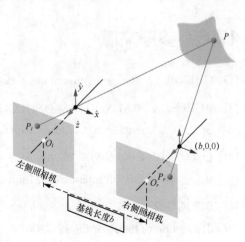

图 18-1　平行双目照相机

以被视为具有相同特性的针孔照相机模型。它们被水平放置，这意味着两台照相机的光心均位于 x 轴上，且它们的光轴平行。照相机光心之间的水平距离称为双目照相机的基线（baseline，长度用 b 表示），这是衡量双目照相机几何配置的关键参数。基线的长度对于计算图像间的视差及最终确定场景中物体的深度信息至关重要。

现在，考虑一个空间点 P，它在左侧照相机坐标系下的坐标为 (x, y, z)，在左侧照相机和右侧照相机各成一像，记作 P_l、P_r。理想情况下，由于左、右照相机只在 x 轴的位置上有差异，因此 P 的像也只在 x 轴（对应图像的 u 轴）上有差异。我们记它在左侧图像上的像素坐标为 (u_l, v_l)，在右侧图像的像素坐标为 (u_r, v_r)。

18.2.2 视差

如图 18-2 所示，空间点 P 和左、右照相机的光心 O_l、O_r 及点 P 和左、右屏幕投影点 P_l、P_r 构成了相似三角形 $\triangle PO_lO_r \sim \triangle PP_lP_r$。通常，双目照相机的基线长度 b 是已知的且左、右照相机内参完全相同。根据照相机的成像原理，我们可以得到

$$u_l = \frac{f \times x}{z} + c_x, \quad v_l = \frac{f \times y}{z} + c_y$$

由于右侧照相机的光心和左侧照相机的光心在 x 轴上的坐标差值为基线长度 b，因此有

$$u_r = \frac{f \times (x-b)}{z} + c_x, \quad v_r = \frac{f \times y}{z} + c_y$$

将上述两个方程整理为

$$u_l - u_r = \frac{f \times b}{z}$$

令 $d = u_l - u_r$，则有

$$z = \frac{f \times b}{d}$$

这里，d 为左图像和右图像的横坐标之差，称为视差（disparity）；z 为点的深度。观察这组表达式不难发现，在水平放置的双目照相机中，一个空间点在两个照相机成像平面上的 v 轴（垂直轴）坐标是相同的，而该点的深度决定了其视差。由公式可知，视差与深度成反比，视差越大，深度越小。我们可以利用视差来估计场景中物体的深度信息。同时需要注意的是，视差的计算是基于像素坐标的，而像素坐标是离散的，因此视差也是离散的。双目视觉系统所能测量的深度的分度值（能够测量出的最小深度变化量）存在一个理论上的最大值，也就是 $f \times b$。在照相机参数固定的情况下，基线

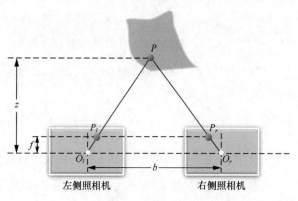

图 18-2 视差计算

越长，双目视觉系统能够测量的深度范围越大，深度测量的分度值越大；相反，基线越短，能够测量的深度范围越小，深度测量的分度值越小，但测量的精密程度提高。将各像素计算出来的视差绘制在像素坐标处，便得到了对应的视差图（disparity map）。将各像素的视差通过前述公式转换成深度，便可得到深度图（depth map），深度图可以直观地反映出场景中物体的深度信息。

18.2.3 双目特征匹配

尽管使用视差计算深度的公式本身很直接，但实际上获得视差的过程却相对复杂。这一过程要求我们能够精确地确定左图像中某像素在右图像中的对应像素，这一过程就是双目特征匹配。第 4 章和第 7 章介绍了模板匹配和特征点匹配，这些技术都可以用于计算视差。不过在双目照相机系统中，情况更为特殊：由于两台照相机是水平对齐的，空间中任一点在这两个照相机成像平面上的投影将具有相同的垂直坐标。因此，在特征匹配过程中，我们只需沿水平方向进行搜索以找到对应的匹配点。

一个最直接的方法是选中左图像中的任意像素，然后在右图像中该像素所在的行上搜索其对应的像素。但是单个像素的匹配有极大的不确定性，例如，一个颜色单一的物体在一行上可能存在好几个完全一样的像素。为了减少这种不确定性，我们可以考虑不直接匹配像素，而是匹配像素块，也就是块匹配。在待匹配像素周围选取一个尺寸为 w×w 的小块，然后以对应行上的每个像素为中心选取很多同样尺寸的小块进行比较，就可以在一定程度上提高区分性。

在图 18-3（a）的原图像 I_l 中选中模板窗口 T，在图 18-3（b）的待匹配图像 I_r 对应高度的像素区域寻找其对应的窗口 T' 成为我们关心的问题。这正是在第 4 章中讨论过的模板匹配问题。

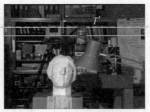

（a）原图像I_l　　　　　　　　（b）待匹配图像I_r

图 18-3　双目照相机拍摄的图像

为了表述清楚，不妨定义待匹配块为 $A \in \mathbb{R}^{w \times w}$，对应行上的待匹配的 n 个小块记为 B_k，其中 $k = 1, 2, \cdots, n$。可以通过以下几种匹配算法来衡量块之间的差异。

（1）绝对差和（sum of absolute difference，SAD），顾名思义，即取两个小块的差的绝对值之和：

$$S(A, B)_{\text{SAD}} = \sum_{i,j} |A(i,j) - B(i,j)|$$

（2）平方差和（sum of squared difference，SSD），计算两个小块的平方差之和：

$$S(A, B)_{\text{SSD}} = \sum_{i,j} (A(i,j) - B(i,j))^2$$

（3）归一化互相关（normalized cross correlation，NCC），这种方式计算的是两个小块的相关性：

$$S(\boldsymbol{A}, \boldsymbol{B})_{\text{NCC}} = \frac{\sum_{i,j} A(i,j) B(i,j)}{\sqrt{\sum_{i,j} A(i,j)^2 \sum_{i,j} B(i,j)^2}}$$

除了基础的匹配算法，还可以对每个像素块进行预处理，如去除每个小块的均值，实现去均值的 SSD、去均值的 NCC 等。去均值的优势在于，它能够消除图像块之间的亮度差异，从而提高匹配的准确性。具体来说，去均值处理可以使图像块的灰度值更加接近，即使图像块整体上存在亮度差异，也能保证匹配的准确性。每种方法都有其特点和局限性：SAD 速度最快，但对局部亮度变化非常敏感；SSD 速度中等，对亮度偏移较为敏感；而 NCC 虽然速度最慢，但其优势在于不受对比度和亮度变化的影响。因此，在实际应用中，选择哪种匹配算法应根据具体需求和场景的特点决定。

在块匹配算法中，选取的块的尺寸直接影响匹配的效率和结果的质量。如图 18-4 所示，不同的块尺寸会产生不同质量的视差图。总的来说，较小的块尺寸能够捕获更多的细节信息，但这同时也可能会导致较多的匹配误差和噪声。相反，较大的块尺寸可以产生更平滑的视差图，但这种方法可能会忽略掉一些重要的细节信息。为了平衡块尺寸对匹配效果的影响，一种有效的策略是采用多尺度窗口匹配方法。对于每个像素，我们不只使用单一尺寸的窗口进行匹配，而是尝试多个不同尺寸的窗口。然后，基于最佳相似性度量选择相应的视差作为最终结果。

 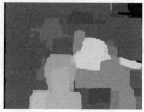

w=5像素　　　　　　　　w=30像素

图 18-4　不同的块尺寸下的视差图

18.2.4　全局优化

在之前讨论的方法中，每个像素的深度是独立计算的，这可能导致相邻像素之间存在显著的深度差异。然而，在现实世界中，相邻像素的深度通常相似，深度的突变较少。基于这一先验知识，可以引入空间正则化项来改进深度估计，从而使预测的深度图更加平滑。因此，双目特征匹配问题可以转化为一个全局优化问题。

我们先定义什么是优秀的双目特征匹配结果。优秀的双目特征匹配结果应具有以下特性。

（1）高匹配质量：确保每个像素在对应图像中都有一个高质量的匹配点。

（2）深度平滑性：要求相邻像素之间的视差变化保持一致。

基于上述目标，我们可以构建一个匹配代价函数 $E(d) = E_d(d) + \lambda E_s(d)$。其中，$E_d(d)$ 是单个像素匹配的好坏，通常可用 18.2.3 节中介绍的图像块之间的差异来度量；$E_s(d)$ 代表平滑项，用于衡量相邻像素的平滑程度。$E_d(d)$ 主要由各类匹配算法得到，而 $E_s(d)$ 则主要由邻近像素的视差差异来计算。不妨定义一个集合 $\mathcal{E}$，其中的每个元素都是一组邻近像素组成的二元组：(p,q)。那么给定 $(p,q) \in \mathcal{E}$，我们有

$$E_s(d) = \sum_{(p,q) \in \mathcal{E}} V(d_p, d_q)$$

这里，d_p 和 d_q 分别代表像素 p 和像素 q 的视差，V 代表计算平滑项的度量函数，常用的函数包括 L_1 距离函数和判别函数。L_1 距离定义为

$$V(d_p, d_q) = |d_p - d_q|$$

判别函数定义为

$$V(d_p, d_q) = \begin{cases} 0, & \text{如果 } d_p = d_q \\ 1, & \text{如果 } d_p \neq d_q \end{cases}$$

需要注意的是，这个优化问题是 NP-hard 的，通常需要通过动态规划等近似算法来求解，相关的解决方案见参考文献[1]。

18.3 代码实现

在 18.2 节中，我们介绍了双目照相机的构造及其计算深度的原理，接下来我们进入实现环节，分析如何从一组双目图像中获得视差图。

```
# 首先 clone 对应代码库
! git clone https://github.com/boyu-ai/Hands-on-CV.git
```

```
Cloning into 'learncv_img'...
remote: Enumerating objects: 89, done.
remote: Counting objects: 100% (8/8), done.
remote: Compressing objects: 100% (8/8), done.
remote: Total 89 (delta 0), reused 0 (delta 0), pack-reused 81
Receiving objects: 100% (89/89), 14.23 MiB | 1023.00 KiB/s, done.
Resolving deltas: 100% (10/10), done.
```

我们先读取左右两幅图像，并做一个简单的可视化。

```
import os
import time
import cv2 as cv
from PIL import Import Image
import numpy as np
from matplotlib import pyplot as plt

# 获取左照相机图像
limg_raw = np.asanyarray(Image.open(
    r"./learncv_img/stereo/scene1.row3.col1.ppm"))

# 获取右照相机图像
```

```python
rimg_raw = np.asanyarray(Image.open(
    r"./learncv_img/stereo/scene1.row3.col3.ppm"))

# 将图像转换为灰度图
limg = cv.cvtColor(limg_raw, cv.COLOR_BGR2GRAY)
rimg = cv.cvtColor(rimg_raw, cv.COLOR_BGR2GRAY)

# 将图像转换为 double 类型
limg = np.asanyarray(limg, dtype=np.double)
rimg = np.asanyarray(rimg, dtype=np.double)

# 定义一个和输入图像大小相同的数组
img_size = np.shape(limg)[0:2]

# 简单可视化左图像和右图像
plt.figure(dpi=100)
plt.title("binocular images")
plt.imshow(np.hstack([limg_raw, rimg_raw]))
plt.axis('off')
plt.show()
```

接下来，我们实现生成视差图的函数。此函数首先计算左、右图像的整体差距，然后对每个像素进行视差搜索，并选择最小匹配代价所对应的视差作为最终视差。

```python
def get_disp_map(max_D, win_size, img_size, match_mode="SAD"):
    """
    根据左、右图像，获取视差图

    参数：
    - max_D: 左、右图像之间最大可能的视差
    - win_size: 块尺寸
    - img_size: 双目图像尺寸
    - match_mode: 匹配模式，可选"SAD"或"SSD"
    """
    # 记录初始时间
    t1 = time.time()

    # 初始化视差图
    imgDiff = np.zeros((img_size[0], img_size[1], max_D))

    def SAD(x, y, error_map, win_size):
        return np.sum(error_map[(x - win_size):(x + win_size),
```

```python
                                (y - win_size):(y + win_size)])

    def SSD(x, y, error_map, win_size):
        return np.sum(np.square(error_map[
            (x - win_size):(x + win_size), (y - win_size):(y + win_size)]))

    # 遍历所有可能的视差值
    for i in range(0, max_D):
        # 记录视差为 i 时，左、右图像的整体差距
        e = np.abs(rimg[:, 0:(img_size[1]-i)] - limg[:, i:img_size[1]])
        e2 = np.zeros(img_size)

        # 遍历所有像素
        for x in range(0, img_size[0]):
            for y in range(0, img_size[1]):
                # 根据匹配模式计算匹配代价
                if match_mode == "SAD":
                    # 计算 SAD 值
                    e2[x, y] = SAD(x, y, e, win_size)
                elif match_mode == "SSD":
                    # 计算 SSD 值
                    e2[x, y] = SSD(x, y, e, win_size)
                else:
                    raise NotImplemented

        # 将匹配代价存储到 imgDiff 中
        imgDiff[:, :, i] = e2

    # 初始化视差图
    dispMap = np.zeros(img_size)
    for x in range(0, img_size[0]):
        for y in range(0, img_size[1]):
            # 对匹配代价进行排序
            val = np.sort(imgDiff[x, y, :])

            # 简单判断是否出了边界
            if np.abs(val[0]-val[1]) > 10:
                # 找到最小匹配代价的视差索引
                val_id = np.argsort(imgDiff[x, y, :])
                # 将视差映射到 0~255 之间
                dispMap[x, y] = val_id[0] / max_D * 255

    # 打印运行时间
    print("所用时间:", time.time() - t1)

    # 显示视差图
    plt.figure("视差图")
    plt.imshow(dispMap)
    plt.show()

    # 返回视差图
    return dispMap
```

```
# 最大视差
max_D = 25
# 滑动窗口大小
win_size = 5
# 可视化 SAD 匹配效果，块尺寸为 5 像素
_ = get_disp_map(max_D, win_size, img_size)
```

所用时间：11.269958972930908

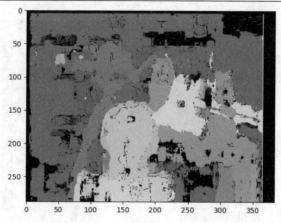

通过生成双目图像的视差图，我们可以观察到一些直观的现象，例如台灯在视差图中的亮度较高，这表明其视差值相对较大；而背景部分的亮度较低，表示视差值较小。视差图中的亮度变化直接反映了物体与照相机之间的相对深度差异：亮度较高的区域（视差大）表明物体距离成像平面相对较近，亮度较低的区域（视差小）则表明物体距离成像平面相对较远。因此，利用视差图，我们可以有效地估计场景中各个物体的深度信息。

接下来我们看看调大块匹配的尺寸的效果。

```
# 测试更大的块尺寸
win_size = 30
# SAD 匹配效果，块尺寸为 30 像素
_ = get_disp_map(max_D, win_size, img_size)
```

所用时间：14.947252035140991

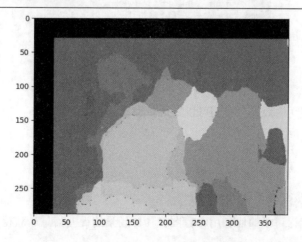

不难发现，块尺寸越大，预测出的视差图越平滑，细节丢失越严重，同时计算的时间也增加了。

接下来我们看看 SSD 的效果。

```
win_size = 5
# SSD 匹配效果，块尺寸为 5 像素
_ = get_disp_map(max_D, win_size, img_size, match_mode="SSD")
```

所用时间：13.194314956665039

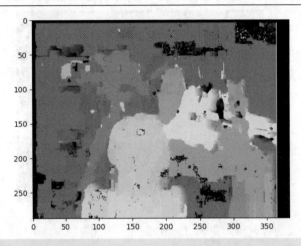

```
win_size = 30
# SSD 匹配效果，块尺寸为 30 像素
_ = get_disp_map(max_D, win_size, img_size, match_mode="SSD")
```

所用时间：18.293694019317627

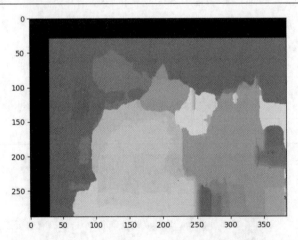

对比 SAD 和 SSD 的效果，我们可以发现，SSD 保留了更多细节，但是同时它也花费了更多的时间。

18.4 小结

在本章中，我们探讨了如何利用双目图像计算场景的视差信息。获得视差后，结合双目照

相机的内参和基线长度，我们可以进一步计算出图像中各点对应的深度信息。深度作为三维视觉的关键要素，直接关系到场景的几何结构。精确的深度信息是实现场景重建的基础。

在第 19 章中，我们将探讨如何基于非平行双目视觉系统实现场景的三维重建。

习题

（1）双目系统深度测量的分度值和范围存在理论极限，试在双目系统的基础上设计一个"三目"系统来提升双目系统的深度测量范围并降低其分度值。

（2）双目照相机也可以纵向放置，试给出纵向放置双目照相机的视差图计算方程。

（3）给定一个基线长度为 10 cm 的双目照相机，拍摄图像的尺寸是 1920 像素×1080 像素，照相机焦距为 560 mm，试求这个双目照相机的最大测量距离及一个像素对应的实际距离。

（4）实现一个基于去均值的 NCC 匹配的双目深度估计算法，需要注意的是 NCC 计算的是相关性，相关性越大匹配度越高。

（5）在 18.2.3 节中，为了减轻块匹配过程中块尺寸的影响，我们介绍了多尺度窗口匹配方法，请实现自适应 SAD 匹配算法，并体会其与普通 SAD 算法在质量与速度上的差异。

18.5 参考文献

[1] BROWN M Z, BURSCHKA D, HAGER G D. Advances in computational stereo[J]. TPAMI, 2003, 25(8):993-1008

第 19 章 三维重建

19.1 简介

扫码观看视频课程

前面几章介绍了照相机的标定、光流的计算和平行双目视觉,这些都是在探索如何从二维图像中获取三维信息。有了这些知识的铺垫,本章终于要介绍如何从我们日常生活中拍摄的图像中重建三维场景了。

首先考虑单幅图像的情况。由于单幅图像无法提供深度信息,因此无法准确估计成像物体的真实尺寸,从而会出现如图 19-1 所示的视觉错觉。

图 19-1 单幅图像无法提供深度信息导致的视觉错觉

要重建场景几何结构,往往需要多幅图像。第 18 章介绍了平行双目视觉系统,通过视差,我们能够从平行双目照相机所拍摄的图像对中恢复场景的深度信息。但是在实际生活中,我们所获得的多幅图像往往不是由平行双目照相机拍摄的,在很多情况下,这些图像是由同一台照相机从不同的视角拍摄的。试想,我们在桌面上看到了一个精致的不倒翁,于是手持同一台照相机从不同视角拍摄了两张照片,如图 19-2 所示。显然这两幅图像并不符合平行双目视觉系统中两台照相机的光轴平行这一假设,因此不能直接套用平行双目视觉系统中所介绍的方法来计算深度信息。

图 19-2　从不同视角拍摄的不倒翁

为了从这些图像中恢复场景的三维信息，我们需要使用照相机模型之间的约束来进行场景的几何结构推理。

本章将介绍如何从非平行双目视觉系统拍摄的图像中恢复场景的几何信息，主要内容是对极几何（epipolar geometry）和三角测量（triangulation）。

19.2　对极几何

在介绍对极几何之前，先回顾一下平行双目视觉系统。在平行双目视觉系统中，两台照相机水平放置且光轴互相平行。在这种情况下，由于左、右照相机位置只在 x 轴上有差异，因此空间中一点在左、右照相机成像平面上的像也只在 x 轴（对应图像的水平轴）上有差异，这就是视差。在非平行双目视觉系统中，两台照相机的光轴不再平行，而是存在一定的会聚度（convergence），如图 19-3 所示。

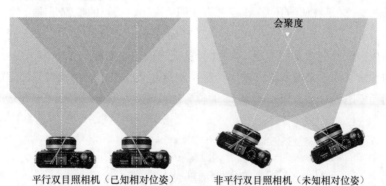

平行双目照相机（已知相对位姿）　　　非平行双目照相机（未知相对位姿）

图 19-3　平行双目视觉系统与非平行双目视觉系统

在这种情况下，不能再沿着水平轴寻找左右两个成像平面上的对应点，而必须考虑更复杂的几何关系。我们将在本节中介绍如何通过对极几何来解决这个问题。

19.2.1　数学定义

如图 19-4 所示，我们考虑一个非平行双目视觉系统。该视觉系统中的两台照相机分别称为左照相机和右照相机，它们的光轴不平行，各自的成像平面分别称为左成像平面和右成像平面，对应的照相机坐标系为左照相机坐标系和右照相机坐标系，所拍摄的图像为左图像和右图像。注意，如果这两台照相机内参完全相同，那么可以等价为放置在不同视角的同一台照相机。为了描述简单，我们将世界坐标系与左照相机的照相机坐标系重合。假设这两台照相机的光心分别位于点 O_l 和 O_r。空间中一点 P 在左、右照相机坐标系中的坐标分别为 x_l 和 x_r，该点在左、右成像平面上的两个投影点 P_l 和 P_r 在左、右图像坐标系下的坐标分别为 u_l 和 u_r。

接下来我们定义一些术语来描述空间几何关系：射线 $O_l P_l$ 和射线 $O_r P_r$ 在三维空间中相交于点 P，那么 O_l、O_r、P 这三个点可以确定一个平面，称为对极平面（epipolar plane）或极平面。和在平行双目视觉系统中定义的一样，两个光心的连线 $O_l O_r$ 称为基线。基线与两个成像平面的交点分别为 E_l 和 E_r。不难发现，E_l 和 E_r 分别是光心 O_r 和 O_l 在相对的成像平面上的投影。称 E_l 和 E_r 为对极点（epipole）或极点，极平面与两个成像平面之间的相交线 $P_l E_l$ 和 $P_r E_r$ 称为对极线（epipolar line）或极线。

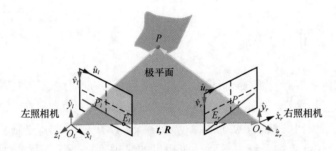

图 19-4　非平行双目照相机构成的对极几何（另见彩插图 21）

需要注意的是，在照相机的位置和姿态不变的情况下，极点的位置是唯一的。如图 19-5 所示，除了空间点 P，空间中的其他点 P' 也可以构建出新的极平面 $O_l O_r P'$。无论空间点位置如何变化，对应的极平面都包含基线 $O_l O_r$，因此其总是与成像平面相交于 E_l 和 E_r 两点。我们也可以从极点的物理意义入手来理解极点的唯一性：极点是光心在相对的成像平面上的投影，一旦照相机的位置和姿态确定了，极点 E_l 和 E_r 的位置也就确定了。

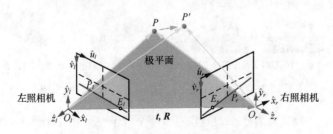

图 19-5　极点的唯一性（另见彩插图 22）

图 19-6 展示了对极几何中的一个关键概念：对于左成像平面上一点 P_l，其对应的三维空间点 P 在右成像平面上的投影必然位于右成像平面上的一条极线上。这一现象称作对极约束（epipolar constraint）。具体来说，如果我们有一组非平行双目图像，每一个三维空间中的点在左图像中的投影像素点和它在右图像中的投影像素点之间的位置关系不是随机的，而是受到两

台照相机间几何配置（特别是它们之间的相对位置和姿态）的约束。这一约束使得我们可以通过寻找左、右图像上像素的对应关系来推断照相机之间的相对位置和姿态，从而恢复场景的三维信息。

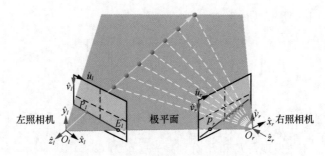

图 19-6 对极约束（另见彩插图 23）

19.2.2 本质矩阵

在 19.2.1 节中，我们通过几何直观地理解了对极约束。在本节中，我们将推导对极约束的数学表示。

定义右照相机光心在左照相机坐标系下的坐标为 $t \in \mathbb{R}^{3 \times 1}$，从右照相机坐标系到左照相机坐标系的旋转矩阵为 $R \in \mathbb{R}^{3 \times 3}$，$x_l$ 和 x_r 分别为点 P 在左、右照相机坐标系下的坐标，那么可以得到 x_l 和 x_r 之间的关系：

$$x_l = Rx_r + t$$

展开为

$$\begin{bmatrix} x_l \\ y_l \\ z_l \end{bmatrix} = \begin{bmatrix} r_{11} & r_{12} & r_{13} \\ r_{21} & r_{22} & r_{23} \\ r_{31} & r_{32} & r_{33} \end{bmatrix} \begin{bmatrix} x_r \\ y_r \\ z_r \end{bmatrix} + \begin{bmatrix} t_x \\ t_y \\ t_z \end{bmatrix}$$

接下来考虑极平面上的几何关系。如图 19-7 所示，向量 t、x_l 和 x_r 共面，我们可以用向量 t 和 x_l 的外积来表示极平面的法向量 n，其与向量 t、x_l 和 x_r 均垂直。

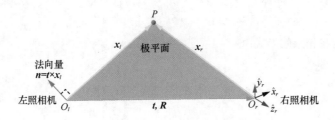

图 19-7 对极约束的几何关系（另见彩插图 24）

那么我们可以得到一个恒等式：

$$x_l^\mathsf{T} \cdot (t \times x_l) = 0$$

根据外积的定义可以得到

$$\begin{bmatrix} x_l & y_l & z_l \end{bmatrix} \begin{bmatrix} t_y z_l - t_z y_l \\ t_z x_l - t_x z_l \\ t_x y_l - t_y x_l \end{bmatrix} = 0$$

上式可以转换为矩阵和向量相乘的形式：

$$\begin{bmatrix} x_l & y_l & z_l \end{bmatrix} \begin{bmatrix} 0 & -t_z & t_y \\ t_z & 0 & -t_x \\ -t_y & t_x & 0 \end{bmatrix} \begin{bmatrix} x_l \\ y_l \\ z_l \end{bmatrix} = 0$$

两个向量的外积总是可以写成由其中一个向量中的元素排成的反对称矩阵与另一个向量的乘积。在这里，中间的矩阵就是一个反对称矩阵，记为 $T_\times$。那么可以得到

$$x_l^\top T_\times x_l = 0$$

将右侧的 x_l 用 $Rx_r + t$ 表示：

$$x_l^\top T_\times R x_r + x_l^\top T_\times t = 0$$

显然 t 与自身的外积 $t \times t$ 为 0，于是得到

$$x_l^\top \begin{bmatrix} 0 & -t_z & t_y \\ t_z & 0 & -t_x \\ -t_y & t_x & 0 \end{bmatrix} \begin{bmatrix} r_{11} & r_{12} & r_{13} \\ r_{21} & r_{22} & r_{23} \\ r_{31} & r_{32} & r_{33} \end{bmatrix} x_r = 0$$

我们将上式的中间部分 $T_\times R$ 简写为 E，那么得到 $x_l^\top E x_r = 0$。在这个式子中，x_l 是空间点 P 在左照相机坐标系中的坐标，x_r 是空间点 P 在右照相机坐标系中的坐标，中间的矩阵 E 关联了三维空间中的点在不同照相机坐标系下的坐标，这个矩阵称为本质矩阵（essential matrix）。

接下来考虑以照相机内参来表示坐标关系，假定左、右照相机的内参分别为 K_l、K_r。根据上面的推导，我们已经知道了同一个三维点在不同照相机坐标系下的坐标与照相机位置和姿态之间的关系。照相机坐标系到图像坐标系的变换关系为

$$\begin{bmatrix} x_l & y_l & z_l \end{bmatrix} \begin{bmatrix} e_{11} & e_{12} & e_{13} \\ e_{21} & e_{22} & e_{23} \\ e_{31} & e_{32} & e_{33} \end{bmatrix} \begin{bmatrix} x_r \\ y_r \\ z_r \end{bmatrix} = 0$$

将其写成照相机内参相乘的形式：

$$\begin{bmatrix} u_l & v_l & 1 \end{bmatrix} \left(K_l^{-1} \right)^\top E K_r^{-1} \begin{bmatrix} u_r \\ v_r \\ 1 \end{bmatrix} = 0$$

再令 $F = \left(K_l^{-1} \right)^\top E K_r^{-1}$，就得到

$$\begin{bmatrix} u_l & v_l & 1 \end{bmatrix} \begin{bmatrix} f_{11} & f_{12} & f_{13} \\ f_{21} & f_{22} & f_{23} \\ f_{31} & f_{32} & f_{33} \end{bmatrix} \begin{bmatrix} u_r \\ v_r \\ 1 \end{bmatrix} = 0$$

即
$$\tilde{u}_l^\top F \tilde{u}_r = 0$$

到这里，我们就建立了三维空间中一点在左、右成像平面上的投影点在图像坐标系中的坐标之间的关系，F 一般称为基础矩阵（fundamental matrix）。

19.2.3 利用八点法求解基础矩阵

由恒等式 $\tilde{u}_l^\top F \tilde{u}_r = 0$ 可知，本质矩阵 E 和基础矩阵 F 之间仅相差一个与照相机内参相关的矩阵。因此只要我们能够求解出矩阵 F，并结合已知的照相机内参（即便照相机内参未知，也可通过第 16 章中介绍的方法来标定获得），便能够获得照相机之间的相对位姿。F 是一个 3×3 的矩阵，理论上有 9 个参数，但由于基础矩阵存在尺度不定性（即基础矩阵与任意非零标量的乘积不改变对极约束），实际上只需解 8 个独立参数。因此，至少需要 8 对匹配点就能通过"八点法"求解基础矩阵。这些匹配点可以依据第 7 章介绍的特征检测方法获得。接下来我们介绍如何利用八点法来求解基础矩阵。

首先假定已经通过特征检测获得了左、右图像上匹配点的像素坐标对，记为 $((u_l^{(i)}, v_l^{(i)}), (u_r^{(i)}, v_r^{(i)}))$，其中 $i=1,2,\cdots,m$ 且 $m \geqslant 8$。那么我们有

$$\begin{bmatrix} u_l^{(i)} & v_l^{(i)} & 1 \end{bmatrix} \begin{bmatrix} f_{11} & f_{12} & f_{13} \\ f_{21} & f_{22} & f_{23} \\ f_{31} & f_{32} & f_{33} \end{bmatrix} \begin{bmatrix} u_r^{(i)} \\ v_r^{(i)} \\ 1 \end{bmatrix} = 0$$

展开可得

$$\left(f_{11} u_r^{(i)} + f_{12} v_r^{(i)} + f_{13}\right) u_l^{(i)} + \left(f_{21} u_r^{(i)} + f_{22} v_r^{(i)} + f_{23}\right) v_l^{(i)} \\ + f_{31} u_r^{(i)} + f_{32} v_r^{(i)} + f_{33} = 0$$

代入不同的像素坐标就可以构成一个齐次线性方程组

$$\begin{bmatrix} u_l^{(1)} u_r^{(1)} & u_l^{(1)} v_r^{(1)} & u_l^{(1)} & v_l^{(1)} u_r^{(1)} & v_l^{(1)} v_r^{(1)} & v_l^{(1)} & u_r^{(1)} & v_r^{(1)} & 1 \\ u_l^{(2)} u_r^{(2)} & u_l^{(2)} v_r^{(2)} & u_l^{(2)} & v_l^{(2)} u_r^{(2)} & v_l^{(2)} v_r^{(2)} & v_l^{(2)} & u_r^{(2)} & v_r^{(2)} & 1 \\ \vdots & \vdots & \vdots & \vdots & \vdots & \vdots & \vdots & \vdots & \vdots \\ u_l^{(m)} u_r^{(m)} & u_l^{(m)} v_r^{(m)} & u_l^{(m)} & v_l^{(m)} u_r^{(m)} & v_l^{(m)} v_r^{(m)} & v_l^{(m)} & u_r^{(m)} & v_r^{(m)} & 1 \end{bmatrix} \begin{bmatrix} f_{11} \\ f_{12} \\ f_{13} \\ f_{21} \\ f_{22} \\ f_{23} \\ f_{31} \\ f_{32} \\ f_{33} \end{bmatrix} = \begin{bmatrix} 0 \\ 0 \\ \vdots \\ 0 \end{bmatrix}$$

这个方程是不是看上去很熟悉？我们在第 16 章中介绍照相机标定时看到过类似的 $A \cdot f = 0$，计算 $\min_f \| Af \|^2$ s.t. $\| f \|^2 = 1$。具体求解过程可参考第 16 章，这里不再赘述。

19.2.4 通过本质矩阵求解照相机位姿

在 19.2.3 节中,我们已经通过八点法解出了基础矩阵 F。接下来,我们将通过基础矩阵 F 求解本质矩阵 E,并进一步求解照相机的位姿。在 19.2.3 节已介绍过,E 具有固定的表达形式 $E = T_\times R$,其中 $T_\times$ 是一个反对称矩阵,代表了照相机的平移向量,R 是一个正交矩阵,代表了照相机的旋转矩阵。由于 $T_\times$ 和 R 具有特定的性质,我们可以利用奇异值分解(SVD)将它们从 E 中分离出来。设 E 的 SVD 形式为 $E = U\Sigma V^\top$,其中 U 和 V 是正交矩阵,Σ 是奇异值矩阵,有

$$E = \begin{bmatrix} u_{11} & u_{12} & u_{13} \\ u_{21} & u_{22} & u_{23} \\ u_{31} & u_{32} & u_{33} \end{bmatrix} \begin{bmatrix} \sigma_1 & 0 & 0 \\ 0 & \sigma_2 & 0 \\ 0 & 0 & \sigma_3 \end{bmatrix} \begin{bmatrix} v_{11} & v_{12} & v_{13} \\ v_{21} & v_{22} & v_{23} \\ v_{31} & v_{32} & v_{33} \end{bmatrix}^\top$$

根据 $E = T_\times R$ 和 $E = U\Sigma V^\top$,我们可以解出符合条件的 R 和 t:

$$\begin{cases} R = (\det UWV^\top)UWV^\top & t = u_3 \\ R = (\det UWV^\top)UWV^\top & t = -u_3 \\ R = (\det UW^\top V^\top)UW^\top V^\top & t = u_3 \\ R = (\det UW^\top V^\top)UW^\top V^\top & t = -u_3 \end{cases}$$

上式中,u_3 代表 U 的第三列;W 是一个辅助矩阵,具体为

$$W = \begin{bmatrix} 0 & -1 & 0 \\ 1 & 0 & 0 \\ 0 & 0 & 1 \end{bmatrix}$$

不难发现,数学上存在的 4 个解代表着两台照相机与空间点之间存在的 4 种相对位姿关系,如图 19-8 所示。按照针孔照相机的定义,任何能够被照相机观测到的点(即在照相机前方的点)的 z 轴坐标均为正。因此,我们需要在这 4 种 R 和 t 的组合下分别计算三维空间中任意一点的深度(按照 19.3 节中介绍的三角测量方法计算深度)。若计算出该点在两个照相机坐标系下的深度均为正值,则对应的 R 和 t 的组合就是正确的两台照相机之间的相对位姿。

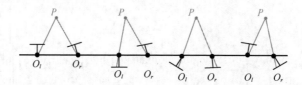

图 19-8 4 个解各自所代表的三维空间点与左、右照相机的相对位姿

19.3 三角测量

获得两台照相机之间的相对位姿后,可以使用三角测量来确定每个像素对应三维空间点的深度,从而实现最终的三维重建。给定两台或多台照相机及同一个点在这些照相机成像平面上的投影点,从每一个照相机光心发射一条穿过对应成像平面投影点的射线,这些射线理论上将

会在空间中相交于同一点，这个点就是我们要求解的三维点的位置。这个过程称为三角测量，又称三角化。

以图 19-4 为例，根据透视投影规则，可以得到

$$z_l \begin{bmatrix} u_l \\ v_l \\ 1 \end{bmatrix} = \begin{bmatrix} f_x^{(l)} & 0 & o_x^{(l)} & 0 \\ 0 & f_y^{(l)} & o_y^{(l)} & 0 \\ 0 & 0 & 1 & 0 \end{bmatrix} \begin{bmatrix} x_l \\ y_l \\ z_l \\ 1 \end{bmatrix}$$

和

$$z_r \begin{bmatrix} u_r \\ v_r \\ 1 \end{bmatrix} = \begin{bmatrix} f_x^{(r)} & 0 & o_x^{(r)} & 0 \\ 0 & f_y^{(r)} & o_y^{(r)} & 0 \\ 0 & 0 & 1 & 0 \end{bmatrix} \begin{bmatrix} x_r \\ y_r \\ z_r \\ 1 \end{bmatrix}$$

其中，f_x、f_y、o_x、o_y 分别代表照相机在 x 轴上的焦距、在 y 轴上的焦距、光轴与成像平面的交点在图像坐标系上的 x 坐标以及 y 坐标，上标(l)和(r)则代表这些参数属于左照相机还是右照相机。又因为两台照相机间的相对位姿是已知的，因此有

$$\begin{bmatrix} x_l \\ y_l \\ z_l \\ 1 \end{bmatrix} = \begin{bmatrix} r_{11} & r_{12} & r_{13} & t_x \\ r_{21} & r_{22} & r_{23} & t_y \\ r_{31} & r_{32} & r_{33} & t_z \\ 0 & 0 & 0 & 1 \end{bmatrix} \begin{bmatrix} x_r \\ y_r \\ z_r \\ 1 \end{bmatrix}$$

联立得到

$$z_l \begin{bmatrix} u_l \\ v_l \\ 1 \end{bmatrix} = \begin{bmatrix} f_x^{(l)} & 0 & o_x^{(l)} & 0 \\ 0 & f_y^{(l)} & o_y^{(l)} & 0 \\ 0 & 0 & 1 & 0 \end{bmatrix} \begin{bmatrix} r_{11} & r_{12} & r_{13} & t_x \\ r_{21} & r_{22} & r_{23} & t_y \\ r_{31} & r_{32} & r_{33} & t_z \\ 0 & 0 & 0 & 1 \end{bmatrix} \begin{bmatrix} x_r \\ y_r \\ z_r \\ 1 \end{bmatrix}$$

简写为

$$\tilde{u}_l \propto M_l \tilde{x}_r$$

其中，$\tilde{u}_l$ 代表 u_l 的齐次坐标；M_l 代表中间两个矩阵的乘积；$\tilde{x}_r$ 代表 x_r 的齐次坐标；正比于符号 $\propto$ 表示两个齐次坐标向量是成正比的。又因为

$$\tilde{u}_r \propto P_r \tilde{x}_r$$

其中，P_r 代表右照相机的投影矩阵。联立两式，就可以得到关于 x_r、y_r、z_r 的方程组：

$$\begin{bmatrix} u_r p_{31} - p_{11} & u_r p_{32} - p_{12} & u_r p_{33} - p_{13} \\ v_r p_{31} - p_{21} & v_r p_{32} - p_{22} & v_r p_{33} - p_{23} \\ u_l m_{31} - m_{11} & u_l m_{32} - m_{12} & u_l m_{33} - m_{13} \\ v_l m_{31} - m_{21} & v_l m_{32} - m_{22} & v_l m_{33} - m_{23} \end{bmatrix} \begin{bmatrix} x_r \\ y_r \\ z_r \end{bmatrix} = \begin{bmatrix} p_{14} - p_{34} \\ p_{24} - p_{34} \\ m_{14} - m_{34} \\ m_{24} - m_{34} \end{bmatrix}$$

上式可以简写为

$$Ax_r = b$$

这是一个超定非齐次线性方程组，可以通过伪逆矩阵来表示其最小二乘解：

$$A^\top A x_r = A^\top b$$

$$x_r = \left(A^\top A\right)^{-1} A^\top b$$

最后的 $\left(A^\top A\right)^{-1} A^\top b$ 即为所求的 (x_r, y_r, z_r)，即指定像素对应的三维空间点在右照相机坐标系中的坐标，再根据相对位姿就可以计算其在左照相机坐标系中的坐标。考虑到特征点匹配中可能存在很多误匹配，我们需要借助对极约束来进一步过滤错误匹配。怎么借助对极约束呢？给定一个已计算好的基础矩阵、两个图像（左图像和右图像）和一个左图像上的像素点坐标 $[u_l \ v_l]$，根据对极约束的定义可以得到

$$[u_l \ v_l \ 1]\begin{bmatrix} f_{11} & f_{12} & f_{13} \\ f_{21} & f_{22} & f_{23} \\ f_{31} & f_{32} & f_{33} \end{bmatrix}\begin{bmatrix} u_r \\ v_r \\ 1 \end{bmatrix} = 0$$

其中，$[u_r \ v_r]$ 为右图像上对应像素点的坐标（未知）。将等式展开就可以得到

$$(f_{11}u_l + f_{21}v_l + f_{31})u_r + (f_{12}u_l + f_{22}v_l + f_{32})v_r + (f_{13}u_l + f_{23}v_l + f_{33}) = 0$$

可以简写为

$$a'u_r + b'v_r + c' = 0$$

到这里就得到了左图像上像素点在右图像上对应的极线表达式。同理我们可以得到右图像上像素点在左图像上对应的极线表达式。根据对极约束，左图像和右图像上匹配点都应该落在各自对应的极线上，即匹配点到对应极线的距离应该为0。设置一个合适的距离阈值，就可以筛选出符合对极约束的高质量匹配点。使用这些经过筛选的匹配点进行三角测量，可以得到更准确的三维重建结果。此外，三角测量还有非线性法，核心思想是找到空间中一点 P'，使得其在左右两照相机上的投影点与目前已知的像素点的距离（重投影误差）最小，这里不再详细介绍。

19.4 代码实现

我们已经了解了对极约束的基本概念和数学推导，以及如何通过对极约束求解基础矩阵和进行三角测量。接下来我们将动手学如何基于两幅给定的不同视角图像计算它们之间的基础矩阵并进行三角测量。

```
# 首先 clone 对应代码库
!git clone https://github.com/boyu-ai/Hands-on-CV.git
```

```
Cloning into 'learncv_img'...
remote: Enumerating objects: 89, done.
```

```
remote: Counting objects: 100% (8/8), done.
remote: Compressing objects: 100% (8/8), done.
Receiving objects: 100% (89/89), 14.23 MiB | 32.00 KiB/s, done.
remote: Total 89 (delta 0), reused 0 (delta 0), pack-reused 81
Resolving deltas: 100% (10/10), done.
```

```python
import os, cv2, random
import matplotlib.pyplot as plt
import numpy as np
%matplotlib inline

class FeatureExtractor:
    """
    构建类用于提取 SIFT 特征
    """
    def __init__(self, image):
        """
        初始化 FeatureExtractor 类

        参数：
        - image: (np.ndarray)：RGB 形式的图像
        """
        self.image = image
        # 将图像转换为灰度图
        self.gray = cv2.cvtColor(self.image, cv2.COLOR_BGR2GRAY)
        self.keypoints = None
        self.descriptors = None

    def extract_features(self):
        """
        使用 OpenCV 的内置函数提取图像中的 SIFT 特征

        返回：
        - keys: (list)：特征点列表
        - descriptors: (np.ndarray)：描述子
        """
        sift = cv2.SIFT_create()
        keys, descriptors = sift.detectAndCompute(self.gray, None)

        # 如果特征点数量小于 20 个，返回 None
        if len(keys) <= 20:
            return None, None
        else:
            self.keypoints = keys
            self.descriptors = descriptors
            return keys, descriptors

def vis_imgs(imgs):
    """
    可视化多幅图像
```

```python
参数:
- imgs: 要可视化的图像列表
"""
# 计算图像数量
num_imgs = len(imgs)
# 创建画布
fig = plt.figure(figsize=(10, 10))
# 遍历每一幅图像
for i in range(num_imgs):
    # 添加子图
    ax = fig.add_subplot(1, num_imgs, i + 1)
    # 显示图像
    ax.imshow(imgs[i])
    # 关闭坐标轴
    ax.axis('off')
# 显示画布
plt.show()
```

为了方便,这里直接提供了照相机内参(来自照相机本身的数据),当然也可以用在第16章中介绍的照相机标定获得的内参数据。

```python
def load_instrinsic(path):
    """
    从文件中直接读取内参
    """
    return np.loadtxt(path).astype(np.float32)

def construct_img_info(img_root):
    """
    从图像中获取特征信息
    """
    imgs = []
    feats = []
    K = []
    for _, name in enumerate(os.listdir(img_root)):
        if '.jpg' in name or '.JPG' or '.png' in name:
            # 读取图像
            path = os.path.join(img_root, name)
            img = cv2.cvtColor(cv2.imread(path), cv2.COLOR_BGR2RGB)
            imgs.append(img)

            # 提取特征
            feature_ext = FeatureExtractor(img)
            kpt, des = feature_ext.extract_features()

            # 读取内参
            K = load_instrinsic(os.path.join(
                os.path.dirname(img_root), 'K.txt'))
            feats.append({'kpt': kpt, 'des': des})
    return imgs, feats, K
```

接下来计算两幅图像间的对应关系，查询并匹配两者之间的特征。

```python
def get_matches(des_query, des_train):
    """
    匹配相关图像特征

    参数:
    - des_query: (np.ndarray): 查询描述子
    - des_train: (np.ndarray): 训练描述子

    返回:
    - goods: (list): 匹配结果
    """
    # 创建匹配器
    bf = cv2.BFMatcher(cv2.NORM_L2)
    # 获取匹配结果
    matches = bf.knnMatch(des_query, des_train, k=2)
    # 创建 goods 列表用于存储有用的匹配结果
    goods = []
    # 遍历所有匹配结果
    for m, m_ in matches:
        # 设置阈值为 0.65，保留更多的特征
        if m.distance < 0.65 * m_.distance:
            goods.append(m)
    return goods

def get_match_point(p, p_, matches):
    """
    寻找匹配的关键点

    参数:
    - p: (list[cv2.KeyPoint]): 查询关键点
    - p_: (list[cv2.KeyPoint]): 训练关键点
    - matches: (list[cv2.DMatch]): 匹配信息

    返回:
    - points_query: (np.ndarray): 查询关键点
    - points_train: (np.ndarray): 训练关键点
    """
    # 从查询关键点中找到匹配的关键点
    points_query = np.asarray([p[m.queryIdx].pt for m in matches])
    # 从训练关键点中找到匹配的关键点
    points_train = np.asarray([p_[m.trainIdx].pt for m in matches])
    # 返回匹配的查询和训练关键点
    return points_query, points_train

def homoco_pts_2_euco_pts(pts):
    """
    齐次坐标转换为欧几里得坐标
    """
    if len(pts.shape) == 1:
        pts = pts.reshape(1, -1)
```

```python
            res = pts / pts[:, -1, None]
            return res[:, :-1].squeeze()

        def euco_pts_2_homoco_pts(pts):
            """
            欧几里得坐标转换为齐次坐标
            """
            if len(pts.shape) == 1:
                pts = pts.reshape(1, -1)
            one = np.ones(pts.shape[0])
            res = np.c_[pts, one]
            return res.squeeze()

        def normalize(pts, T=None):
            """
            对点集进行归一化
            """
            # 如果T参数为空
            if T is None:
                # 求点集的平均值
                u = np.mean(pts, 0)
                # 求点集中每个点与原点之间的距离之和
                d = np.sum(np.sqrt(np.sum(np.power(pts, 2), 1)))
                # 计算归一化矩阵
                T = np.array([
                            [np.sqrt(2) / d, 0, -(np.sqrt(2) / d * u[0])],
                            [0, np.sqrt(2) / d, -(np.sqrt(2) / d * u[1])],
                            [0, 0, 1]
                        ])
            # 对点集进行归一化
            return homoco_pts_2_euco_pts(np.matmul(T,
                    euco_pts_2_homoco_pts(pts).T).T), T
```

到这里我们就已经得到了两幅图之间的对应像素关系，接下来使用八点法求解基础矩阵。

```python
        def estimate_fundamental(pts1, pts2, num_sample=8):
            """
            求解基础矩阵

            参数：
            - pts1: (np.ndarray): 匹配特征所得到的训练点集
            - pts2: (np.ndarray): 匹配特征所得到的查询点集

            返回：
            - f: (np.ndarray): 基础矩阵
            """
            n = pts1.shape[0]
            pts_index = range(n)
            sample_index = random.sample(pts_index, num_sample)
            p1 = pts1[sample_index, :]
            p2 = pts2[sample_index, :]
            n = len(sample_index)
            # 归一化点集坐标
```

```python
        p1_norm, T1 = normalize(p1, None)
        p2_norm, T2 = normalize(p2, None)
        w = np.zeros((n, 9))
        # 构建 A 矩阵
        for i in range(n):
            w[i, 0] = p1_norm[i, 0] * p2_norm[i, 0]
            w[i, 1] = p1_norm[i, 1] * p2_norm[i, 0]
            w[i, 2] = p2_norm[i, 0]
            w[i, 3] = p1_norm[i, 0] * p2_norm[i, 1]
            w[i, 4] = p1_norm[i, 1] * p2_norm[i, 1]
            w[i, 5] = p2_norm[i, 1]
            w[i, 6] = p1_norm[i, 0]
            w[i, 7] = p1_norm[i, 1]
            w[i, 8] = 1
        # SVD
        U, sigma, VT = np.linalg.svd(w)
        f = VT[-1, :].reshape(3, 3)
        U, sigma, VT = np.linalg.svd(f)
        sigma[2] = 0
        f = U.dot(np.diag(sigma)).dot(VT)
        # 逆归一化
        f = T2.T.dot(f).dot(T1)

        ### 随机计算的 F 矩阵误差较大，使用 OpenCV 中的函数(RANSAC)计算 F 矩阵
        pts1 = pts1.astype(np.float32)
        pts2 = pts2.astype(np.float32)
        f, mask = cv2.findFundamentalMat(pts1, pts2, cv2.FM_RANSAC)

        return f

def convert_F_to_E(F_single, K):
    """
    根据 F 矩阵计算 E 矩阵
    """
    inverse_K = np.linalg.inv(K)
    E_single = inverse_K.T.dot(F_single).dot(inverse_K)
    return E_single

def get_Rt_from_E(E_single, K, pts1, pts2):
    """
    根据 E 矩阵计算 Rt，使用 OpenCV 的函数 recoverPose
    """
    # OpenCV 的 recoverPose 函数已经自动去除了不合理的 3 个解
    _, R, t, _ = cv2.recoverPose(E_single, pts1, pts2, K)
    return R, t

def build_F_E_matrix(feats, K):
    """
    计算基础矩阵 F 和本质矩阵 E，从 E 中分离出 Rt 并返回
    """
    pair = dict()
    match = dict()
    Rts = dict()
```

```python
    for i in range(len(feats)):
        for j in range(i + 1, len(feats)):
            matches = get_matches(
                feats[i]['des'], feats[j]['des'])
            pts1, pts2 = get_match_point(
                feats[i]['kpt'], feats[j]['kpt'], matches)
            assert pts1.shape == pts2.shape

            # 至少需要 8 个点来计算 F 矩阵
            if pts1.shape[0] < 8:
                continue
            # 计算 F 矩阵
            F_single = estimate_fundamental(pts1, pts2)
            # 根据 F 矩阵计算 E 矩阵
            E_single = convert_F_to_E(F_single, K)
            # 从 E 矩阵中得到相对位姿
            R, t = get_Rt_from_E(E_single, K, pts1, pts2)

            if pts1.shape[0] < 8:
                continue

            pair.update({(i, j): {'pts1': pts1, 'pts2': pts2}})
            match.update({(i, j): {'match': matches}})
            Rts.update({(i, j): {'R': R, 't': t}})

    return F_single, E_single, pair, match, Rts
```

```python
img_root = 'learncv_img/19_3D_recon/images'
imgs, feats, K = construct_img_info(img_root)
F, E, pair, match, Rts = build_F_E_matrix(feats, K)
print("The Fundamental Matrix is:\n", F)
print("The Essential Matrix is:\n", E)

# 不妨假定第一幅图为世界坐标系
R_t_0 = np.array([[1,0,0,0], [0,1,0,0], [0,0,1,0]])
R_t_1 = np.empty((3,4))
R_t_1[:,:3] = Rts[(0,1)]['R']
R_t_1[:,3] = Rts[(0,1)]['t'].reshape(3)
P_0 = K.dot(R_t_0)
P_1 = K.dot(R_t_1)
print("The camera matrix of the first image is:\n", P_0)
print("The camera matrix of the second image is:\n", P_1)
```

```
The Fundamental Matrix is:
[[ 5.17116489e-06 -9.35405231e-06 -1.13783351e-03]
 [ 5.94850943e-06  1.16772622e-05 -5.72937517e-03]
 [-2.94980264e-03  3.55455633e-03  1.00000000e+00]]
The Essential Matrix is:
[[ 1.80790150e-11 -3.27683889e-11 -2.12631708e-06]
 [ 2.08383558e-11  4.09888034e-11 -1.07495911e-05]
 [-5.52573986e-06  6.66134548e-06  1.00331656e+00]]
The camera matrix of the first image is:
```

```
[[534.81896973    0.          320.            0.        ]
 [  0.          533.75        213.            0.        ]
 [  0.            0.            1.            0.        ]]
The camera matrix of the second image is:
[[ 6.02699217e+02 -1.32348682e+02 -8.75717417e+01  5.27600711e+02]
 [ 1.51538241e+02 -1.73321278e+02  5.26549104e+02  8.74049809e+01]
 [ 3.23134701e-01 -9.46352981e-01  1.82851868e-05  3.84515925e-06]]
```

在得到了基础矩阵之后，我们就可以通过三角测量计算出三维空间点的坐标。

```python
def filter_matches_by_epipolar(pts1, pts2, F, threshold=3.0):
    """
    使用对极约束过滤匹配点

    参数：
    - pts1, pts2: 匹配点对
    - F: 基础矩阵
    - threshold: 对极误差阈值

    返回：
    - pts1_filtered, pts2_filtered: 过滤后的匹配点
    """
    pts1_reshaped = pts1.T.reshape(-1,1,2)
    pts2_reshaped = pts2.T.reshape(-1,1,2)

    # 计算两幅图像的极线
    lines1 = cv2.computeCorrespondEpilines(pts2_reshaped, 2, F)
    lines2 = cv2.computeCorrespondEpilines(pts1_reshaped, 1, F)

    dist1 = np.abs(np.sum(lines1.reshape(-1,3) *
                np.hstack((pts1.T, np.ones((pts1.shape[1],1)))), axis=1))
    dist2 = np.abs(np.sum(lines2.reshape(-1,3) *
                np.hstack((pts2.T, np.ones((pts2.shape[1],1)))), axis=1))

    mask = (dist1 < threshold) & (dist2 < threshold)
    return pts1[:,mask], pts2[:,mask]

pts1 = np.transpose(pair[(0,1)]['pts1'])
pts2 = np.transpose(pair[(0,1)]['pts2'])
# 过滤匹配点
pts1_filtered, pts2_filtered = filter_matches_by_epipolar(pts1, pts2, F)
print("过滤前的匹配点数量为: ", pts1.shape[1])
print("过滤后的匹配点数量为: ", pts1_filtered.shape[1])

# 三角测量获得空间点坐标
points_3d = cv2.triangulatePoints(P_0, P_1, pts1_filtered, pts2_filtered)
# 齐次坐标的最后一行为1，需要除以最后一行
points_3d /= points_3d[3]
points_3d = points_3d[:3, :].T
print("得到的三维点为:\n", points_3d)

# 计算有效点占像素比例
```

```python
print("检测到的点占图像像素的比例为: {:02f}%".format(
    points_3d.shape[0]/len(imgs[0][...,0].flatten())*100))
```

```
过滤前的匹配点数量为:  16
过滤后的匹配点数量为:  13
得到的三维点为:
 [[-0.60458395 -0.01198244  0.0969504 ]
 [-0.58099777 -0.21461379  0.05341815]
 [-0.47523613 -0.39286399 -0.15945556]
 [-0.56740703 -0.24286074 -0.00477856]
 [-0.49754951 -0.36653935 -0.14429421]
 [-0.47079379 -0.40467599 -0.19146369]
 [-0.55889738 -0.26988774 -0.09548055]
 [-0.60761656 -0.14041958 -0.12032324]
 [-0.56458993 -0.29775277 -0.2171921 ]
 [-0.6082215  -0.14859759 -0.13404173]
 [-0.43299244 -0.4819224  -0.33418579]
 [-0.5657818  -0.3328847  -0.29034157]
 [-0.5657818  -0.3328847  -0.29034157]]
检测到的点占图像像素的比例为: 0.004757%
```

可以发现，存在部分匹配点不严格遵循对极约束。接下来我们可视化极线和匹配点。

```python
def draw_epipolar_lines(pts1, pts2, img1, img2, F):
    """
    绘制极线

    参数：
    - pts1: (np.ndarray): 第一幅图像中的匹配点
    - pts2: (np.ndarray): 第二幅图像中的匹配点
    - img1: (np.ndarray): 第一幅图像
    - img2: (np.ndarray): 第二幅图像
    - F: (np.ndarray): 基础矩阵
    """
    # 将点坐标转换为整数
    pts1 = np.int32(pts1)
    pts2 = np.int32(pts2)

    # 选取前 8 个点进行可视化
    idx = np.arange(8)
    pts1 = pts1[idx]
    pts2 = pts2[idx]

    # 计算对应的极线
    lines1 = cv2.computeCorrespondEpilines(pts2.reshape(-1,1,2), 2, F)
    lines1 = lines1.reshape(-1,3)

    # 绘制极线
    imgl, imgr = drawlines(img1, img2, lines1, pts1, pts2)

    # 将两幅图拼接在一起
```

```python
        vis = np.concatenate((imgl, imgr), axis=1)
        # 展示图像
        plt.figure(figsize=(10, 10))
        plt.imshow(vis)
        plt.axis('off')
        plt.show()

def drawlines(img1, img2, lines, pts1, pts2):
    """
    绘制极线

    参数:
    - img1: (np.ndarray): 左图
    - img2: (np.ndarray): 右图
    - lines: (np.ndarray): 极线
    - pts1: (np.ndarray): 左图对应的匹配点
    - pts2: (np.ndarray): 右图对应的匹配点
    """
    # 获取图像尺寸
    r, c, _ = img1.shape

    for r, pt1, pt2 in zip(lines, pts1, pts2):
        color = tuple(np.random.randint(0, 255, 3).tolist())
        # 计算直线上的两个点
        x0, y0 = map(int, [0, -r[2]/r[1]])
        x1, y1 = map(int, [c, -(r[2]+r[0]*c)/r[1]])
        # 在img1中绘制直线
        img1 = cv2.line(img1, (x0, y0), (x1, y1), color, 1)
        # 在img1中绘制对应的特征点
        img1 = cv2.circle(img1, tuple(pt1), 5, color, -1)
        # 在img2中绘制对应的特征点
        img2 = cv2.circle(img2, tuple(pt2), 5, color, -1)
    return img1, img2

# 在原图上可视化特征点对应的极线
draw_epipolar_lines(pair[(0,1)]['pts1'], pair[(0,1)]['pts2'],
                    imgs[0], imgs[1], F)
```

（另见彩插图 25）

可以发现，我们绘制的极线还是比较准确的。

19.5 小结

本章探讨了三维重建的基础知识，重点关注了对极几何和三角测量的原理。我们通过对极约束求解基础矩阵并进一步分解以求得照相机的位姿，随后利用三角测量确定空间中点的三维坐标。尽管只得到了非常稀疏的三维点坐标，但这些点的坐标是高度可靠的，为场景提供了必要的三维结构支撑，为后续的深入分析和应用打下了坚实的基础。

从二维图像中恢复出三维结构无疑是一项具有挑战性的任务。本章介绍的内容虽然只涵盖了一些基本的三维重建方法，但这些方法为理解和构建更复杂的三维视觉系统奠定了重要的基础。希望读者能从这些初步的概念中领悟三维重建的核心思想，并在此基础上进一步探索和扩展。

习题

（1）如果两台照相机中有一台的成像平面平行于基线，在这种情况下，该照相机对应的极点和极线是否存在？如果存在，提供它们的位置。

（2）回顾第 18 章平行双目视觉系统，其分度值受限于基线长度和照相机内参。在本章中介绍的非平行双目系统，它的分度值是否还有此限制？

（3）证明 F 矩阵是秩为 2 的奇异矩阵。

（4）假定已知一个图像对的 F 为

$$F = \begin{bmatrix} -0.003 & -0.028 & 13.19 \\ -0.003 & -0.008 & -29.2 \\ 2.97 & 56.38 & -9999 \end{bmatrix}$$

求像素坐标 $\tilde{u}_l = [343 \quad 221 \quad 1]^T$ 的极线。

（5）如图 19-9 所示，M_1 和 M_2 为左、右两照相机的投影矩阵，假设 $M_1 = [I \mid 0]$、$M_2 = [A \mid a]$，其中，A 是 3×3 的非奇异矩阵。证明：

(a) 基础矩阵 $F = [a_\times]A$；

(b) a 是某个极点的坐标。

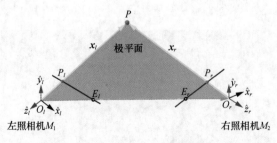

图 19-9　习题（5）示意（另见彩插图 26）

总结与展望

亲爱的读者，你已经完成了对本书内容的学习，包括：
- 计算机视觉中的图像处理；
- 计算机视觉中的视觉识别方法，特别是基于深度学习的视觉识别方法；
- 计算机视觉中的场景重建。

至此，你已经掌握了计算机视觉的基本知识，更拥有了第一手的计算机视觉代码实践经验。但要注意的是，本书只是探索计算机视觉广袤世界的开始。一方面，计算机视觉涉及的问题众多，本书并未涵盖计算机视觉所有子领域；另一方面，计算机视觉的发展日新月异，本书所介绍的内容是比较经典的计算机视觉算法，并未涵盖计算机视觉领域最新的进展。随着大数据、大模型时代的到来，计算机视觉领域正面临着巨大的变革。在本书的最后，笔者以浅薄的学识对计算机视觉技术在大数据时代下的发展做一些展望。

- **视觉大模型的兴起**。在模型方面，深度卷积神经网络逐渐不再是计算机视觉的唯一专用主干网络模型，原本用于自然语音处理的深度自注意力神经网络也被广泛用于计算机视觉。相比卷积神经网络，深度自注意力神经网络引入了自注意力机制，在处理具有长程依赖的图像结构时更具优势；同时，自注意力机制中没有显式的参数共享，可以更好地捕捉输入之间的关系，从而提高模型的泛化能力，这使得深度自注意力神经网络对大数据具有更强的拟合能力。故而在大数据时代下，深度自注意力神经网络逐渐成为用于解决计算机视觉任务的视觉大模型。

- **无监督预训练范式的普及**。大数据时代，数据往往是无标注的，以往基于有标注数据的视觉模型主干网络预训练范式已无法适应时代的发展。取而代之的是基于无标注大数据的无监督预训练范式。事实上无监督预训练范式，如掩模语言建模（masked language modeling）已经在自然语言处理领域取得了巨大成功。类似的方法，如掩模图像建模（masked image modeling）也将在计算机视觉中得到广泛应用。基于无监督预训练的视觉大模型可以拟合大规模图像数据集，使视觉大模型具有很强的泛化能力，还可在特定任务上进行微调。这种方法将加速计算机视觉任务的开发和部署。

- **多模态融合与跨模态学习的发展**。随着大模型的发展，跨模态学习（如图像与文本之间的学习）也将变得更加重要。通过联合不同模态的数据进行学习，有效融合多模态信息，可以获得更全面、更准确的视觉理解。这将有助于实现图像和文本之间的深层次交互，从而推动计算机视觉与自然语言处理等领域的融合与协同发展。

- **高性能硬件加速器的需求**。视觉大模型需要大量的计算资源来训练和推理，包括但不限于硬件的计算能力、内存容量、并行计算能力、实时推理和能效。计算机视觉技术的进一步发展势必会推高对高性能硬件加速器的需求。

总之，大数据、大模型时代将为计算机视觉技术带来许多机遇和挑战。透过大规模数据和强大的计算能力，我们可以期待计算机视觉技术在自动驾驶、人机交互、视频监控、医学影像辅助诊断等场景下的更多落地应用。

中英文术语对照表

中文术语	英文术语
k 均值	k-means
top-k 错误率	top-k error
包围盒	bounding box
本质矩阵	essential matrix
边缘	edge
表象	appearance
步长	stride
查全率	recall
查准率	precision
查准率-查全率	precision-recall（PR）
尺度不变特征变换	scale-invariant feature transform（SIFT）
重复性	repeatability
楚列斯基分解	Cholesky decomposition
词袋模型	bag of words model
磁共振成像	magnetic resonance imaging（MRI）
单应性矩阵	homograph matrix
底层视觉	low-level vision
定位	localization
度量	metric
短路连接	shortcut connection
对极点	epipoles
对极几何	epipolar geometry
对极平面	epipolar plane
对极线	epipolar line
对极约束	epipolar constraint
仿射变换	affine transformation
非极大值抑制	non-maximum suppression

中文术语	英文术语
幅值	magnitude
感兴趣区域	region of interest（ROI）
感兴趣区域对齐	ROI align
高层视觉	high-level vision
高斯差分	difference of Gaussian
高斯拉普拉斯	Laplacian of Gaussian
高斯滤波器	Gaussian filter
高斯-牛顿法	Gauss-Newton method
高斯噪声	Gaussian noise
骨架	skeleton
关键点特征	keypoint feature
光流	optical flow
光学字符识别	optical character recognition（OCR）
归一化互相关	normalized cross correlation
归一化割	normalized cut
黑塞矩阵	Hessian matrix
候选目标检测	object proposal detection
候选区域	region proposal
候选区域网络	region proposal network
滑动窗口	sliding window
会聚度	convergence
基础矩阵	fundamental matrix
基线	baseline
基于滞后的阈值化	hysteresis-based thresholding
畸变	distortion
计算机断层扫描	computer tomography（CT）
假阳性	false positive（FP）
假阴性	false negative（FN）
交并比	intersection over union
椒盐噪声	salt & pepper noise
角点	corner
紧性	compactness
精确度	accuracy
聚类	clustering
卷积	convolution
卷积神经网络	convolutional neural network（CNN）
绝对差和	sum of absolute difference

中文术语	英文术语
均值滤波器	mean filter
空间金字塔匹配	spatial pyramid matching
空间下采样因子	spatial downsampling factor
块状区域	blob
类别标签图	label map
离群点	outlier
良态	well conditioned
列文伯格-马夸特法	Levenberg-Marquardt method
零填充	zero-padding
鲁棒性	robustness
滤波器	filter
锚框	anchor
目标关节点相似度	object keypoint similarity
目标检测	object detection
内群点	inlier
批量标准化	batch normalization
平方差和	sum of squared difference(SSD)
平均池化	average pooling
平均交并比	mean intersection over union
平均精度	average precision(AP)
齐次坐标系	homogeneous coordinate system
区域卷积神经网络	region convolutional neural network(R-CNN)
全卷积网络	fully convolutional network(FCN)
全类平均精度	mean average precision(mAP)
热图	heatmap
人体动作识别	human action recognition
人体姿态估计	human pose estimation
三角测量	triangulation
上采样	upsampling
射影变换	projective transformation
深度卷积神经网络	deep convolutional neural network
深度图	depth map
施密特正交化	Schimidt orthogonalization
实例分割	instance segmentation
视差	disparity
视差图	disparity map
视觉词袋模型	bag of features

中文术语	英文术语
随机抽样一致	random sample consensus
特征金字塔网络	feature pyramid network
梯度	gradient
跳跃链接	skip-connection
图像变换	image transform
图像分割	image segmentation
图像分类	image classification
图像块	image patch
图像匹配	image matching
图像拼接	image stitching
图像去噪	image denoising
图像锐化	image sharpening
无监督图像分割	unsupervised image segmentation
无监督学习	unsupervised learning
显著性	saliency
小批次	mini-batch
兴趣点特征	interesting point feature
掩模	mask
掩模图像建模	masked image modeling
掩模语言建模	masked language modeling
有监督图像分割	supervised image segmentation
语义分割	semantic segmentation
语义鸿沟	semantic gap
预训练	pretrain
运动场	motion field
栅格	grid
照相机标定	camera calibration
照相机内参	camera intrinsics
照相机外参	camera extrinsics
真阳性	true positive（TP）
正确关节点百分比	percentage of correct keypoints
中值滤波器	median filter
逐元素相加	element-wise sum
最大池化	max pooling
最高水平	state-of-the-art（SOTA）
最小割	minimum cut
坐标偏移量	coordinate offset